新装改訂版

筑豊炭坑絵巻

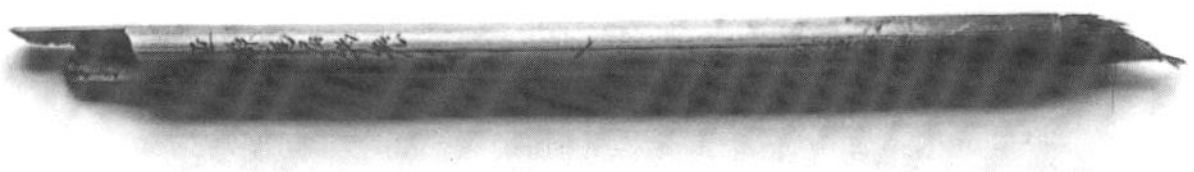

山本作兵衛

海鳥社

本扉写真・山本作兵衛愛用の筆
（撮影・菊畑茂久馬）

撮影・丸林宏昭

筑豊炭坑絵巻◉目次

筑豊炭坑絵巻　7

筑豊炭坑物語　201

はじめに　203

明治時代の上三緒坑　205　上三緒坑の浴場　206　飲料水　206

住宅　207　坑内作業　210　採炭　211

坑内の配函　213　勘引　214　乗廻しと信号　216

排気卸し　218　石炭の運送　220　坑内服装（男坑夫）　222

坑内服装（女坑夫）　224　広島坑夫　226　坑内歌　227

ガスケ（ガスの爆発）　228　マイト爆発と西田君の死　231

ヤマの救済法　233　切符　235　交換日（サンニョウ日）　235

売勘場　236　大納屋　237　リンチ（ミセシメ）　242

刺青（イレズミ）　245　昔のヤマの人々　246　ヤマ人の忌み事　251

狸柱　253　ヤマの訪問者　255　ヤマの米騒動　266

筑豊方言と坑内言葉　269

山本作兵衛自筆年譜　277

あとがき　285

本書は、昭和四十八年、葦書房から出版された『筑豊炭坑絵巻』を底本とした。ただし、図版は彩色画はカラーで、墨絵はモノクロでの印刷とし、一部入れ替えた。本書の注は今回、編集部が付した。

作品中、現在では差別的とされる表現が用いられているが、当時の時代背景や、著者に差別的意識はないこと、また、すでに亡くなっていることなどから、そのままとした。

なお、図版の作品名は、田川市石炭・歴史博物館蔵のものに関しては「炭坑《ヤマ》の語り部・山本作兵衛の世界　～５８４の物語」（田川市石炭・歴史博物館）にもとづいた。

図版・資料提供
田川市石炭・歴史博物館
田川市美術館

編集協力
上野　朱

協力
山本照雄
緒方恵美
井上忠俊
永末温子
菊畑茂久馬
田中直樹
森崎和江
徳永恵太
森山沾一
丸林宏昭

筑豊炭坑絵巻

9　坐り掘り　376×538ミリ　田川市石炭・歴史博物館蔵

明治中期　マイト孔クリ
1（マイトを使用する所はヤクトコ（延先掘進）の盤打か、断層切貫きか、切羽一面岩仕操りかで
其他採炭には使用せず、マイトの製造が少なかったのであろう。
2（その頃ヤマのゲザイニンは皆刺青をいれていった。イレズミのないものは一人前の仕事も
できぬ者と軽蔑されていた。よって新参カケダシ坑夫でない限り痛さを我慢して
ヤマ人のデッテルをつけていった。明治三十四、五年頃には若者でもいれぬ人がチラホラ
見うけられた。イレズミ、ガマン、ホリモノ、クリカラモンモン、
このイレズミは、倶利迦羅《クリカラ》紋々である。大日如来の権化である
不動明王を現わしものらしい。ある古本にかいてある。
へどうしよかいなの
このイレズミは
どこのいれ者がいれたやら、
ドッコイ〳〵

マイト孔刳り　383×543ミリ　田川市石炭・歴史博物館蔵

明治中期　採炭夫　サキヤマ、アトヤマ、ヒトサキ、サシ。二人組の事。
炭丈《スミタケ》一.五米《メートル》以上あれば立掘りができる、
ほるがなるべく中を深くスカシて
こむが段取りがよい、60センチ余り
スカシて下盤石を打ちあげ次に
上ツリ石を叩き落す、
切羽面にボタを挟んでおらねを
キリタオシと言うて
坑主(コウシ)のドルバコである。
筑豊のヤマはボタを含んで
おる処が多い、尤も低層
炭はホンスばかりで
あるが量少。昔は天井や
バンにボタを含みし
粉炭層は残していた。
切羽を平面に採掘する
事をツラドリと言うて
アラトコ切羽では仂して
能率があがらない。
いわゆる　巧拙の差甚大
軽仂多産、
重仂少産、
先山は右ききでも
左でツルバシを
使わねば一人前
ではない。
明治三十三年頃
一函切賃20銭
堅い処は25銭
サシで五、六函位
勘引二合以上それは
あがり賃与が一割
出炭奨励金つくから一合引
白米一升十銭
沢庵コンク一本一銭
甘藷サツマイモ一斤一銭
一銭五厘

11　立ち掘り　382×544ミリ　田川市石炭・歴史博物館蔵

明治三、四十年
入坑姿　採炭夫　カンテラ　ヤマ
朝 午前三時 汽笛三声 入坑時間はきめてあるが、カンテラ ヤマの自由にまかせ
それより早くさがる者もおり 後れてさがる人もあった、一ッは一、二番はあっても
切羽は共同でなく個人一ケづつきめてあった、からである、単丁切羽の得植でもあった。
先山、后山 揃うてさがるのは新婚夫婦か兄妹か 他人と組し一と先位で
世帯もちの 女は遅れてさがる それは先山が 切羽をスカシ採りする間
一、二時は石炭が余りできないからである、
人道卸も昔の中小ヤマにはあったが それは申し訳的で百メートル又は二百メートル位で
本線卸しと連絡しておるヤマが多く 時々函の逆走に出あい 肝を冷すことがあった、
先山は肩ツルバシ手にカンテラ
腰には(トンコツ 煙草入ブリキ 角形)、
后山は 弁当、カルイ、炭札など、
〽あなた一番
わしゃ二番方
あがりさがりで
逢うばかり
ゴットン

入坑姿　採炭夫　380×542ミリ　田川市石炭・歴史博物館蔵

明治筑豊 午前三時汽笛三声入坑時報 亭主先山は一足先に入坑しキリハに挑んでおる、
女房后山は四人分の弁当炭札や道具類を振分にワレも滑らず後も転げぬ様気を
配りつゝ下り行く、この場合母がオンブすれば安全だが坑道が低いから幼児が猫頭になる、
他人に預けると一日に十銭外に三〜五銭使銭がいる 米一升十六銭のとき、
預児院もない、
学校は間欠長欠になる
〽七つ八つからカンテラさげて
坑内さがるも おやのばち
ゴットン
1974
山本作兵衛

13　母子の入坑　381×540ミリ　個人蔵

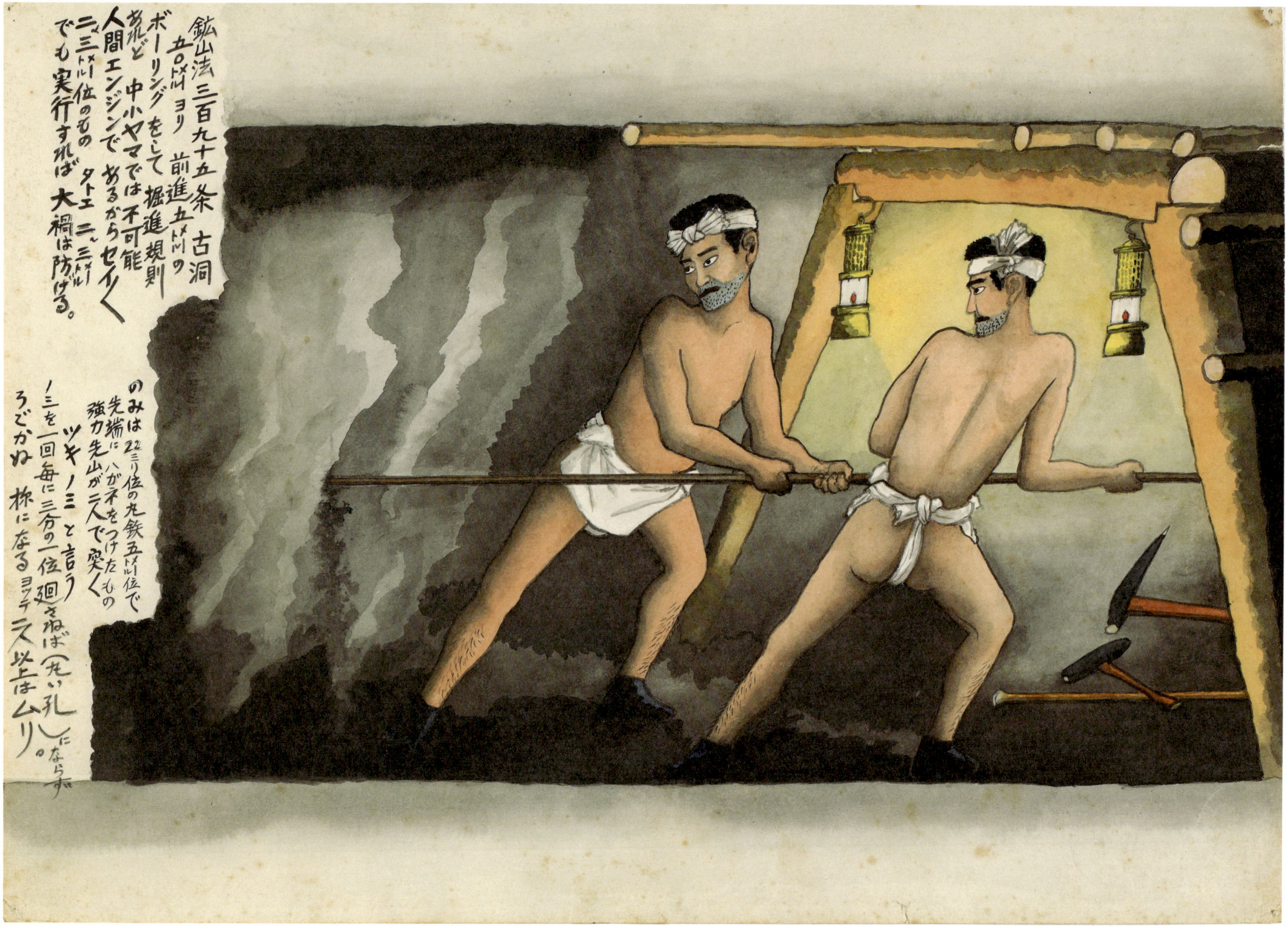
鉱山法三百九十五条 古洞
五〇メートル ヨリ 前進五メートルの
ボーリングをして 掘進規則
あれど 中小ヤマでは不可能
人間エンジンで あるからセイイく
二、三メートル位のもの タトエ 二、三メートル
でも実行すれば 大禍は防げる。
のみは22ミリ位の丸鉄五メートル位で
先端にハガネをつけたもの
強力先山が二人で突く
ツキノミ と言う
ノミを一回毎に三分の一位廻さねば(丸い孔)にならず
ろごかね 椕になるヨッテ 二人以上はムリ。

二人がかりの突鑿　377×535ミリ　個人蔵

木喰虫の様に掘進する
単丁切羽（イッチョウキリハ）
古《ソレモ》いヤマは残り炭柱《リュウズ》を払《ビキ》う
がそれでも共同作業でなく
二人ヒトサキであった、タマサカ
四人で組む処もあったがそれは稀、
先山は炭丈イシタケの高低に拘らず
手拭いで鉢巻、又は頭巾かぶり
坑内では頬かぶりを嫌う 耳を
蔽う事罷りならぬ、
后山の頭かぶりも二た通りあった全髪
を蔽い包むのと頭の上部髷部だけ
包むのとあった、つまり炭塵を被る
ケ処と採炭夫でない者、或いは老若に
よってもかぶり格好が異うていた。
ツルバシ鶴嘴は鉄で尖り先に鋼を少しツケル
壱、五キロ位で それ以上は豪傑でもムリである
柄木は91センチ三尺ある。この外 両頭と云う
がありツルバシに頭のあるもの二キロ位ある
これでカナヤ尖小形を打こむ又は頭で粉砕する。
昔のヤマにはタオルと云う詞ばはなかった
皆和手拭いの布、一筋三手特等品で
五手入何れも絵摸様入り
豆絞りは作業には使用せず
明治三十年代（炭柱払をリュウズ弓《ビキ》と言う）
〽たてば借銭《シャクセン》ん
坐れば家賃《ヤチン》ん
歩む姿が—
ひちや行き—
ゴットン

15 単丁切羽 381×542ミリ 田川市石炭・歴史博物館蔵

炭丈六〇センチ以下の切羽での採炭　381×542ミリ　田川市石炭・歴史博物館蔵

17　寝掘り　394×549ミリ　田川市石炭・歴史博物館蔵

低層炭でも
曲片かねかたは
主掘りされる
へ
昇りゃ掘んなさんな
目に石が入る。
卸しゃ　ほんな
さんな
木がつく
ゴットン
本卸
排気卸
右
左
カネカタ
キリハ
昇切羽
入口
フナソコ
マキタテ
炭柱
切羽　入口《イレクチ》　明治大正　小ヤマ
カネカタから
採炭夫のアト山が楽をするのは切羽のいれくちで
それは掬いこみと言うて先山が掘ったイシを直接
炭函に積まれるからで、アトムキは鼻歌まじりで
朗らか、先山はその反対に楽ではなかった。
いれ口は二米余りで切羽が狭く、アラトコ(新
炭層)でイシが堅いからベテランでも汗だく
キリハが三米位進んで巾四米以上に広める
炭丈の低い処は勿論切羽の進行が早いからカイロ
が一日一日と遠くなる、ヤマによって十米毎位に
カイロ賃を一函当り二銭又は一銭増し(アゲル)処も
あった。

切羽　入口＝イレクチ　381×542ミリ　田川市石炭・歴史博物館蔵

明治
(天井にワレメ亀裂があるのをパッが通っておると言う)
昔の坑内は火薬を採炭に使用せず 鉱車(炭函)事故も少ない、ガスケも小ヤマ(どこでもあるわけでない)
にはない、出水も梅雨季にウワミズが出る位で、災害にならぬが、落盤ボタカブリ。これは
何処のヤマにも多く これにはベテラン坑夫も 神経を尖らしていた、よって坑内で拍手(手叩き)
する事や大声を出す事を嫌うて いたのでも わかる それはカシワ手をすると天井に響く
又は二重圧のくる音ときこえるからで大声も それと同じ 口笛吹くのも嫌うが これは
大災害ヤマでは非常と云う を報知するからであった。 噺上手に言わせると坑内で笛を吹奏
すると山神様が祭礼とマ違えてウッカリ手を休められるから天井が落ちると面白い事を云
う人もおった。 そのほか天井の固いヤマでも又ケテンと云う擂鉢形に突然落ちる事がある
これは打診しても浮がわからず往々にして カブル このボタは三〇キロ位の小ボタでも命をとる頭部を
やられるからであった。
明治後期には
若者でも
イレズミを
する事を
嫌うた、青刺が
もの言わぬ時代に
なりつゝあった。
昔の青年教え年
十八才で先山に
なれぬものは
不具者で
あった。

19　火薬を採炭に使用しない頃の坑内　380×541ミリ　田川市石炭・歴史博物館蔵

昔のヤマ人
へ
先山が突然休んだ時、后山が女ながらも キリダシ 一人作業 をする
男婦もおった。（フスマの間風もいとう、弥なお姫さまにはできない。）
いわゆる男まさりのお転婆でないとできぬ芸当である。
注 昔は二人組をヒトサキ組。サシ。と称し三人組は三人モヤイ。と言い
すべて一人作業はキリダシと言う、キリダシはサキ山、アト山《ムキ》二役だが
ヒトサキの半分ですむから女でもできるわけ。（中小ヤマに限る、
クニヤく《ヨワイ》はや男ははねとばされる
のるに乗られぬ火の車。

勇婦の切出し　380×544ミリ　田川市石炭・歴史博物館蔵

21　反り物　394×547ミリ　田川市石炭・歴史博物館蔵

ヤマの癌
食違い
断層の事で放射線形に
上部は小で下部は厚い
それが炭層を斜に流れ
ておる、小型はヤマ人が
ガックリ 又はドマグレと
言う 天盤が軟化し
湧水も多くなる
最大は切貫かねばならぬ
厄介ものである、
ヤマによって 多少はある、
バッテラ
農家にあるナガジョウケ(方言)
に似ておるが 長い
底に割竹が2本スラセ
に嵌めてある、
傾斜 バンがヤリの
不揃いな断層ぎわ
など軟盤でスラのひけ
ないカイロに使う
積荷百キロ以下
山作

バッテラ　378×538ミリ　田川市石炭・歴史博物館蔵

明治上中期　バラ　スラ
竹製中ふくらみの　隋円形のカゴにソリ台のあるもの
百二十キロ位つむ　スラ台は巾の狭いカネをつける。
前方が十ミル位狭めてある　ひきあげに軽いように、
これも　狸掘りなれば　据バラにつみこむが
どちらにしても一度カブダシを
せねばならぬ。
バンガヤリ(傾斜)十二三度
以上は　無理である
へ唐津ゲザイニンの
スラひく姿た．
江戸の絵かきも
かきや　きらぬ．
ドッコイ／＼

23　バラ　スラ　382×544ミリ　田川市石炭・歴史博物館蔵

明治中期
バンガヤリ（傾斜）二十度位になると
腕力でささえる事は、強力な男でも駄目
此のスラは女の方が要領がよい頭でうけ
手で梶　足はコロを一歩でも
踏はずせない、共同カイロであ
るから他人にも怪我させる。
スラ函は両側石油缶《ブキ》を
切り広げて張る、五枚を
差し　二百キロ位　積む、
カイロは低い壁狭く
よけ場もない
〽見てもゾッンと
する　カナヤん谷の
つつみ、
サマちゃんが
おんぶる　ぷんと
言うた　つつみ
ゴットン

バンガヤリ（傾斜－二〇度位でのスラ運搬）　383×544ミリ　田川市石炭・歴史博物館蔵

明治
何等の救済法もない 明治・大正時代のヤマ人は一家の主人が不幸にて私傷病にたおれると、さあ――大変、その結果は直ちに子供に無理がかゝってくる、
坑内ろたにある如く、七ッ八ッからカンテラ提げて坑内行をする、
寝起きに目覚しや おヤツを ねだるコロの幼き子供にお守をさせたり、惨めであり かわいそうであった、
わんぱく盛りの男の子でも幼児を担負うての遊びで イクサゴッコの背嚢《ハイノウ》には一寸おむたかった、
坑内にいっても炭函の高さもないのに 炭函を押していた、(壱米10センチ位)高。
昔は数え年十五才で青年、十七、十八才で先山をする若者が多かった、
小ヤマは少《ほ》年の年齢を問わず入坑できた、自由があった。

25　子どもの手伝い　382×543ミリ　田川市石炭・歴史博物館蔵

明治中期の小ヤマ
七っ八っから
カンテラ提げて
坑内にさがる自由
さが あった。
父は先山、后山姉弟、
四つの目 四つの腕
四つの足で一人前。
（夫婦、親子、兄弟
或いは他人と組む
二人で一と先
一日二函半位
スミバコ五、六函。
低層炭
切羽から スラで曳出し カネカタに（水平坑道）
一度カブダシ（溜炭）して 炭車に掬いこむ。
（山作）

後山（姉弟）382×543ミリ　田川市石炭・歴史博物館蔵

〽おんな禁制
高野の山に、
何故に
女松が
生えた
やら〽
ゴットン
明治中期　小ヤマは低層炭が多かった
カネカタでも頭をあげられず
スラ棚(たな)の設備などできない
昇りも卸し切羽も運び出した炭は
カブダシ(株出淄炭)して炭函にスクイ
こむ　石ムキはエビに掻きこむ際
ガンヅメ(雁爪)四ッ叉を二回以上使え
ば下手と嫌われた　筑豊ではエビジョウケ、肥前でホゲ
(全国)テミ　の事で　極大で十キロ位摘える、
(山作)

 カブダシ　378×540ミリ　田川市石炭・歴史博物館蔵

低層炭　株出場
（炭丈　45センチ　一メートル位まで　45センチ以下ネ掘）
明治中期
昔　筑前豊前と言うていた。時代の小ヤマは低層炭が多かった、先山も笑り掘りで頭が邪魔になりがちであり、
后山も石炭搬出に苦労した。スラダナなど設備もそれず、必ずカネカタにカブダシせねばならぬ
そうして一函たまると炭函にガンヅメとエビジョウケで掬いこむ、それも函ナグレで配函が遅れる
と何函でも溜炭カブダシをせねばならぬ。尤も当日は充分の作業はできない、ナグレである。
カネカタも炭座を盤打して函を通す線路をはえる、そのカネカタに昇や卸しの切羽をつける
それにカブダシ場を作る、つまりカタの部分を盤打して広めるのである、ヤマによってはカタの
方は直立できるがフケの方は傾斜で低いから頭はあげられぬ。炭函との隙も少いから掬いこむ
のに困難する処が多かった。
スラはたてにかやさにや、カブラシやされぬ、ホネ多ば　おれるが（方言）
天井《てんじょう》
枠ハリ
炭座《たんざ》
昇切羽
カタ足
炭函
曲片《かねかた》
ばん
フケ足
カブダシ場
盤《ばん》
スラは小型で石油(タン)筥2個を横にして中に
15センチ位スカシて添板し　百キロ位つむ
当時A系坑は四、二、積であったから四回で
一函不足であった。卸からは五回宛あげ
ていた。　台のソリ形　鉄も余り広いのを使わず
バンがヤリ傾斜の十五度以下の処は前部を
狭くする　90センチに20ミリ位、狭くするため。

低層炭（株出場）381×542ミリ　田川市石炭・歴史博物館蔵

明治廿九年に開坑 同四十三年には閉坑した 笠松峠西麓の山内炭坑
尺無層60センチ又は45センチ 重圧によって三分ノ二位に圧縮されツルバシ
不要になっておる 敷く カネウタ、リウズ(地柱)払いである
昔の採炭法残柱式ゴバン形ヤマの終りが近づくと アラトコ
切羽は皆無 リウズ ひき(払)いになり二ノ先四人組或いは
それより多人数で組む、 あまり低いからスラもセナも使えず
二本の竿竹をレールとしてエビを摺らせて下す、 石山は
それを炭函に積む、 当時はガンヅメ時代だから先山は
板切れでエビに掻込む、 この場合先山は頭もあげられ
ず寸時も息つくヒマがない、 明治三十九年頃(飯塚市)東方
小ヤマの炭柱は四平方メートル以下位で細かった。
竹
スラセ

29　山内炭坑での重圧による作業　378×536ミリ　田川市石炭・歴史博物館蔵

テボカライ　378×538ミリ　田川市石炭・歴史博物館蔵

明治中後期 スラダナ
炭丈 スミタケの低いカネカタには設備は困難、車路《レール》も
複線にせねばならず炭函の上にスラをかやす、切あげがいる。
昇切羽専用でもある 中以上のヤマでバンガヤリの
ヒドイ(急)ほど作りよい、どこのヤマにもあるので《ワ》ない、
又函ナグレの時は大ナグレする、(仕事ができぬ)、
へ かねのある内ちゃ
親分児分 かねが
なくなりゃ知らぬ顔
ゴットン

31　スラ棚　383×544ミリ　田川市石炭・歴史博物館蔵

大正時代
カライテボ
低層炭では駄目
一、五〇メートル以上の炭丈《スミタケ》
のヤマでないと切羽
には使用できない、
ヤクドコの卸し
さがりでコースから
釣り函のできぬ処
に使う、
明治時代には見らず。
つみ荷はエビで三杯位で
四十キロ上下である
カネカタも函より60センチ
以上隙が無いとテボが
かやしにくい。
当時の中小ヤマの炭函は
ヤマによって大小があり
一函が大形エビ(エブ)で
四十杯以上五十杯いる。
約半屯

カライテボ（女坑夫）379×543ミリ　田川市石炭・歴史博物館蔵

明治上中期
セナ 狸掘のヤマは直接 坑外に荷ないあげ バラにうつす、
坑内の卸し切羽はカネカタまで 荷ないあげ 炭函に前カゴから うつす
后カゴは抱えて うつす 炭函のないときは カブダシする、
女后山でセナのできる者は少ない、 男坑夫でも誰でもできる
芸当ではない、 前カゴと后カゴの綱のトリツケが違い
前カゴは四五度以上 傾けねば 登りにくい シュモク
杖も一五センチ位いより長いと駄目である 一〇センチ位。
〽おろし底から
吹いてくる風は
サマちゃん
こいしーと
吹いてくる
ゴットン
前
後

33　セナ運搬　381×543ミリ　田川市石炭・歴史博物館蔵

スラの積載量一五〇キロ位　381×543ミリ　田川市石炭・歴史博物館蔵

昔のヤマ人
筑豊の中小ヤマは低層炭が多く　アラトコの時からカネカタでもカタ壁を
除き頭はあがらぬ、それに重圧がくるようになると、函も通りかねる事
がある、此の場合函の渕に手もかけられず、頭もあげられぬ、
A系のヤマは函の渕に塊炭を立てならべ中にキリゴミ炭を山盛りに積
んでいた、これをタテグレと言うタテグレのないのはボタズ積と称して
八合函でテンから二合勘引であった、図の様にトカキをかけると
函ナグレのするどこのヤマでも一函だけ多くつまねばかねにならない
坑夫なかせであった、

35　坑夫なかせの低層炭　381×542ミリ　田川市石炭・歴史博物館蔵

明治中期のヤマ　ツキノミ
低層炭の延先 レールをハリ 函を通す
カネカタにするには一米以上の盤打をする。
二番方で炭座は進行しておる巾八尺
一日をき位は　順次打あげる、それには深い
孔をクル　長ノミ。三米位のもの
先端に鋼鉄付の8丸鉄で手突する。
明治時代は掘進夫と言う別名はなく
熟練採炭夫が掘進に当って
おり　相当のベテランで、ゲサイ
ニンでもあった。
竹
マイト
へ 奥州仙台
伊達陸奥の守
何故に高尾が
嫌うたやら、
ドッコイ
ゴットン
孔は二人でクル事もある　一米八〇位
ダイナマイトは三、四本
ピス一個だが（道火線）ミチビは七五センチ位 長いが安全だが
二個を合する事もある。
通気が悪いから爆煙が何時までも消えない、
右のマイトを長さ二米位の篠竹にククリつけて、突
火して穴に押込む　二〇分後に爆発する　シノ竹が
二十米も飛んで函にササッテおる事がある。

突鑿　380×543ミリ　田川市石炭・歴史博物館蔵

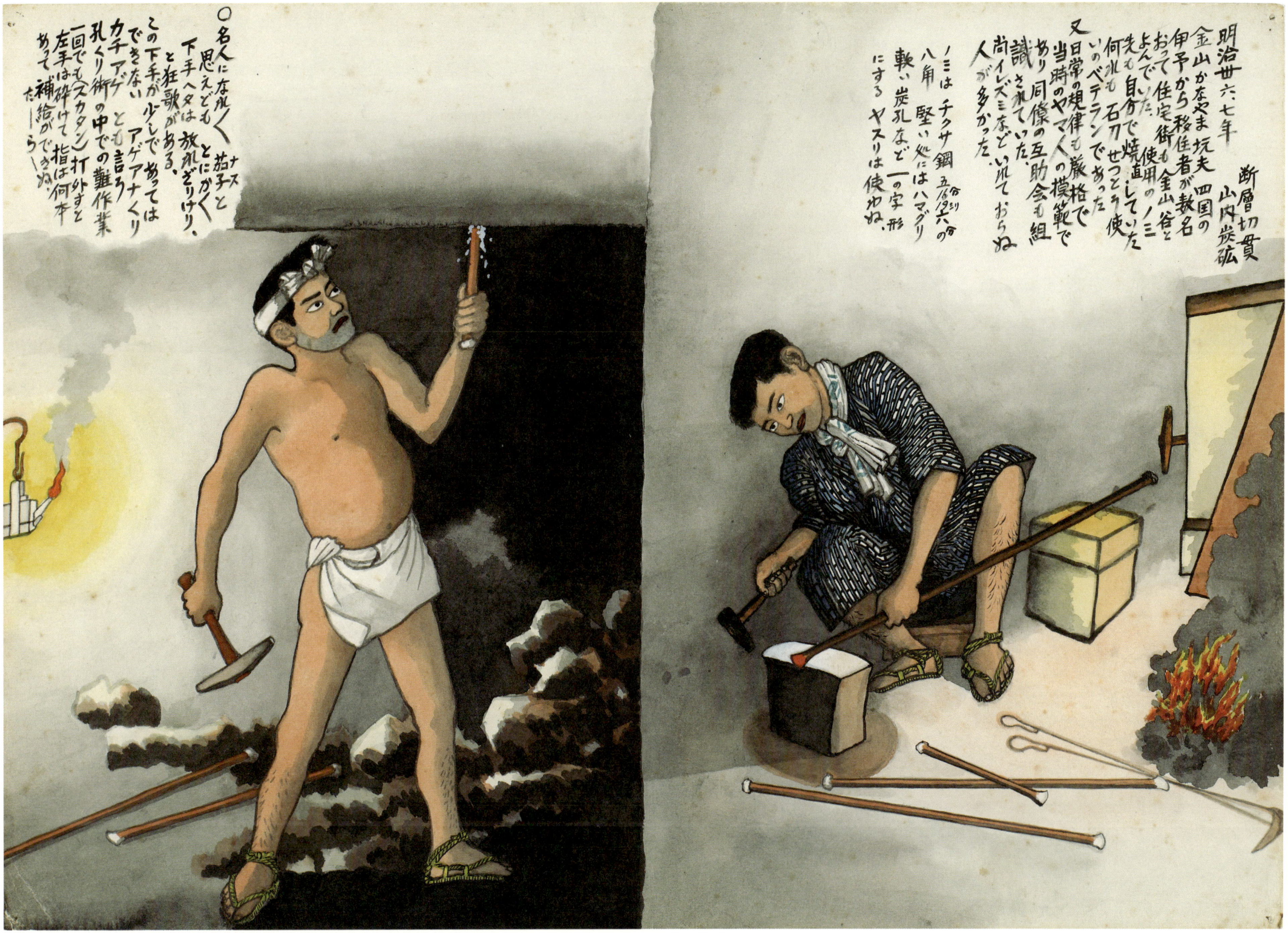
断層切貫 山内炭砿
明治卅六、七年
金山かなやま坑夫 四国の
伊予から移住者が数名
おって住宅街も金山谷と
よんでいた、使用のノミ
先も自分で焼直していた
何れも石刀せっとう使
いのベテランであった
又日常の規律も厳格で
当時のヤマ人の模範で
あり同僚の互助会も組
識されていた、
尚イレズミなどいれておらぬ
人が多かった、
ノミは チクサ鋼 五分 5/16 19 六分 の
八角 堅い処にはハマグリ
軟い炭孔など 一の字形
にする ヤスリは使わぬ、
○名人になれく
思えども 茄子《ナス》と
下手ヘタは とにかく
放れざりけり、
と狂歌がある、
この下手が少しであっては
できない アゲアナくり
カチアゲ とも言う
孔くり術の中での難作業
一回でも(スカタン)打外すと
左手は砕けて 指は何本
あって 補給ができぬ。
たーらー

37　アゲアナくりと金山坑夫　378×538ミリ　個人蔵

明治
仕繰方《シクリカタ》 枠入 先山 后山
片盤《カタバン》水平坑道の枠入れは カネカタの「高い方」に枠足の穴、ワクガマを掘る、カタの足を多く
傾むけるからで、30センチ対90ミリ位倒す、フケ低い方は炭函に当るから余り たおされぬ、
レールは単線で スベテ フケによっておる、アラトコ 新掘進切羽や坑道に初めから入枠する
様なヤマは膨大な坑木費がいるから、坑主コウシは目をまわす、尤も炭質は軟いが好条件
のヤマとは いわれない、 昔のヤマのガンは坑木と排水費の予算がろ/であった、
(現今は火薬、電気、機械、坑木)㊉ 枠の《カセイ》梁は根もとの太い方を カタにするのが法則である、
長さも二、一《七尺》メートルが普通だが 小ヤマのカネカタは 一、八《六尺》メートルが多い 従って木も細い (末口)の径をとる。
ベテラン仕操かたでも 巧拙の差があって上手《クドウト》はボタを多く造らず仕事も完全で速いが、下手《シロウト》はボタ
の量が多く能率もあがらず枠の タテマエも わるい、カタとフケ足が 捻《ネジ》れる 枠になる これを
ゼンツキ枠と言う、重圧がくるとガラ/\倒れる、 落盤より枠を かぶる、怖れがある。

仕繰方　枠入　先山　後山　380×541ミリ　田川市石炭・歴史博物館蔵

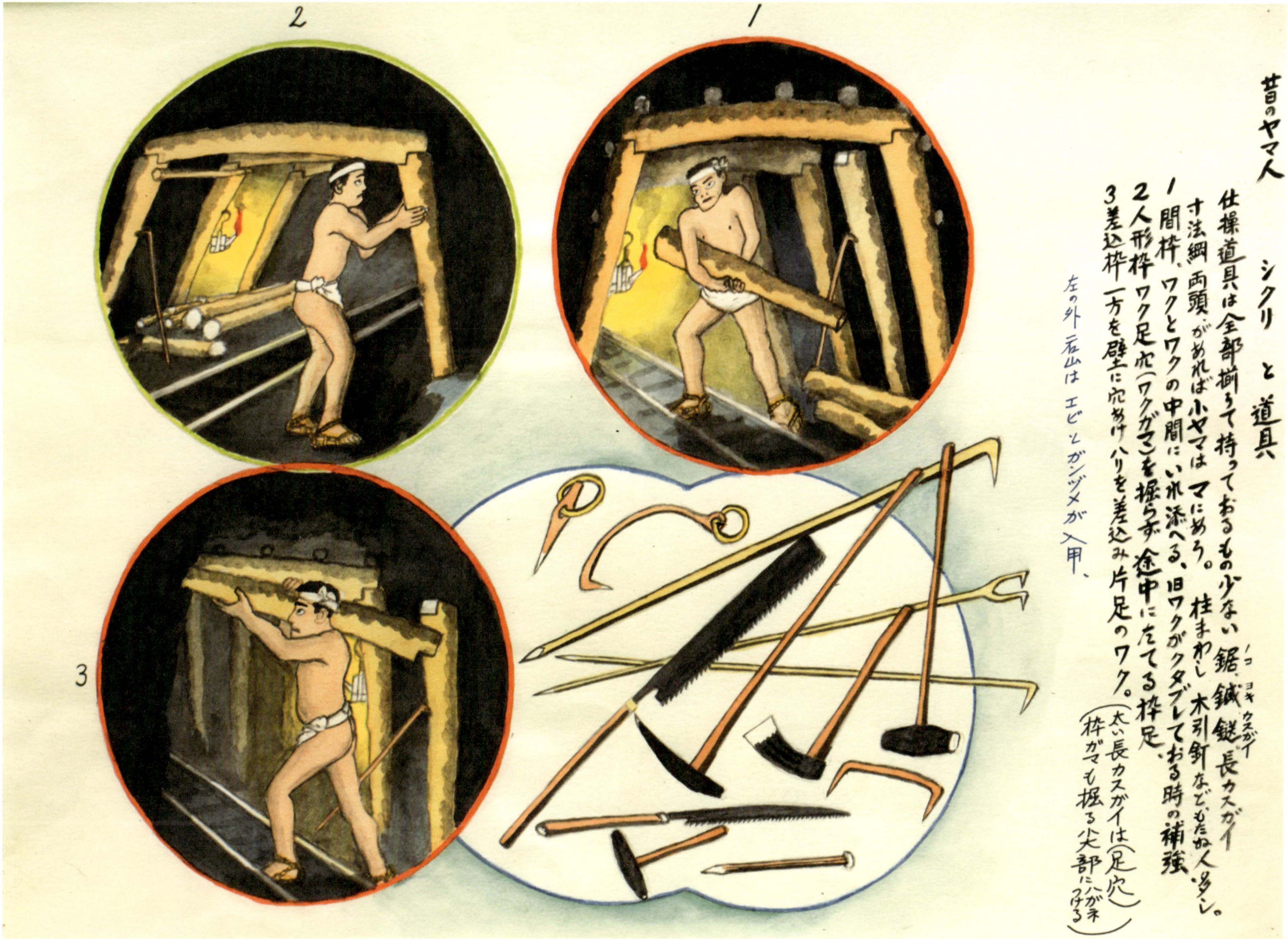
1
2
3
昔のヤマ人
シクリ と 道具
仕操道具は全部揃って持っておるもの少ない鋸《ノコ》、鉞《ヨキ》鎹《カスガイ》長カスガイ
寸法綱、両頭、があれば小ヤマはマにあう。 柱まわし 木引釘などもたぬ人多し。
1 間枠、ワクとワクの中間にいれ添へる、旧ワクがクタブレておる時の補強、
2 人形枠 ワク足穴(ワクガマ)を掘らず途中にたてる枠足、
3 差込枠 一方を壁に穴あけハリを差込み片足のワク。
(太い長カスガイは(足穴)枠ガマも掘る尖部にハガネつける)
左の外 岩山は エビとガンヅメが入用、

39　仕繰と道具　380×543ミリ　田川市石炭・歴史博物館蔵

狸柱
ボウズ柱
正柱
ニナワセ
明治から筑豊とよぶ称になったのは人は知らず私は大正になってからでそれは国鉄筑豊線があったからでもあるが筑前—豊前と言うのも面倒だからいつとはなしに略したわけで、あろう。
狸柱はタヌキが化けないでも逆柱にしてカミサシをきめぬ、之を狸柱と言い小ヤマの人は嫌う、
タヌキ柱の事はイカに老坑夫でも小ヤマで働いた人でないと経験はないと思う。
炭丈《スミタケ》
二米以上もあれば肩でかつぐが小ヤマは一般に低いから尻に持たせる、たとえ担げる高さはあってもかたにはあげぬくせがある。
柱の説明
昔は天井落下を何より恐れていた、よって柱には特に神経を使うていた、カミサシ。又は(ヤ)のないボウズ柱は(荷)重圧がきた時パチ〳〵と音を出さぬから嫌われていた、タヌキ柱はヤもない上に逆柱になっているから尚嫌われた、(根元が下はサカバシラ)カミサシがないと柱の処から喰い切って落ちることがある 当りが強いからで。

柱の説明　383×543ミリ　田川市石炭・歴史博物館蔵

明治、大正、昭和 キコヅミ 木工積
中にボタ(硬)を積込(充填)するのをミコズミと云い
詰こまぬのを カラコヅミと言う
略して ミコ、カラコ、と称す、
この防落工事は莫大な材料(坑木)と
人件費がかさむので、好条件のヤマで
ないと実用せぬ。貧乏人がなげなし
の貯金を投下げて 米代にする様な
とってはならぬ 大黒柱的の保安炭柱
の一部を払うたときなど これを採用
する事がある、
細い坑木は先山一人で
軽くうごくが
二人の方が捗どる
夫婦仲よく。
カラコは不用になって
移転されるが
ミコは困難、
へ 娘よろこべ 今度の婿は
仕事で嫌いで 酒が好き、
ゴットン
明治終り頃から昭和
終戦後まで中小ヤマ
にはカーバイト使用
のガスカンテラが
多かった、
但しガスケの
ないヤマだけで
あった、事は
勿論。

41　木子積（夫婦での作業） 380×543ミリ　田川市石炭・歴史博物館蔵

高々層には杉杖もある
（坑木は松杖　末口寸法）
シクリカタ
夫婦共稼ぎで　先山、后山　サシである。
明治中期のヤマ
採炭夫と同じ
大仕操になると男后山も加わる、カネカタ車道のある水平坑道、
女でもナル木位鋸切り出来ねばマにあわぬ（画はカミサシ）採を作る坑木、
枠はカタカベの部分足もとを据こむ、それを ワクガマと云う、
足の上部接合する処をアゴシタと言う、
ハリの両端切かぎをエビジリと言う、
ハリ、はカモイとも云う　足を支えるナガカスガイ、
枠はカタ足を傾斜多くしてフケ足は余り倒さぬ、
ハリは太い方をカタにする、
1
2
へおんな禁制高野の山に
なぜにめ松がはえたやら
ゴットン

仕繰方（先山　後山）　380×543ミリ　田川市石炭・歴史博物館蔵

セリ木とも云う
末口7センチ位い
長サ一・八〇センチの松
これを ジゴクに
打並べる
地獄は隙間の
ないナル木の列の事。
砂バラス火山灰質は
一回バレルと僅かの雨
でもバレる様になる。
(ウチコミ ナルギ) ナリギ、
田川市西区の小ヤマは三ー五メートル
位に砂利又は火山灰がある
それがハシリコミ(坑口)から
三〇ー五〇メートル位にでてくる。
梅雨、秋の台風で大降雨に
あうと味噌汁の様に流
れて枠は裸になり
高バレして坑道を
密閉してしまう。
採炭中止になるから
ベテラン仕操方が
かゝる。何人もかゝら
れず ヒツジ「雨レ
は降る水も溜
る 急ぎは
する。
作業困
難。

43　打込み成木　380×542ミリ　田川市石炭・歴史博物館蔵

昔のヤマ
タカバレ　シクリ　カラコヅミ
天井
ヤマが古くなると自然重圧によって天井の堅い(ヨイ)良ところでもタカバレする事がある。
此の際数ケ所バレルが主要坑道なれば本天井にアタリをつける枠にカラコヅミをする
幾段にも井桁に積あげる。多くの坑木が必要であり、仕くり法も難かしい
危険でもあるから女石山は使わない、
主要でない
カネカタなどでバレの面積の狭い箇所はジゴク
なりでマにあわせる、それも石の仕くりが
しやすい枠に枠の上二段は井桁に組み
その上に細木末口80ミリ位を並べる
又ナル木がろごかぬように
アラボタをならべおく。

高ばれ　仕繰　空木積　380×540ミリ　田川市石炭・歴史博物館蔵

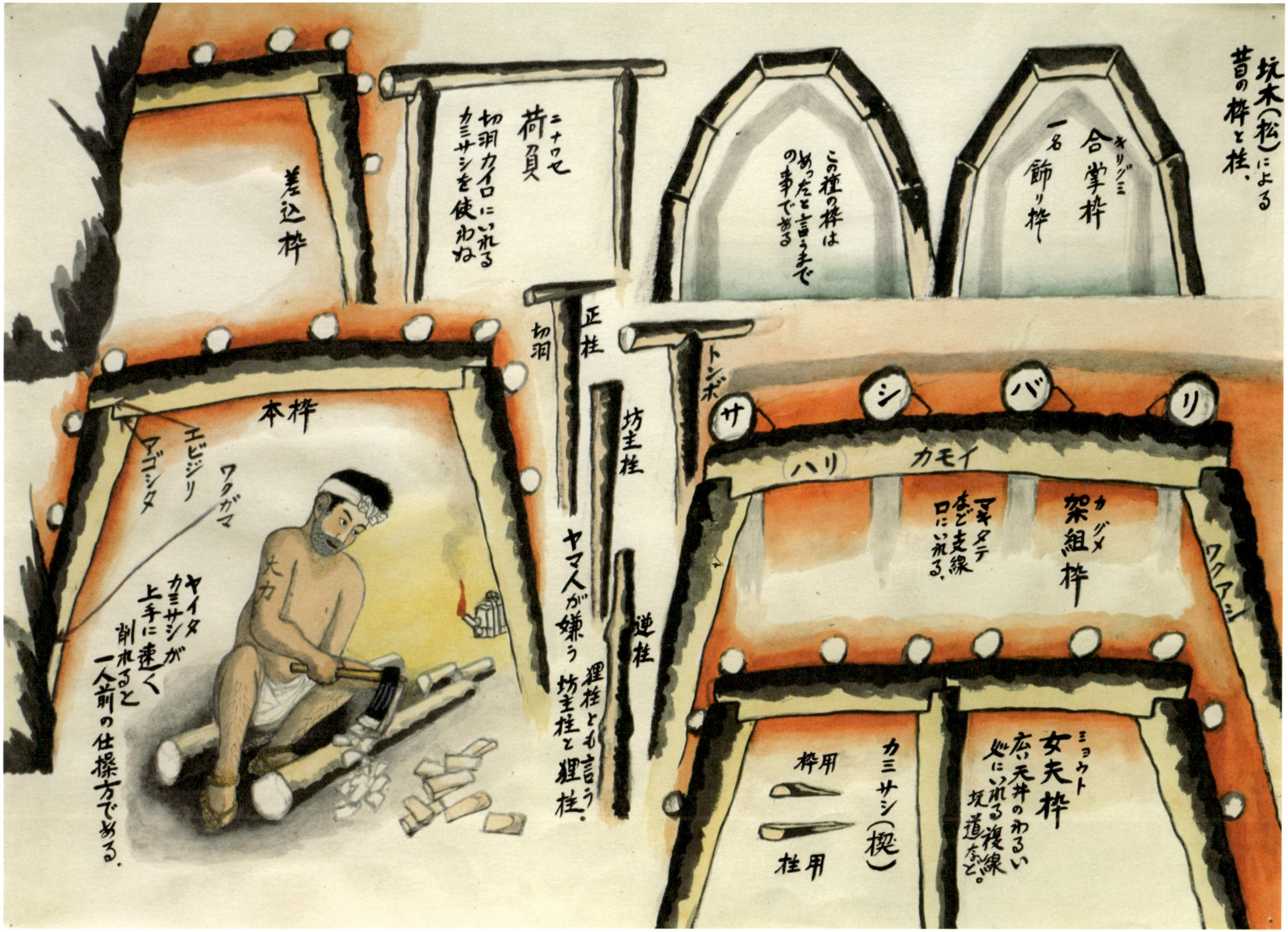

45　坑木（松）による昔の枠と柱　381×544ミリ　田川市石炭・歴史博物館蔵

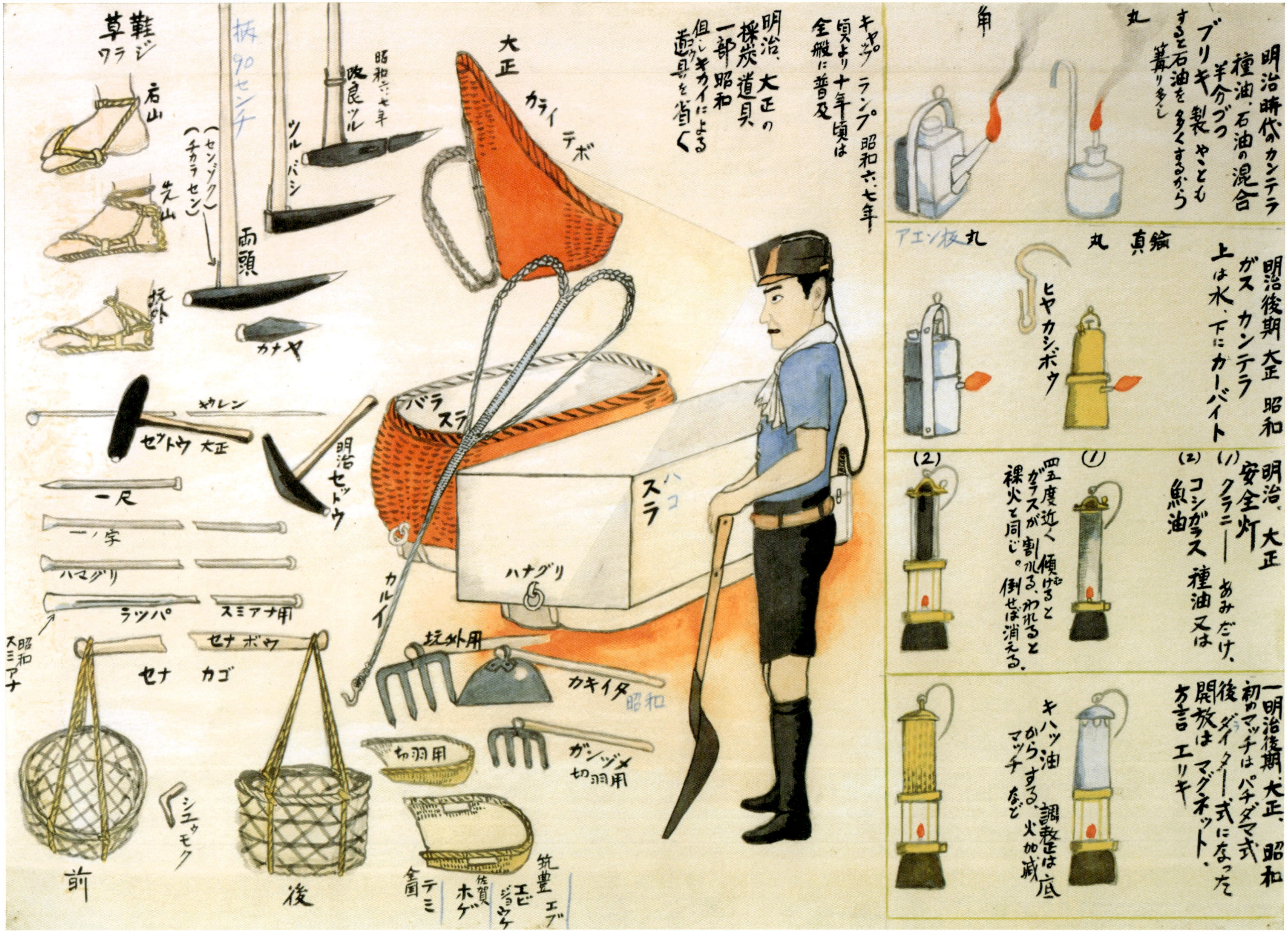

灯りの変遷と手掘り採炭道具　381×547ミリ　田川市石炭・歴史博物館蔵

昭和24年頃より
大手ヤマに
ヘルメット
オーガノミは昭和12年
日鉄稲築坑
大正後期
昭和初期
三井田川にあったと云う
女のパンツヘコ
明治後期
アトムキ
ヘコは昭和八年までと
小ヤマに使用 戦争中終戦まで
20年
2
明治・大正・昭和、安全灯と坑内姿
安全灯は揮発油
クラニーは種油 下図は中ドイツと云う安全灯
明治廿二年六月十五日 田川郡豊国炭坑(宮床)のガス爆発で二百十名の死者を出した。これは
初声をあげ、盛んになりつゝある筑豊のヤマ人の荒肝をとり大きなショックを与えた
これ以来ガスケのあるヤマは裸火のカンテラを追放し安全灯と改変し坑内喫煙を
禁じ火番をおいた。(但し一部のヤマだけ) 当時の安全灯は先山用はガラスがあったが
石山用はクラニーと云うアミばかりのものであった その光明はとても暗くて、なっより
マシと方言で云うていた。種油又は臭油を使うからジミにカスができて尚暗く
なる底からワイヤを通してあるが下手をやると火が消える 消えると火番までいかねば
ならぬ それでモメン針をアミの目から差込んでカスを落す 穴が太くなるからガスの予防は
ゼロになる。○安全灯台と上部はネジで締めて その上ノック(デボ)部内押ネジでとめ
すき間に石灰粉の粘ったのが詰めてあった。それでも裸火にするものが多かった。

47　安全灯と坑内姿　379×538ミリ　個人蔵

昭和 コールカッタ
昭和十二年頃《ハジメ》日鉄稲築《カホジン》鉱に登場、チエン回転式で能率向上よって旧式 棒転式は追放
その以前からあったと思うが、
された。ピック も旧式は取付は簡単だが製作は難しかった、新式は 1/2″の
平鉄鋼キカイで作ればカンタンであった、取付けは3/8吋のセット《オシ》ボールト《ネジ》で一箇づゝ
しぬつけねばならぬ。 長壁式 払い切羽を下部フケからカタにスカシて昇る
カタの柱に取つけし5/8のアエンロープをカッタが小形ドラムに巻つけて のぼる
そのロープは特製で芯も麻でなく鉄線である(カッターは一ケ処に2台あって交互に手入れする主意である)
ピックは叩き込み
抜く時も尻から
叩きぬく(ポンチ)使用
両ノック付で
製作に手がいる.
もとは四吋丸
先は 三吋
長さ 1.50 メートル 位
70ミリ
25ミリ
65ミリ
3½″
90ミリ
4吋
10.2センチ
13ミリ 厚
26ミリ 巾
新式ピック
旧式ピック
カッターマンは 拾名位おる
ピック、チエンのガイドは
時々取かえる3/8の皿カシメ
リベット 数多く手マどる
ガイドは特種鋼鉄、

コールカッター　382×541ミリ　田川市石炭・歴史博物館蔵

49　乗廻し棹取（ヤマ一番のオメカシ男）　383×544ミリ　田川市石炭・歴史博物館蔵

段汲
明治上期頃のヤマ、ダングミ
中期頃スチームポンプの
ある時代でもどこでも
蒸気がやれないので この式
の排水をやっていた。
しかし傾斜バンガヤリの
ヒドイ「急」なヤマはやり
にくい。
（明治四十年頃にも小ヤマにはあった）
白米一升
十才の頃
一升飯を喰う
との噂さ
人間エンジン
汗の重労仂である。
一人で築堤を
ネンドで目ぬりする
何ヶ処も受もつ
から楽でない
その上 低層炭が多
いので 頭もあがらぬ
石油缶が重くなる
賃金は、一日普通より
高い四十才以上、

段汲　379×542ミリ　田川市石炭・歴史博物館蔵

明治中後期
ハンドル ポンプ
人間エンジン、ウオートル、ローランの径四吋（一〇センチ）これは強力な
男でも永く堪へない、勇水が多くなれば マにあわぬ、
何分 スチーム管を ハエねば ならぬから 昔の卸しさがりの
排水は困難であった、 尚 ハンドルポンプは どこのヤマにも
ある ものでは なかった、 K坑にて ストロークが緩むと揚水せぬ、
汗は流れて褌《コンド》し・しぼり
腹は へこたれ目はくぼむ。

51　ハンドルポンプ　380×542ミリ　田川市石炭・歴史博物館蔵

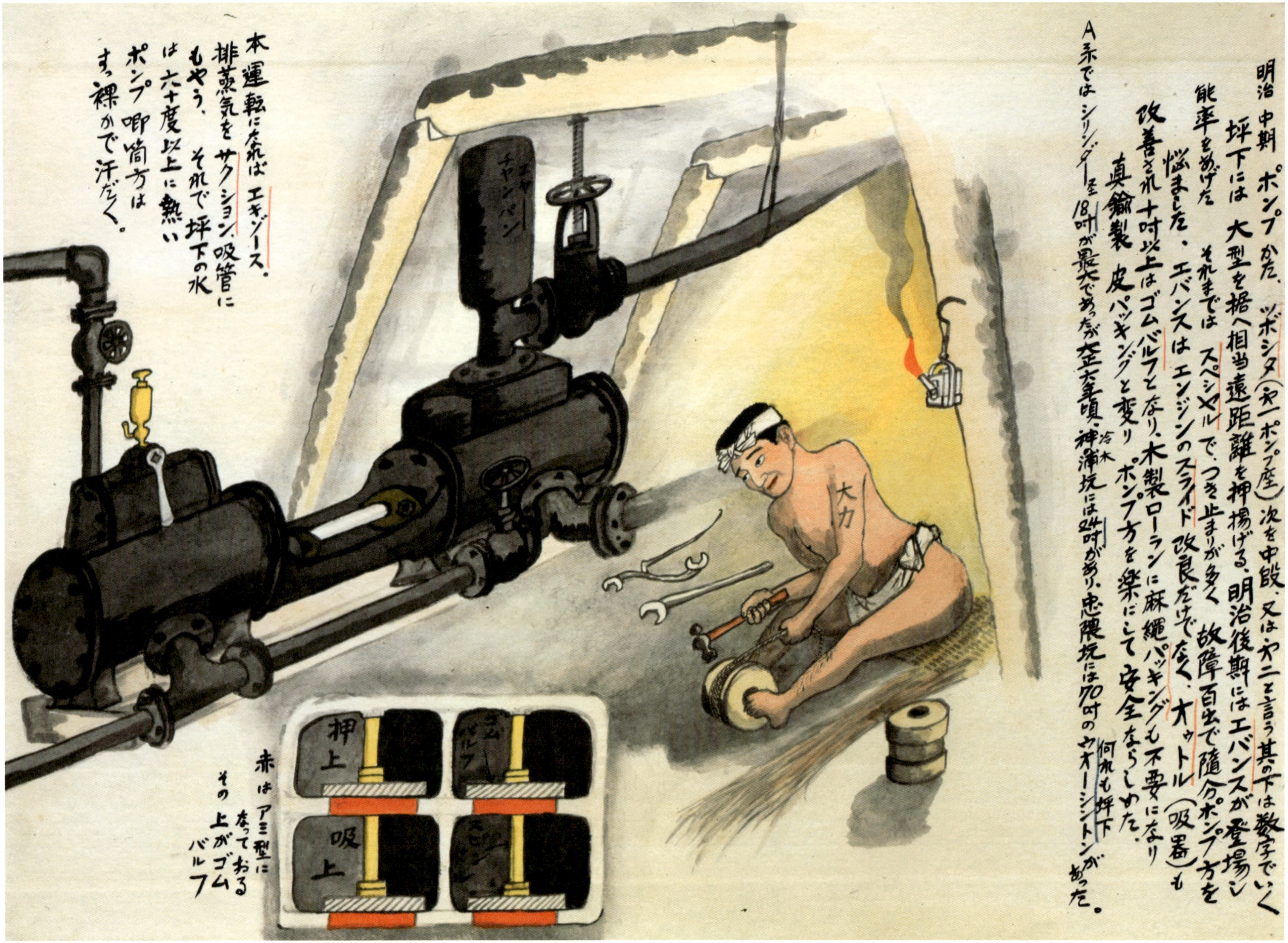
明治中期　ポンプかた、ツボシタ（第一ポンプ座）次を中段、又は第二と言う其の下は数字でいく
坪下には大型を据へ相当遠距離を押揚げる、明治後期にはエバンスが登場シ
能率をあげた　それまではスペシャルで、つき止まりが多く故障百出で随分ポンプ方を
悩ました、エバンスはエンジンのスライド改良だけでなく、オゥトル（吸器）も
改善され十吋以上はゴムバルフとなり、木製ローランに麻縄パッキングも不要になり
真鍮製皮パッキングと変りポンプ方を楽にして安全ならしめた。
A系ではシリンダー径18吋が最大であったが大正六年頃、神ノ浦（冷水）坑には24吋があり、忠隈坑には70吋のウオーシントンが何れも坪下にあった。
本運転になればエキゾース、排蒸気をサクション、吸管にもやう、それで坪下の水は六十度以上に熱い
ポンプ唧筒方はすっ裸かで汗だく。
エヤーチャンバン
大力
押上
ゴムバルフ
吸上
赤はアミ型になっておる
その上がゴムバルフ

ポンプ方　380×542ミリ　田川市石炭・歴史博物館蔵

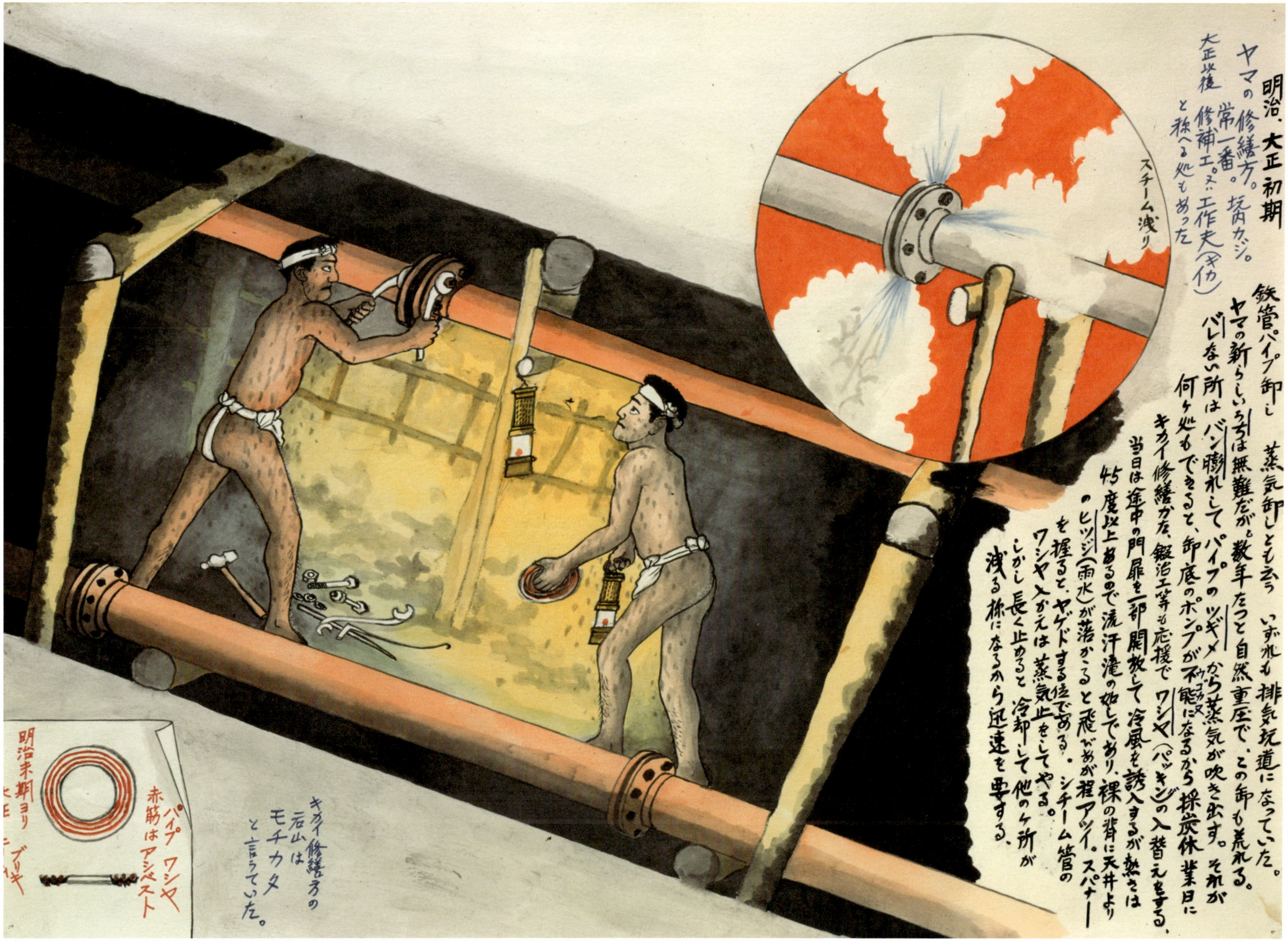

明治、大正初期
ヤマの修繕方。坑内カジ。
常一番。
大正以後　修補工。又ハ工作夫(キイカ)
と称へる処もあった
スチーム洩リ
鉄管パイプ卸し　蒸気卸しとも云う　いずれも排気坑道になっていた。
ヤマの新らしいうちは無難だが。数年たつと自然重圧で、この卸も荒れる。
バレない所はバン膨れしてパイプのツギメから蒸気が吹き出す。それが
何ヶ処もできると、卸底のポンプが不能になるから採炭休業日に
キカイ修繕かた、鍛冶工等も応援でワシヤ(パッキン)の入替えをする。
当日は途中の門扉を一部開放して冷風を誘入するが熱さは
45度以上あるので流汗滝の如しであり、裸の背に天井より
のヒツジ(雨水)が落かると飛びあがる程アツイ。スパナー
を握ると、ヤケドする位である。・シチーム管の
ワシヤ入かえは蒸気止をしてやる。
しかし長く止めると冷却して他のヶ所が
洩る様になるから迅速を要する。
明治末期ヨリ
ブリキ
パイプワシヤ
赤筋はアシベスト
キカイ修繕方の
岩山は
モチカタ
と言うていた。

53　ヤマの修繕方（坑内鍛冶）　380×539ミリ　田川市石炭・歴史博物館蔵

フランジ穴は偶数である
タイラ
ケン
カシメ
フランカン
ネジコミ
ガスカン
明治、大正、昭和、再記 修繕方、常一番、坑内鍛冶、（現今は修補工と称するヤマもある）方はモチカタ。
ヤマの排水用及鉄管工作の担当者、尤も急ぐ時は鍛冶工員が応援する事もある、
（パイプ）（プラン゜管は外゜径を寸法、フランジはカシメる《ヤキハメテ》、主としてスチーム（蒸気）用。
（ガス管は内゜径をとり主として継目はネジである。カプリン又はフランジ。

フランジのボールト穴は 4吋10センチまでは四個 5吋12.7センチ以上六個 8吋20センチ以上
八個になっており六吋以上より3/4 20ミリボールト。（五吋まで5/8ボールト）。

パイプ
カシメは 五吋以上は三人で搞《たた》きしめる。とんかんくくと音高し。

渕より奥を膨らさねば完全でない。

昭和十年頃より日鉄稲築坑でテーマチックでカシメた。エヤー式。

鉄カシメ器、

ヤマの修繕方再記　380×539ミリ　田川市石炭・歴史博物館蔵

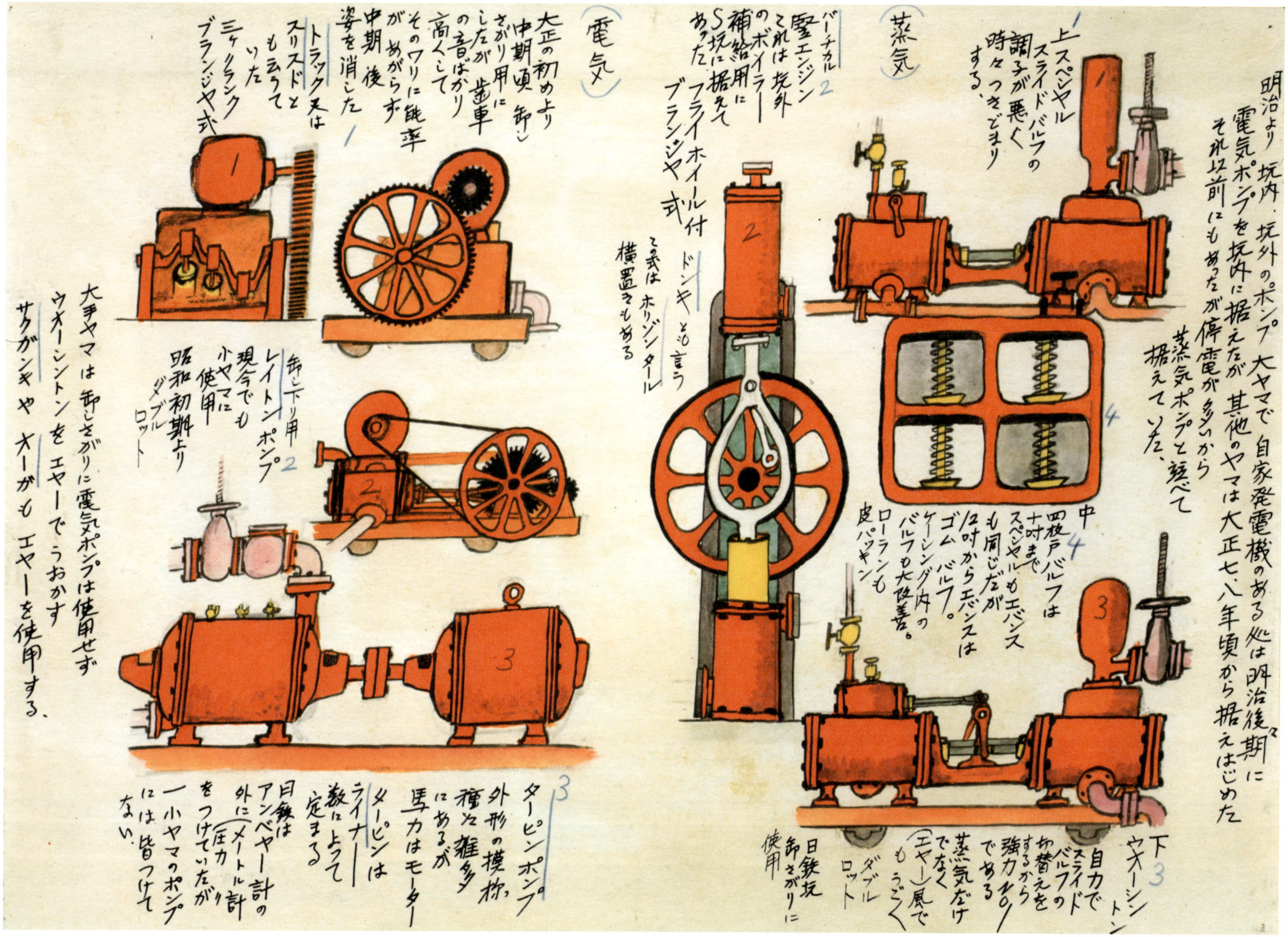
明治より 坑内・坑外のポンプ 大ヤマで自家発電機のある処は明治後期に
電気ポンプを坑内に据えたが 其他のヤマは大正七・八年頃から据えはじめた
それ以前にもあったが停電が多いから
蒸気ポンプと並べて
据えていた、
蒸気
1 上スペシャル
スライドバルフの
調子が悪く
時々つきどまり
する、
バーチカル 2
竪エンジン
これは坑外
のボイラー
補給用に
S坑に据えて
あった
フライホイール付
ブランジヤ式
ドンキ とも言う
この式はホリゾンタール
横置きもある
中 4
四段戸バルフは
十吋まで
スペシャルもエバンス
も同じだが
12吋からエバンスは
ゴムバルフ。
ケーシング内の
バルフも大改善。
ローランも
皮パッキン
下 3
ウオーシントン
自力で
スライドバルフの
切替えを
するから
強力No1
である
蒸気なけ
でなく
(エヤー)風で
もうごく
ダブル
ロット
日鉄坑
卸さがりに
使用
電気
大正の初めより
中期頃卸し
さがり用に
したが 歯車
の音ばかり
高くして
そのワリに能率
があがらず
中期後
姿を消した 1
トラック又は
スリスドと
も云うて
いた
三ケクランク
ブランジヤ式
卸し下り用
レイトンポンプ 2
現今でも
小ヤマに
使用
昭和初期より
ダブル
ロット
タービンポンプ 3
外形の模様は
種々雑多
にあるが
馬力はモーター
タービンは
ライナー
数によって
定まる
日鉄は
アンベヤー計
の外に(メートル計
(圧力)
をつけていたが
一小ヤマのポンプ
には皆つけて
ない。
大手ヤマは卸しさがりに電気ポンプは使用せず
ウオーシントンをエヤーでうおかす
サクガンキやオーガも エヤーを使用する。

55　坑内坑外のポンプ　383×545ミリ　田川市石炭・歴史博物館蔵

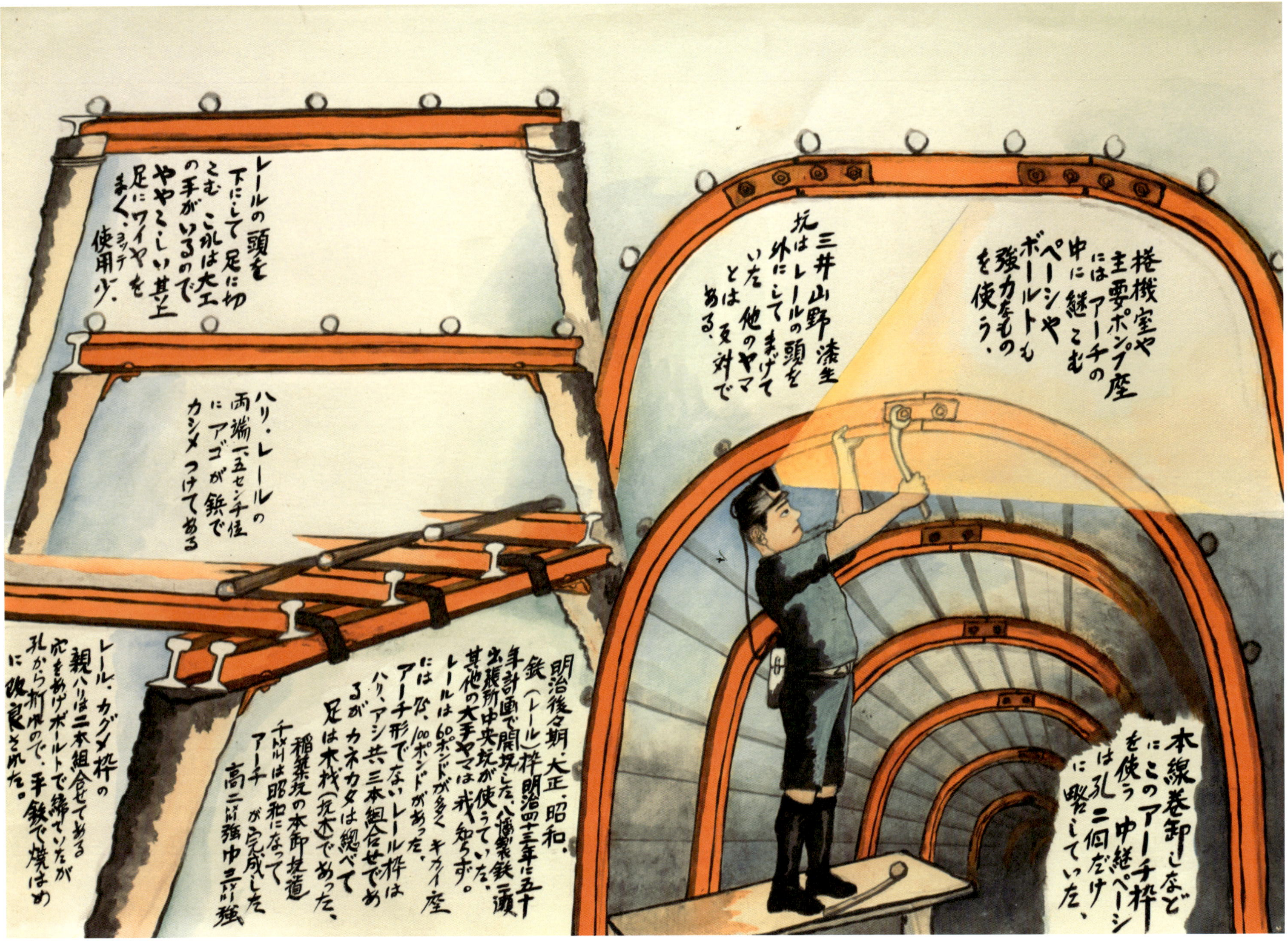
捲機室や主要ポンプ座にはアーチの中に継こむペーシやボールトも強力なものを使う、
三井山野漆生坑はレールの頭を外にしてまげていた 他のヤマとは反対である、
本線巻卸しなどにこのアーチ枠を使う 中継ペーシは孔二個だけに略していった、
レールの頭を下にして足に切こむ これは大工の手がいるのでややこしい其上足にワイヤをまく、ヨッテ使用少、
ハリ・レールの両端一五センチ位にアゴが鉄でカシメつけてある
明治後々期、大正、昭和、鉄(レール)枠 明治四十三年に五十年計画で開坑した、八幡製鉄二瀬出張所中央坑が使っていた、其他の大手ヤマは我は知らず。レールは60ポンドが多く キカイ座には75、100ポンドがあった、アーチ形でないレール枠はハリ、アシ共三本組合せであるが カネカタは総べて足は木栈(坑木)であった、稲築坑の本卸坑道千米は昭和になってアーチが完成した 高二米強 巾三米強
レール、カグメ枠の親ハリは二本組合せてある 穴をあけボールトで締めていたが孔から折れるので、手鉄で焼はめに改良された。
鉄枠（レール） 381×543ミリ 田川市石炭・歴史博物館蔵

十馬力以上の普通電気タービンポンプにて、卸より揚水法。
途中に函タンクを据えそれにゼットであげる電ポンプ揚圧力水を送りセットと共に押あげる仕かけもあった、
ナリツポウで五立法あげる、
ゼット押上
ポンプ押上より
卸
ポンプ吸上管
サクション
風管
15吋
卸シサガリ。明治時代は スペシャル、後エバンスの小形スチームポンプ。
ハミ手くり釣函は桂で止めていた。大正中期より電ポンプ
トラックス、スリスド後昭和になってレイトンなど出た
大ヤマ日鉄は、大正初よりウオーシントンを
圧風にて運転し処によりゼットを使用
昭和になってオーガのみもエヤーで使用
小ヤマはオーガを電力であった圧風機がないから
キャップ タイヤが多くいる。
5/8×1/2 平鉄
日鉄 稲築鉱の 函止め
ガス追放換気にも役立つ圧風 万能、大手ヤマ山

 揚水法　380×538ミリ　田川市石炭・歴史博物館蔵

ボイラーは 高圧で
ないと駄目 嘉飯地区
で最も多量に蒸気を
使えておるヤマは 忠隈
と上三緒坑で あると
評判されていた 方言
ジョキがカタイと云うていた。
両坑共 ハクライ ガマと言う
ドイツ外国製のボイラーを
数台据えてあった
国産でも水管式には高圧
もあった 明治四十年後・
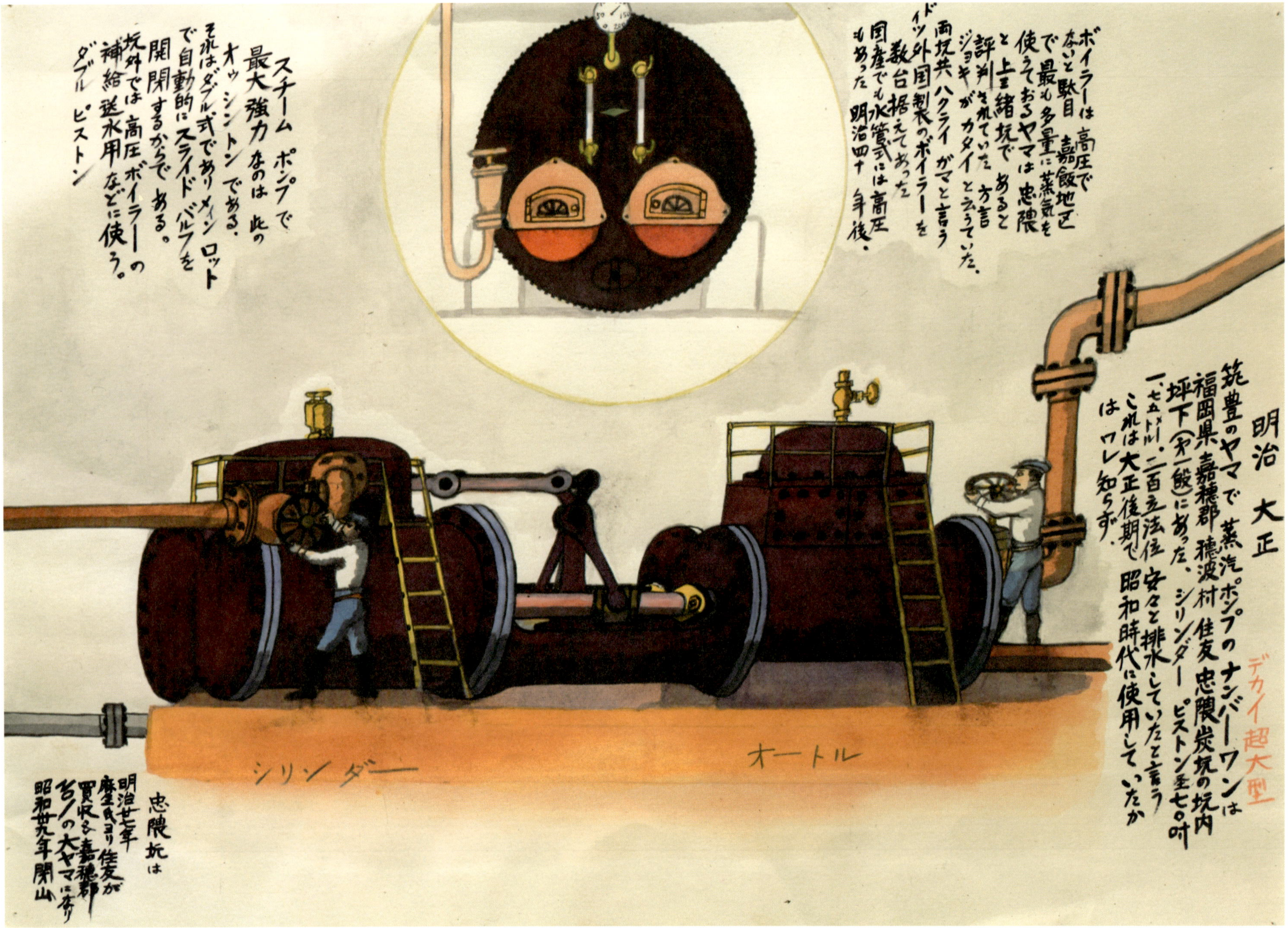
スチーム ポンプで
最大強力なのは 此の
オッシントン である。
それはダブル式でありメイン ロット
で自動的にスライド バルブを
開閉するからである。
坑外では 高圧 ボイラーの
補給送水用などに使う。
ダブル ピストン
明治 大正
筑豊のヤマで蒸汽ポンプのナンバーワンは
福岡県嘉穂郡穂波村住友忠隈炭坑の坑内
坪下(第一般)にあった、シリンダー ピストン径七〇吋
一七五メートル・二百立法位 安々と排水していたと言う
これは大正後期で 昭和時代に使用していたか
はワレ知らず。
デカイ超大型
シリンダー
オートル
忠隈坑は
明治廿七年
麻生氏ヨリ住友が
買収各嘉穂郡
一ノの大ヤマに存り
昭和卅九年閉山

筑豊のヤマの蒸気ポンプ　378×539ミリ　田川市石炭・歴史博物館蔵

明治中期より
坑内馬
昔の中小ヤマは
排水困難のため
あまり深い坑内は
なかったが横に広
く掘進するので
片盤(水平坑道)が
遠くなる。二百米以上
になると馬を使う。
浅いヤマは毎日日没
頃にあげるが、
深い所は一週間位
あげぬ。久し振りに
あがった馬は沙婆
の風に吹かれ
欣喜跳躍する。
坑内馬は背の低い
強力なものを使う
が水を多く呑ませる
から腹ばかり膨れておる。
これは明治だけでなく
昭和の初期にも
入坑させておるヤマ
もあった。
坑内用炭函を五台
位曳いていた。三匹
又は二匹半
大正時代坑内に
電気登場その
漏電の際馬は
感電が早いと言う
蹄鉄の関係か
人に感ぜぬのに
馬は倒れる。

59　坑内馬　382×544ミリ　田川市石炭・歴史博物館蔵

明治、大正、昭和、ハコ ナグレ、ハコ マチ、（サシで六函約三屯つむで
十六時間以上またされた）
筑豊のヤマで月産三千屯（昔は斤）以上出炭する所でハコ、ナグレせぬヤマは珍らしい位
であった、マキタテが多くなり卸し下りが多くなるにつけナグレが激しくなっていた
カブダシは数函分しておるがカラバコが何時間も来ぬので坑内に十六時間以上おる
事は実に苦しかった、まして切羽で仂けば汗はでるが、マキタテ、ハコマチを長くすると
寒くなる、初めの内は大勢おるから面白い煙談や世間はなしがとび出すが后には
アクビと背のびばかりになる。尤も子供のおる后山は昇坑して亭主先山だけ残る
人もおった。坑内での雑談はバクチ、ケンカ、が多く次は頓智のよい人がおると
中々賑う恋愛問題が一番花が咲く。
毎日毎日こんなに遅くなっちゃやりきれぬの—

函なぐれ　380×539ミリ　田川市石炭・歴史博物館蔵

火番
明治中後期
大正後期には廃止された。
ヤマによって　明治三十二年頃より　坑内に火番があったが　それは(稀)少なかった、ガスケの
ないヤマは昭和終戦後もカンテラであった。　火番には老朽坑夫のおっさんがあてられ
安全灯の掃除や、煙草のサービスをしていた、　安全地帯の捲立近くにあるから
お客は多く　莨《タバコ》は一人に五、六プク位摘んで渡す、煙管(キセル)は三個紐つきで備へて
める、　来た人は番尻々々とやかましい、　キザミのナデシコ五匁三才位の最下品。
カンテラから安全灯に変った初めは　その不自由さに　ずいぶん愚智をこぼしたものであった。
この火番で函待ちもあり大勢集まるのでいろいろの雑談に花が咲く
間には火番のおっさんに話し上手がおってよく笑わせる愛嬌者もおった、
又未青年者が莨をすい習う悪態もあった、　昔の厳しい時代に。
番尻々々の声がまびしく
おおーい、尻から烟り
の出らぬうちにはよう
番尻に渡さんかーー
カンテラ時代には
ブリキ製の莨入れにキセル
を結び付トンコツと
称して腰に提げ入坑
していたので一ツの
自由を束縛された
かたちであった。
あとむきのクラニー
灯はアミばかりで
暗かった。
油は種油又魚油。

61　火番　381×543ミリ　田川市石炭・歴史博物館蔵

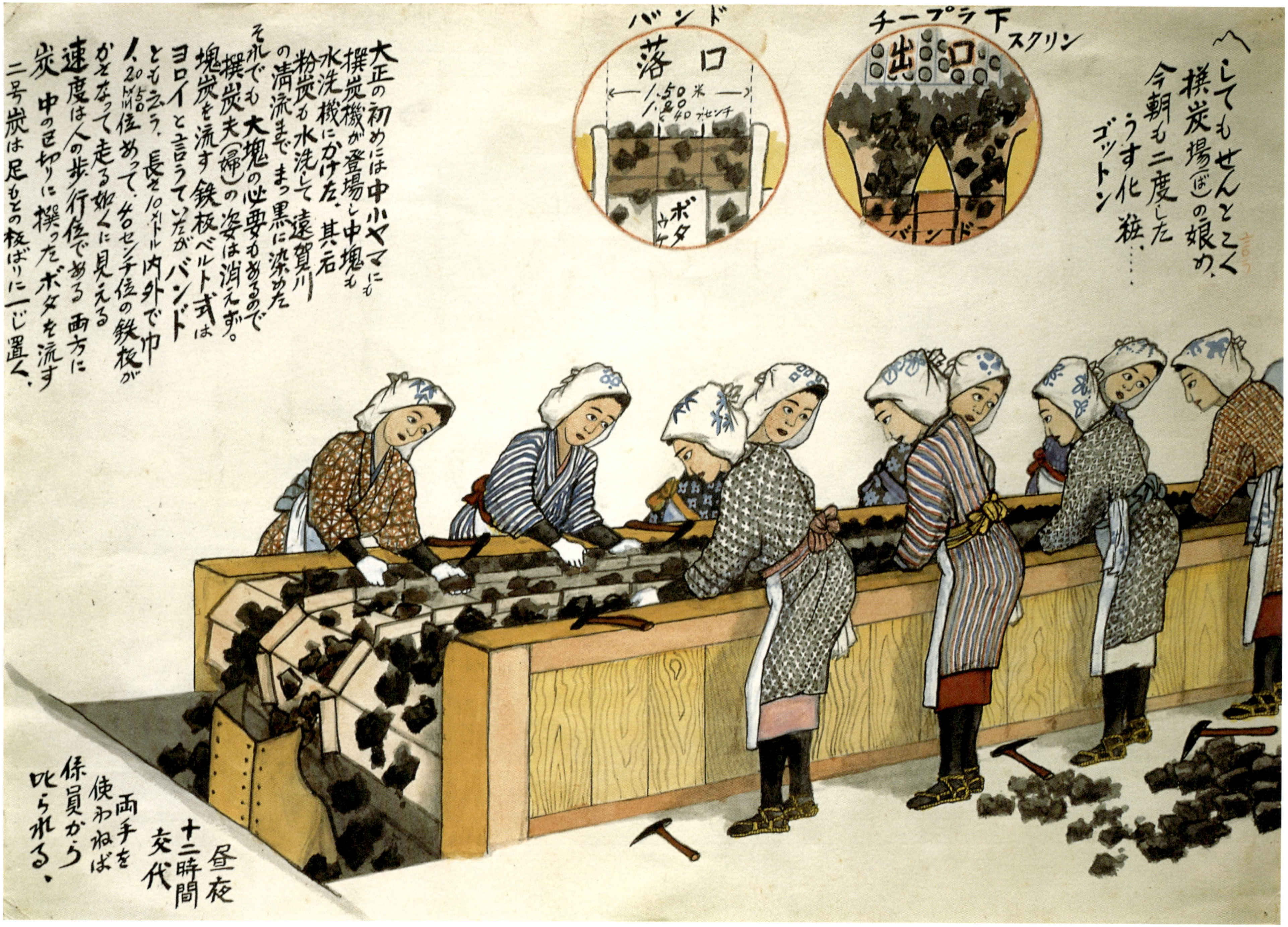

大正の初めには中小ヤマにも
撰炭機が登場し中塊も
水洗機にかけた。其石
粉炭も水洗して遠賀川
の清流まで真っ黒に染めた
それでも大塊の必要もあるので
撰炭夫(婦)の姿は消えず。
塊炭を流す鉄板ベルト式は
ヨロイと言うていたがバンド
とも云う。長さ10メートル内外で巾
1.20メートル位あって、40センチ位の鉄板が
かさなって走る如くに見える
速度は人の歩行位である 両方に
炭中の区切りに撰ったボタを流す
二号炭は足もとの板ばりに一じ置く、
バンド
落口
1.50米
1.20
40センチ
ボタ
ウケ
チープラ下
スクリン
出口
バンド
〽してもせんとこく
撰炭場(ば)の娘め、
今朝も二度した
うす化粧……
ゴットン
昼夜
十二時間
交代
両手を
使わねば
係員から
叱られる、

撰炭機での作業（撰炭婦） 378×537ミリ 田川市石炭・歴史博物館蔵

チエンコンベアー落口
稲築鉱(日鉄)は昭和十年頃まで落出口をカネカタにレールを２本並べて
変転ローラでうけていたがあまりにも邪魔になるので
積込作業の障害防止に取除改善された。
他のヤマにはこれ以上の考案施設があったと思うが、見らず、聴かず描けず。ベット式ボックス鉄板は3/8板長さ3呎高1呎余ローラ径6吋。
(複線レールで順次オーライせずに積込む)

 チェーンコンベア落口　381×538ミリ　田川市石炭・歴史博物館蔵

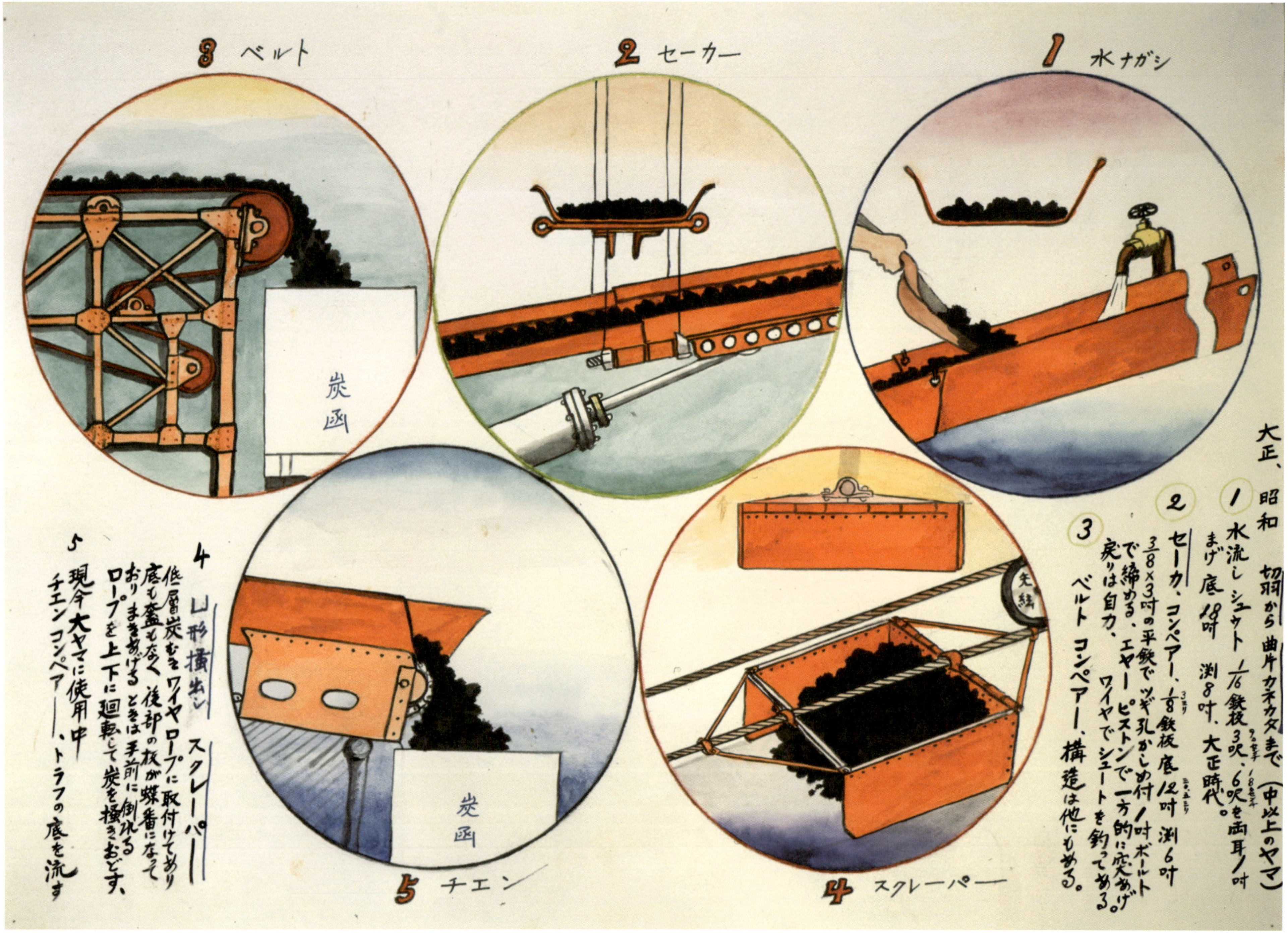
3 ベルト
2 セーカー
1 水ナガシ
炭函
炭函
5 チエン
4 スクレーパー
大正、昭和
切羽から曲片カネカタまで（中以上のヤマ）
1 水流しシュウト 1/16鉄板3呎、6呎を両耳1吋まげ底18吋 渕8吋、大正時代。
2 セーカ、コンペアー、1/8鉄板底12吋 渕6吋
3/8×3吋の平鉄でツギ孔かしめ付1吋ボールトで締める、エヤーピストンで一方的に突あげ戻りは自力、ワイヤでシュートを釣ってある。
3 ベルトコンペアー、構造は他にもある。
4 山形擁出し スクレーパー
低層炭むきワイヤロープに取付けてあり底も蓋もなく、後部の板が蝶番になっておりまきあげるときは手前に倒れるロープを上下に廻転して炭を掻きおとす、
5 現今大ヤマでに使用中 チエンコンペアー、トラフの底を流す

人車
昭和三年の七月一日より七日間安全週間が始まった
勿論全国鉱山、工場で、それでなくてもヤマの防災には
あらゆる手段をとっていたが、意外な災害は時々起る
ものである、しかも あろう事か一番安全で
あるべき人車によって一瞬にして八十三名の命を
奪われた、それは 昭和十二年四月十五日住友
忠隈炭鉱であった、原因はコースもとの
三角鉄のメイン孔《アナ》が裂破したのであった
カッテ無いところの人車の逆走、これは各
ヤマに(中以上)大きなショックを与えた。
日鉄稲築鉱もその以前から人車
安全機を研究していたが愈々熱が
あがっていた、当座としてコースを始め
一切完強なもので取かえて萬全
を期した、人車はコースもと三角
より総てダブル式でドロバー、ケッチン
ニケヅツ付けてある、各ヤマとも。
住友 忠隈炭砿
コース
コレガワレタ
人車
安全機
台 安全機 車
溝形 スリッパ
ロープがユルムと左の様になる。
日鉄は自家発電所あり乍ら
人車は蒸気マキであった
稲築鉱はピストン18吋
バンガヤリ
二十三度
稲築鉱
人車
三人詰
一台十二名
五台連結
六十名
九百七十メートル
レール
ホロポンド
スリッパ
二、四吋
チャンネル
ミゾ形

　人車　安全週間　380×539ミリ　田川市石炭・歴史博物館蔵

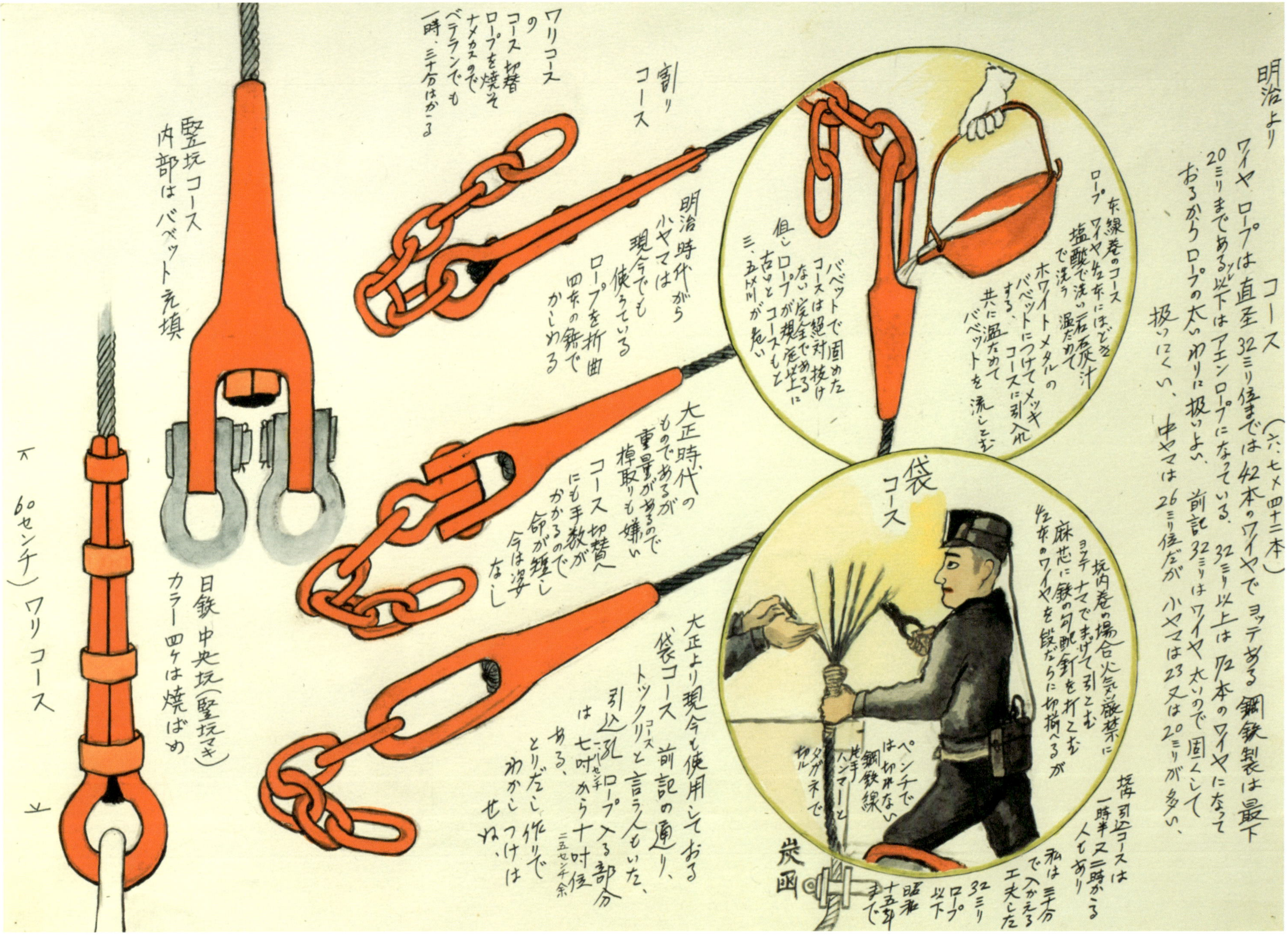
明治より
コース
ワイヤロープは直径32ミリ位まではヨッテある鋼鉄製は最下20ミリまである以下はアエンロープになっている。32ミリ以上はワイヤ72本のワイヤになっておるからロープの太いわりに扱いよい。前記32ミリはワイヤ太いので固くして扱いにくい、中ヤマは26ミリ位だが小ヤマは23又は20ミリが多い、
(六、七×四十二本)
左縒巻のコース
ロープワイヤを左右にほどき塩酸で洗い石灰汁で洗う温ためてホワイトメタルのバベットにつけてメッキする、コースに引入れ共に温ためてバベットを流しこむ
バベットで固めたコースは絶対抜けない完全である
但しロープが規定以上に古いとコースもと三、五メートルが危い
袋コース
坑内巻の場合火気厳禁にヨッテナマでまげて引こむ
麻芯に鉄の匂配釘を打こむ
左右のワイヤを段ならに切揃へるが
ペンチでは切れない鋼鉄線
先手ハンマーとタガネで切ル
炭函
袋引込コースは一時半又二時かゝる人もあり
私は三十分で入かえる工夫した
32ミリロープ以下
昭和十五年まで
ワリコースのコース切替ロープを焼きナメカエのでベテランでも一時、三十分はかゝる
割りコース
竪坑コース内部はバベット充填
明治時代から小ヤマは現今でも使っているロープを折曲四本の鋲でかしめる
大正時代のものであるが重量があるので棹取りも嫌いコース切替へにも手数がかかるので命が短し今は姿なし
大正より現今も使用しておる袋コース
前記の通り、トックリ(コース)と言う人もいた、
引込孔ロープ入る部分は七吋から十吋位ある、(三五センチ余)
とりだし作りでわかしつけはせぬ、
日鉄中央坑(竪坑マキ)カラー四ケは焼ばめ
60センチ
ワリコース

コース　381×544ミリ　田川市石炭・歴史博物館蔵

明治上中期 2 川船《五平太フネ》舟頭（石炭運送）
親舟積載量一万斤（六屯）水流を利用すれど速度を早める為サオを使う、
〽遠賀土手行きゃ雪降りかゝる。帰りゃ妻子が泣かゝる。
〽遠賀下れば山部で泊る、とまる筈だよ花だもの。
右の様なウタが流行したと云うが、歌詞が下サクと言われて（下品）今は口に出す人もない。

67　川船舟頭 2　381×542ミリ　田川市石炭・歴史博物館蔵

明治卅年春 嘉麻川
芳雄鉄橋上を通る
オモチヤの様な汽カンシヤ
八屯ツミの貨車十二・三台
飯塚駅よりの緩坂を青イキ
吐息で進行していた、
シンチュウのストンガップ
だけピカ〱光っていた、
明治二十二年に筑豊興業鉄道株式会社で、若松、直方開通
同 二十八年 飯塚、碓井、三十年四月 九州鉄道株式会社
三十一年 大隈、卅四年上山田、 天道・長尾（桂川）
三十五年（山野・貨車）三十六年田川線 四十四年伊田線
鉄道は日進月歩枝をのばす、石炭運送
の川船舟頭は 失業者急増
廿八年頃より（舟多くしてヤマにのり
あげる）ものが続いた、もとより
体力強健な男が多くヤマの
ゲサイニンになれこむのも早かった、
舟頭のグチ言
ウーム オカジョウキーーメ
いよ〱おいらの飯
茶碗を叩きつぶした。
おとされた

舟頭と陸蒸気　382×544ミリ　田川市石炭・歴史博物館蔵

明治三十二年頃 西方から見た 嘉麻川堤 麻生上三緒炭砿（昭和三十九年廃山）
明治二十七年九月に開坑（シバハグリ）廿九年開坑の山内坑と同じ麻生太吉氏のドル箱であった、
坑主が悩む 石炭運送は芳雄まで約三キロ 複線車路で馬に曳かせていた
一回 七台二屯余 当時の貨車八屯に約三十台いったと云う 山内坑も同 大隈町の
新野氏が数十頭の馬を使い馬車納屋と名称されていた、
明治卅二年には三井山野炭坑が二キロ余上三緒まで車路を作り
それより芳雄まで共同線道であった、
明治卅五年九鉄開通で馬車は追放された。
初めにヤマ移住した 親と共に
昔のヤマの鉱主《こうし》が倒産するのは大事故以外
運送不便 坑内湧水
多量による出費膨大
が原因であった
石炭のカロリーや低層も
あるが それは第二であった。

 明治32年頃麻生上三緒炭坑　382×542ミリ　田川市石炭・歴史博物館蔵

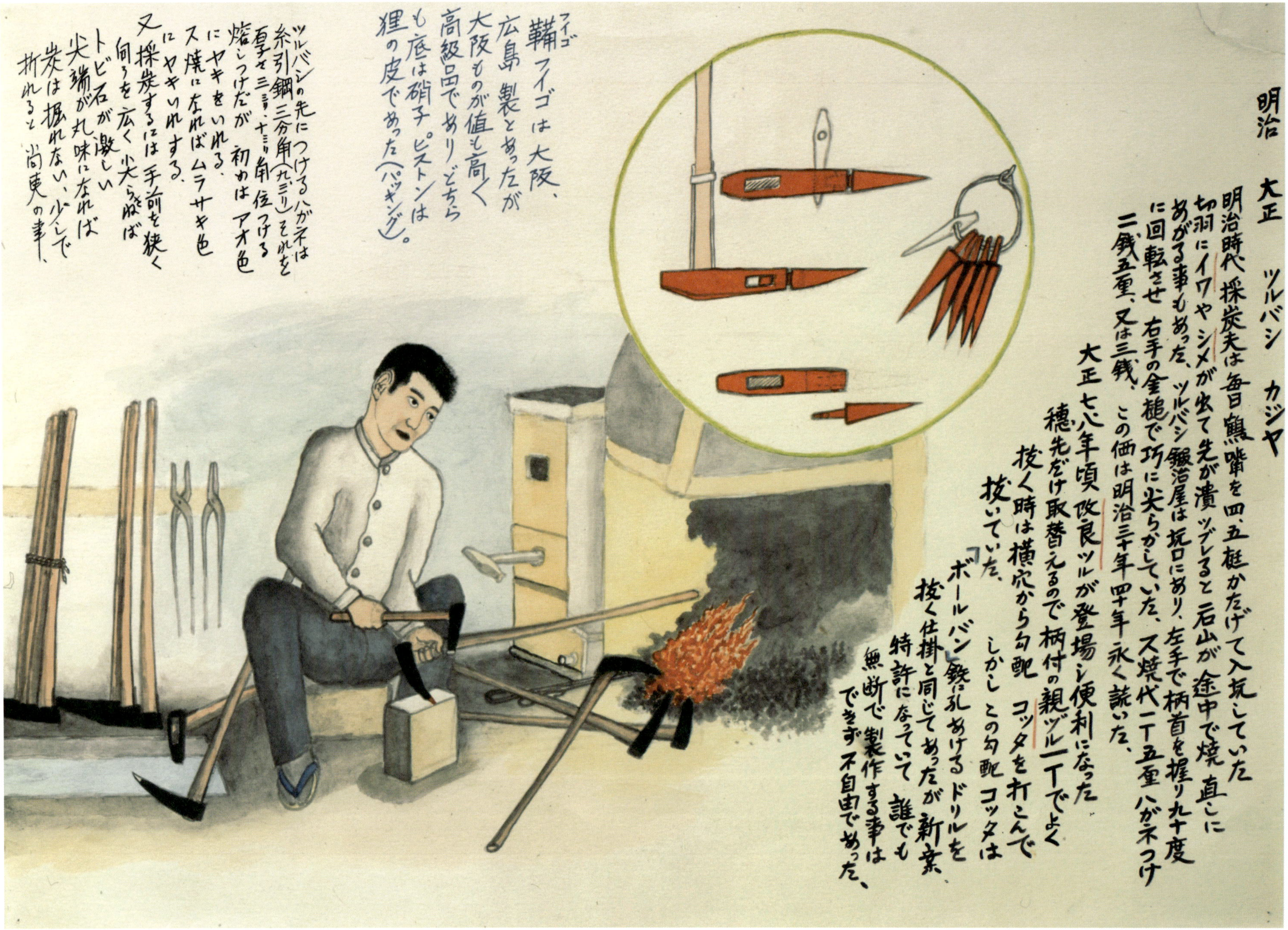
明治　大正　ツルバシ　カジヤ
明治時代 採炭夫は毎日鶴嘴を四、五挺かたげて入坑していた
切羽にイワやシメが出て先が潰ツブレると 石山が途中で焼直しに
あがる事もあった、ツルバシ鍛冶屋は坑口にあり、左手で柄首を握り九十度
に回転させ 右手の金槌で巧に尖らかしていた、ス焼代一丁五厘 ハガネつけ
二銭五厘、又は三銭、 この価は明治三十年四十年永く続いた、
大正七、八年頃 改良ツルが登場し便利になった
穂先だけ取替えるので 柄付の親ヅル一丁でよく
抜く時は横穴から匂配 コッタを打こんで
抜いていた、 しかし この勾配 コッタは
ボールバン(鉄に孔あけるドリル)を
抜く仕掛と同じであったが 新案
特許になっていて 誰でも
無断で製作する事は
できず 不自由であった、
鞴《フイゴ》 フイゴは大阪、
広島 製とあったが
大阪ものが値も高く
高級品であり どちら
も底は硝子 ピストンは
狸の皮であった(パッキング)。
ツルバシの先につけるハガネは
糸引鋼 三分角(九ミリ) それを
厚さ三ミリ、十ミリ角位つける
熔しつけたが 初めは アオ色
にヤキをいれる、
ス焼になればムラサキ色
にヤキいれする、
又 採炭するには 手前を狭く
向うを広く 尖らねば
トビ石が激しい
尖端が丸味になれば
炭は掘れない、少しで
折れると 尚更の事、

鶴嘴鍛冶屋　380×544ミリ　田川市石炭・歴史博物館蔵

明治 汽缶場 カマバ。カマタキ。
ヤマとカマ、エントツ。これが昔のヤマの表道具であり生命であった。
明治中期頃までは圣、五尺、又六尺（鏡板）の低圧カマで一本ジュウローが多かった
後には二本ファーネスもでたが低圧であった
明治後期には上三緒坑（麻生）に外国ガマが五台も来た。皆ドイツガマと称していた。八尺圣長さ6メトルの高圧ガマであった。全部コーキングなしに感心した
嘉飯地区では住友忠隈坑と麻生上三緒坑が蒸汽がカタイ（使用多）と噂ウワサされていた、A系の
称に12時キンムのヤマでもカマタキ（火夫）だけは八時間勤務であった
冬はさほどないが夏季になると弱い男のできる仕事ではなかった。
大正中期頃から中小ヤマも坑内に電力使用 それからやうやく火夫も幾分楽になった様である 何分昔のランキョガマに二号炭ばかり焚かするからカマタキは悲鳴をあげていたのであった。
ヤマからボイラーが追放されたのは昭和からで それまで停電があるので坑内ポンプなど蒸気も放せなかった。（扇風機人車巻機は蒸汽兼）
ササバ カキダシ レレッキ
20ミリ丸 2メートル50
30センチ
レレッキ
20ミリ丸
長2メートル位
立ガマ用
此の形が使いよい
夏でも裸作業はできない 鍛冶工と同直接火はあると疲労が激しいからである。
胴板 ボイラー、セル
ボイラー
前板 フロンド、エンド プレート
後板 ペック、エンド プレート

 汽缶場 379×538ミリ 田川市石炭・歴史博物館蔵

昭和になってピラミッドの姿が筑豊のヤマにボツボツ現れた。
（ボタ山、と
（ボタ函、スキップ）
炭坑の厄外者はボタ、昔は三井式で低地を埋め平地を
作り納屋を建てたり利用していたが 水揚機でボタが多く
なって山形になった、その石炭混ボタやボイラー焼カスなど
混入して自然発火が激しい これが又大変 ある程
度消さねば使えなくなる、峠まで送水して
横溝を幾段も作り火を抑える。一度燃え出せば
焼つくすまで全消はできぬ。
従って枕木スリッパや信号柱も鉄材にせねば焼ける。
上は昭和の初め日鉄稲築坑の
スキップである 鉄製 高サ五呎
巾五呎 長サ六呎 三屯半積
函蓋は別々に開閉する、
軸は10センチ径
レールのゲージ三呎
ヤマによって峠で自動式に
蓋を開閉するシカケもあったが
ボタが多量に出るヤマは故障百出で
まにあわぬ、よって峠に棹取が一人おる
最上部は百ポンド十米レールを二本上下に重
ねリックレしておる。ホイルは至一米位
である。レール延長の際は木製鳥居
形枠を上方に傾けチェンブルックでずりあげ
中かんに継ぎこむ。
ボタ山よ汝 人生の如し
盛んなる時は肥え
太りしに、ヤマ止んで
日々痩せ細り或い
は姿を消すもあり
あゝ憐れ悲しい
かぎりなり、
百五十馬力マキ

明治 大正
重圧（二）と柱
天井ジョウや盤が貢岩で脆いヤマは重圧がきても一寸いとバレ。墜落しないが食い違いケ処や断層ぎわなど危い、前兆として柱のカミサシ楔がパチパチと割裂け 柱はフシやヨワイ処からバリバリ折れる タテマエの悪い（傾斜に合わぬ打柱）のはゴトンとカタの方に倒れる。
ベテラン坑夫でも この場合どんな危い これが数十分又は何時間も続く事がある ガックリ、食違いの処など早く退避せねば生埋めになる。
○ヤマ人は荷（二）が来たと言う 二がおりあう（止む）と天井が下がったり盤が膨れたりで低くなる、そのセイで切羽の炭も軟くなっておる、切羽よりもカイロに炭柱があると30センチ位炭壁が張り出して崩れかかっておる、ツルバシ不用ガンヅメで掻倒しウワメをくる。
○不
○タテマエの悪い柱。注
傾斜バンガヤリより90度に合せず、水平から直立しておらぬ、よどめき柱の事。
○ウワメくる、
採掘禁止の炭柱を盗掘したり、アトケン印や入枠などあらゆる作業上に於てゴマカス不正手段を講ずる事。

ヤマコトバでウワメは坑外夫のアブラウリより悪質である。

傾斜の角度に合わぬ柱はアテリ《タタリ》にするとタオレカカルコトアル大怪我のもとである。赤印の如し。ニをもたぬ。

素人先山がヨク打つ柱

73　重圧（2）と柱　381×542ミリ　田川市石炭・歴史博物館蔵

昔のヤマ人　重圧
ヤマの人は荷(二)が来たと言っていた　初めはカミサシがパチ〱となって
割れる、それがおりあう(やむ)と添え柱などで補強工作をする、第二の大
重圧がくると柱は折れ又裂けわれ　炭壁までバリ〱パチ〱と鳴
ってくる、そうなると度脳もヘチマもない何はともあれ逃げねば
危険、ガックリ小形食違いの災など道具も持出せぬ事がある、
アラトコ(新採進)のキリハには
重圧は来ない、地柱(リュウズ)
炭柱払いにやってくる。
天井のわるいヤマでは
二は来ねでもバレる
事は多いベテラン
先山は時々打診
して浮ボタを調べ
滅多に取り落さぬ。
(古詞)
さめにげろ命あっての
二合半
おや子四人で
一升の命。

重圧　382×543ミリ　田川市石炭・歴史博物館蔵

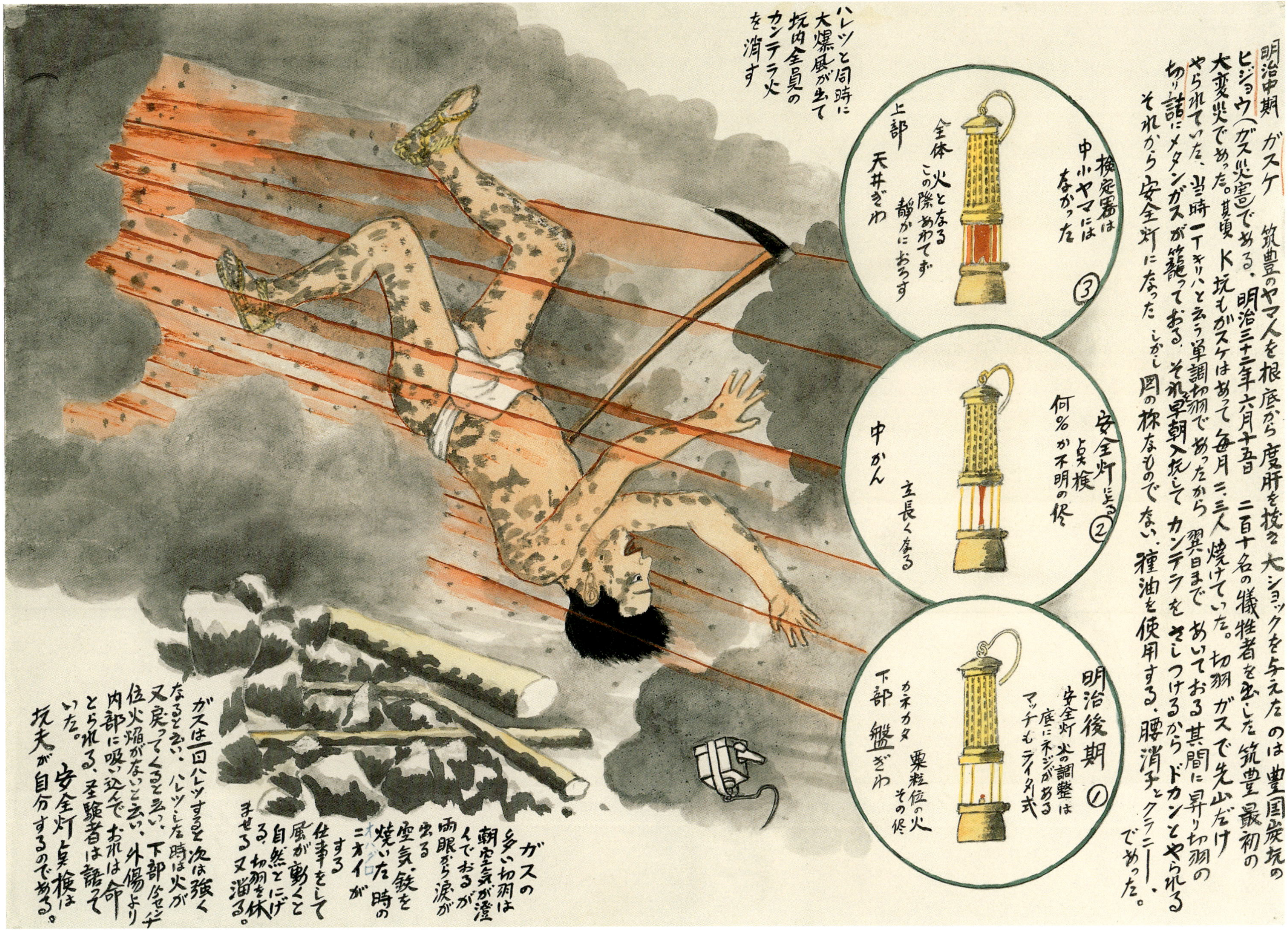
明治中期　ガスケ　筑豊のヤマ人を根底から度肝を抜き大ショックを与えたのは豊国炭坑の
ヒジョウ(ガス災害)である。明治三十二年六月十五日　二百十名の犠牲者を出した筑豊最初の
大変災であった。其頃K坑もガスケはあって毎月二、三人焼けていた。切羽ガスで先山だけ
やられていた、当時一丁キリハと云う単調切羽であったから翌日まであいておる其間に昇り切羽の
切り詰にメタンガスが籠っておる。それを早朝入坑してカンテラをさしつけるからドカンとやられる
それから安全灯になった　しかし図の様なものでない、種油を使用する、腰消子とクラニー、であった。
検定器は
中小ヤマには
なかった
③
全体　火となる
この際あわてず
静かにおろす
上部　天井ぎわ
安全灯による
点検
何%か不明の侭
②
中かん
立長くなる
明治後期
①
安全灯　火の調整は
底にネジがある
マッチもライタ式
栗粒位の火
その侭
カネカタ
下部　盤ぎわ
ハレツと同時に
大爆風が出て
坑内全員の
カンテラ火
を消す
ガスの
多い切羽は
朝空気が澄
んでおるが
両眼から涙が
出る
空気、鉄を
焼いた時の
ニオイ《オハグロ》が
する
仕事をして
風が動くと
自然とにげ
る、切羽を休
ませる又溜る。
ガスは一回ハレツすると次は強く
なると云い、ハレツした時は火が
又戻ってくると云い、下部15センチ
位火焔がないと云い、外傷より
内部に吸い込んでおれは命
とられる、経験者は語って
いた。
坑夫が自分で安全灯点検は
するのである。

　ガス爆発　380×543ミリ　田川市石炭・歴史博物館蔵

ヤマの水害
河川や海底陥落もある
古洞プルトにほげた、坑内に水があばれた、とヤマの方言。此の水禍は大小
の差はあれヤマには多い自ら掘った後に溜っておる古洞に掘りあてるからで
ある。溜水が小量なれば鶴嘴を打込出水するとそれをそのまゝ抜かずに逃げると
避難できる事もあるが薄い壁は水圧に押し破られにげるマがない
大量で面積の広い処は2メートル位でもマイト発破で貫通出水する。一度に
はみ出す水力は猛烈で盤を洗い枠を倒し人を殺す
鉱
坑山法三九五条
では50メートル古洞前。
五メートルの前進
ボーリングをする
事になっておる」が……
ヤマの水害はその
古洞が不明によって
若起するのであった。
事が多かった
キャップランプのない時代
闇黒になるので被害は大い。

ヤマの水害　379×540ミリ　田川市石炭・歴史博物館蔵

原因．ブレーキ故障
ロープ切れ。コース抜け。
ねじれチン。たが《ツリ》ピン。
ピン又ケ。チン切れ。
引鉄ドロバー折れ。押降し。
坑口ハシリコミの急傾斜
より逆走が多く、
百雷の音響　車輪とレールの
軋轢《マサツ》で火花が散る花火の
如し、坑道の枠を倒し折り
重なる破壊炭函は手もつけられ
ない　これに出会えば命も
とられる、レールの欠点又は
片盤口一东剣の処で脱線する。
ヤマの鉱車　事故
本線捲卸し坑道の炭函
逆走．暴走とも言う、
ヤマ人はハコが走ったと言う
頓智のよい人は西洋
くらしと言うていた。
東洋にはあってならぬ
事故であるからで
あろう……

77　ヤマの鉱車事故　377×538ミリ　田川市石炭・歴史博物館蔵

明治　狸掘式　小ヤマ
〜卸し底から百斤(60キロ)カゴ荷なうて
艶ッぞで出てくる　わしがサマ・ゴットン。
女石山は五〇キロ位で六〇キロは
男まさりの勇婦であった。
坑口には半化位つめる竹サイ
バラ(底なしザル)が各々
備えてある　一トザル毎に置
かえるので　炭の小ヤマが数多く
できる。キリチンはヤマの
炭函より幾分高価である
それは　切羽から　坑外まで
カイロ運搬路が遠いから
であった。
大山祇命
セナは腰に瘤ができて一人前
前カゴは30度位傾けねば
坂が登れない。シュモク杖は
15センチ以下で　それより長いと
ヒョロつく。10センチ位が良好
又　熱くとも　坑内でも　裸は成可さける。

狸掘式小ヤマ　377×536ミリ　田川市石炭・歴史博物館蔵

明治時代 馬殺は人にも
害を与える。飛石が激しく
先山の眼球を疵つける。
鶴嘴の先がツブレて
おると特にとぶ。
大山祗命
狸掘炭
馬を殺すワケでもないが死ぬ思いをさせる
からである。それは石炭でありながらボタ
と同じ重量であった。質は膠く艶悪し
く、カロリーも低い それが尺無層の
天井ぎわに十センチ位 含んでおった。
〽駒も一度は
涙を涼す
あまり叩くな
うまかたさんよ
馬丁
ドッコイ
ドッコイ

 馬殺し 382×544ミリ 田川市石炭・歴史博物館蔵

スキップ《ボタばこ》が
あがるが ごとに
ヤマは肥え
ピラミッド形は昭和になって
谷の多いヤマは埋めて
平地を作った

ボタ山（ピラミッド形は昭和になって） 380×541ミリ 田川市石炭・歴史博物館蔵

 低層炭の採炭　212×299ミリ　田川市石炭・歴史博物館蔵

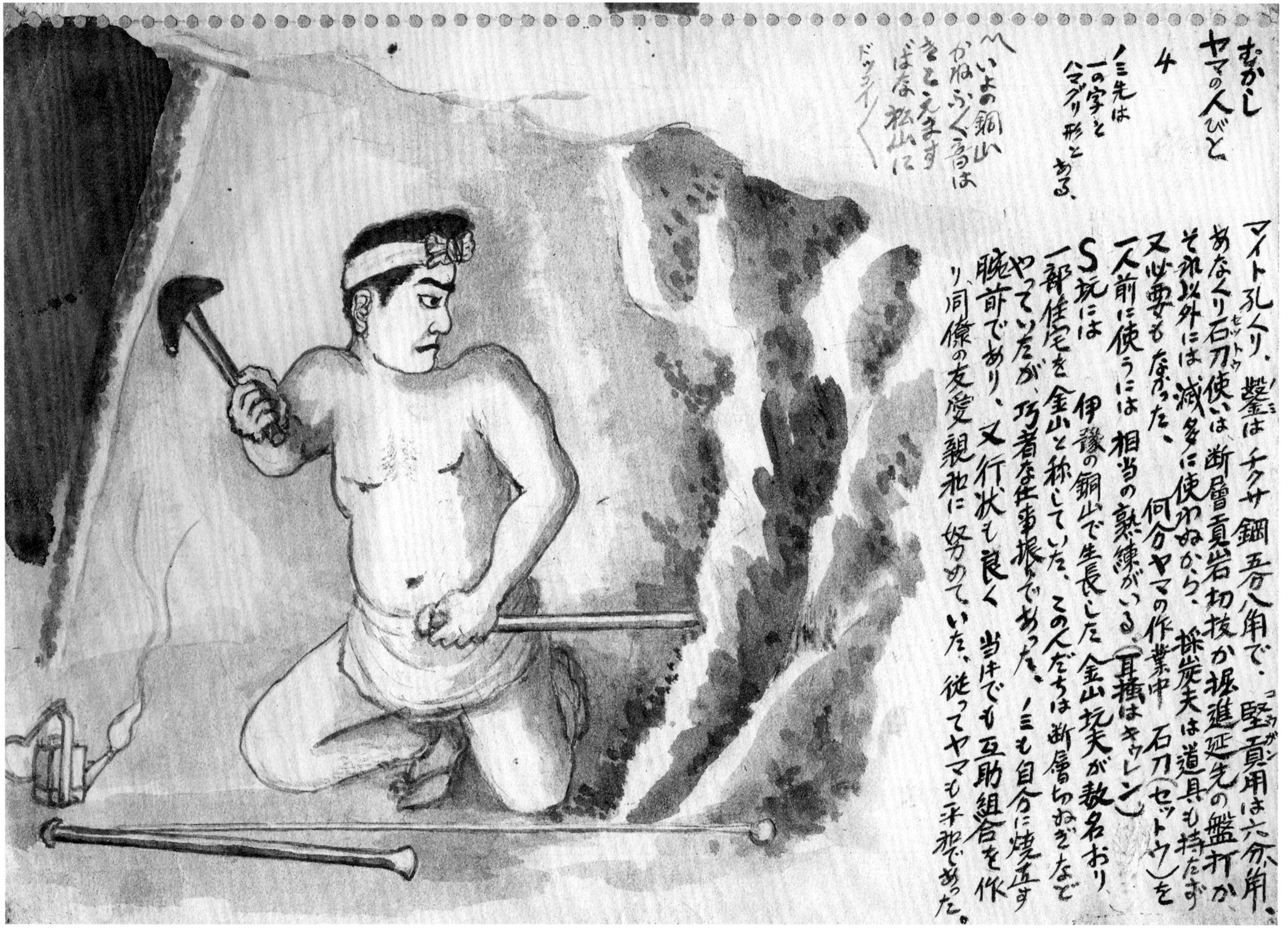
むかし
ヤマの人びと
4
ノミ先は
一の字と
ハマグリ形と
ある、
〽いよの銅山
かねふく音は
きこえます
ばな松山に
ドッコイ〳〵
マイト孔くり、鑿《ノミ》は チクサ鋼 五分八角で、堅頁《コウガン》用は六分八角、
あなくり石刀《セットウ》使いは 断層頁岩切抜か掘進延先の盤打か
それ以外には 滅多に使わぬから、採炭夫は道具も持たず
又必要もなかった、何分ヤマの作業中 石刀（セットウ）を
一人前に使うには 相当の熟練がいる（耳搔はキウレン）
S坑には 伊豫の銅山で生長した 金山坑夫が数名おり
一部住宅を金山と称していた、この人たちは 断層切ねぎなど
やっていたが、巧者な仕事振りであった、ノミも自分に焼直す
腕前であり、又行状も良く 当時でも互助組合を作
り同僚の友愛親和に努めていた、従ってヤマも平和であった。

むかしヤマの人びと 4（マイト孔くり） 206×291ミリ 田川市石炭・歴史博物館蔵

終戦直前マデ マイトハ自弁
壱六分小形、二本 ピス一個 三千ビ 二尺五寸
難処ニヨリ一円廿銭位、依ッテ成可ク 但人が乱雑ニ使用セズ 先山ハ朝三時頃ヨリ入坑シテ、深ク深ク
爆薬ハ桜、紅梅ナド極膠質デアリ、
十八発 (十六七年頃)
中スカシシテイタ。
シカシ豆ノ様ナ松岩が出テモ現場員ニネダッテ
マイト補助ノ附目役ヲ要求スルノハデアッタ
戦后マイト代価ハ無償使用ニヨッテ
解消シタ。ソレカラ多量に乱用シタが、
能率ハ戦前ノ八〇%位アガッタノデ、
大シタ悪影響ハナカッタ。
五尺層ト言ウモ六尺以上アリ、高イ処ハシャモットが厚ク石が堅イ。
六尺以下ノ処ハシャモットモ薄ク軟カッタ。
傾斜ハ十二三度位ダが、断層ぎわハ不揃イデアル。
コレヨリ27メートル上ニ三尺層がアル
ヘーレ ハオトト称シ 粘結炭 七〇〇〇カロリー以上
シャモット 硬
中スカシ 五寸位ノ白味ボタ
六〇〇〇カロリー以上
盤炭ニハゴク薄イ硬がニミアッタ。
一先デ四五発位ノ使用ダカラ シャモットが粉砕セズ 立派ナ石垣モ熱練先山デナイト出来ナイ
右キキ男デモ、左ツルバシオ使ワネバ本統ノ先山ニハナレヌ。

83　ダイナマイトと中スカシ　212×299ミリ　田川市石炭・歴史博物館蔵

明治中期
採炭切羽
はマイト
使わず
断層
切抜
掘進
だけ
〽いよ《伊豫》の銅山かね吹く音は
きこえますぞえ
松山に
ドッコイ
ギウレン

明治中期の採炭切羽・断層切抜掘道　212×303ミリ　田川市石炭・歴史博物館蔵

むかし
ヤマの人びと、
3
『先やま』
炭たけ五尺以上（一.五けん）あれば高層の部で立ち掘りがされる、
つまり、ツラドリでは能率はゼロであるから、軟い部分を
スカシこむ、成可仲スカシが好調で深くスカシこんで下イシ
を打ちあげ、次に上イシを叩き落す。
よって充分に腕力を発揮できるが之又掘方に巧拙の
ある事は勿論である、尚高層炭でボタを含まない
キリタオシなれば無難であるが、ボタを含んでおる処
が中々多いので そのボタの撰別や掘出しに 昔の
坑夫は苦労が多かったわけ。（ベテランは始終板目を撰ぶ）
石炭には板目 柾目があって 板目は軟掘り安いが
柾目は固く採炭困難である。イタメ
この目は傾斜の斜面に流れておる
ヤマが多い（筑豊では）
昇りゃ掘んなさん
な、目に石がいる、
卸しゃ掘なさんな
水がしつく、
ゴットン

85　むかしヤマの人びと3（先ヤマ・五尺層の立ち掘り）206×290ミリ　田川市石炭・歴史博物館蔵

先山が休むと 后山だけ 切出しで
一人前以上 能率をあげる
男婦もおった
ミヤく 男は刎とばされる
のるに のられぬ 火の車
注 一人仕事は スベテ「キリダシ」と 名称している
二人はサシ
後山だけの切り出し（採炭と搬出） 212×305ミリ 田川市石炭・歴史博物館蔵

(9) むかしヤマの女
株出場に一函分溜ると、捲立から空函を押こんで掬いこむ。（函なぐれ）
などで函が遅れる時は、何函でも多くの操出しをする。
次の函が積あげ順番で、きめるから中々忙らしい、一秒でも速く
と競う、よって一エブに爪を二回以上使う女は 下手石山と
嫌われていた のである。
尚 麻生系のヤマは塊炭掘奨励のため 函の渕に大塊を
立ならべ（立ぐれ）をするので 渕より上に百キロ位
積み山盛であり、渕までは二合引の八合であった。

 むかしヤマの女（9）（カブ出し－函を待つ間にエブに石炭を入れる女） 208×292ミリ 田川市石炭・歴史博物館蔵

むかし
ヤマの女
18
『バッテラ』
小型断層 之をガックリ、クイチガイ、ドマグレ、などと
言うていた、ダンソウ、が出ると傾斜の不揃いや軟盤が
あって普通のスラでは搬出できない処がある。
この場合 ソリ台型のない竹製ショウケのバッテラ
を使う、
楕円形底に割竹二本スラセに
つけてある
百五十キロ位積む。
〽あなた正宗
わしゃ錆がたな
あなた 切れても
わしゃきれぬ
ゴットン

むかしヤマの女18（バッテラ＝竹しょうけ） 206×291ミリ 田川市石炭・歴史博物館蔵

ケツビキ
十二三度位になると木路《コロ》はないでも
カルイを尻に廻して曳さげる、手には二筋の溝が
出来て ひきにくくなる。
〽あがり さがりの
石の目も知らず―
先山さんとは
ながおかしー
ドッコイく

89　ケツビキ　211×303ミリ　田川市石炭・歴史博物館蔵

テボカルイ
ラ
明治末期より大正時代　現代でも高層の
卸切羽（小ヤマ）に使用しておる
強い女坑夫も担うが
勇婦でないとできない
弱い女はソッポ

テボかるい　211×304ミリ　田川市石炭・歴史博物館蔵

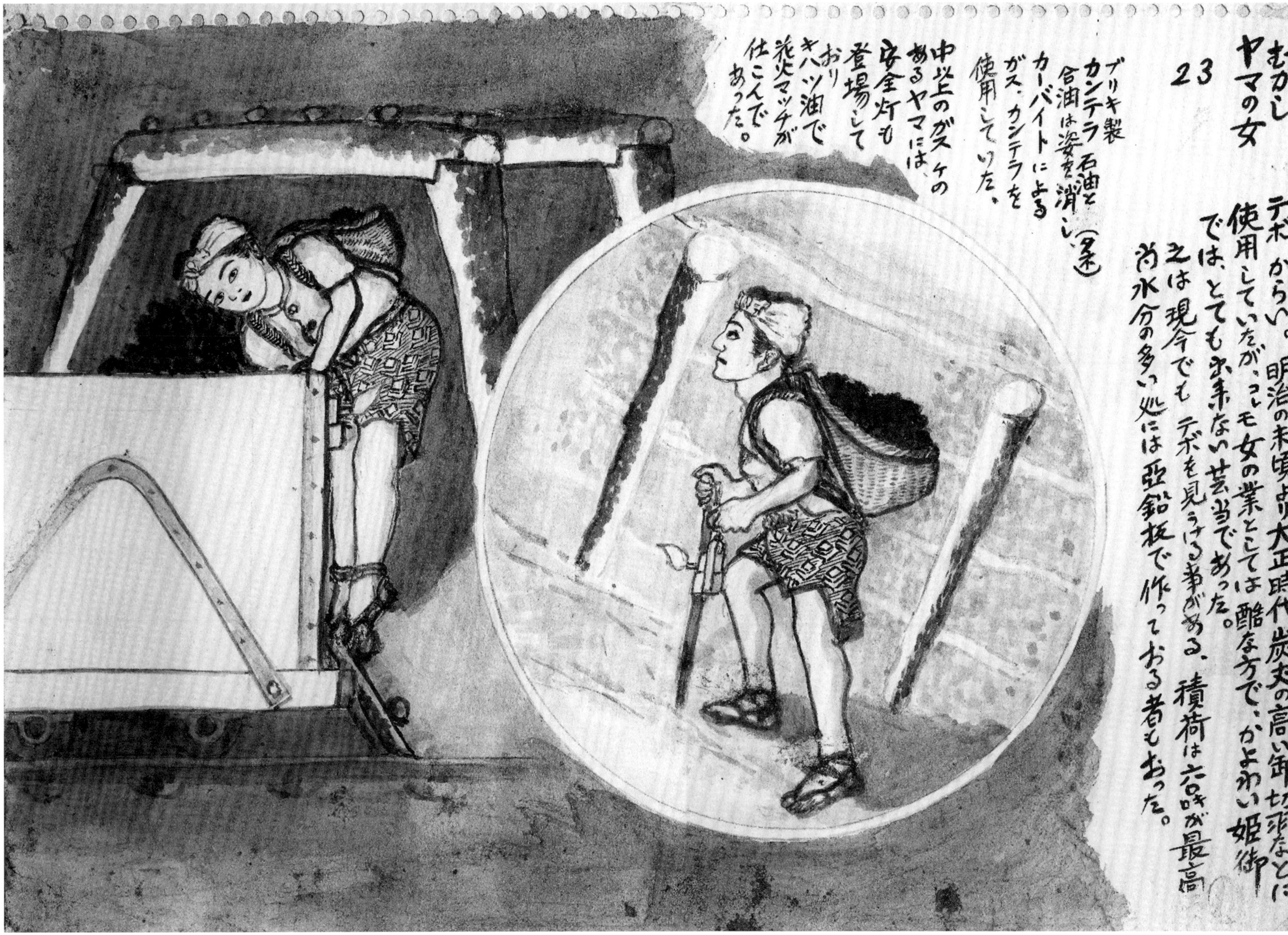
むかし
ヤマの女
23
テボ からい。明治の末頃より大正時代炭丈の高い卸切羽などに
使用していたが、これも女の業としては酷な方で、かよわい姫御
では、とても出来ない芸当であった。
之は現今でも テボを見うける事がある、積荷は六〇キロが最高
尚水分の多い処には亜鉛板で作っておる者もおった。
ブリキ製
カンテラ 石油と
合油は姿を消し、(菜)
カーバイトによる
ガス、カンテラを
使用していった、
中以上のガスケの
あるヤマには、
安全灯も
登場して
おり
キハツ油で
花火マッチが
仕こんで
あった。

むかしヤマの女23（テボをからう女後山、函に炭を移す女後山） 206×290ミリ 田川市石炭・歴史博物館蔵

昔のヤマ
お洒落姿の乗廻し…棹取は捲立に空函を差込(キリコム)とピンを
切り(抜き)下線の実函に…コースの鎖を連結しマケの信号
して一本剣を切替える…捲あげるに応じネジレピン(鎖)
はないかと点検し規定の函…数でピンを切尻から二函位
の間にとび乗る 中ヤマ以上になれば…先盤棹取がおるが小ヤマ
には おらねから あがる際 本線の…一本剣を直して
おかねば ならぬので 機敏な行動がいる、
マキタテはピンを切れば 空函は独走し
下部の実函は逆に後から押かける
様に勾配がつけてある、
小ヤマは単線巻立が
多く よって
コース函と云う
向い函を常時 一函
つけている、
復線巻立は能率
的で あるが
広い面積をとるので
軟弱天井など
困うのが大変である
からであった、
坑口
本線卸《ほんおろし》
捲立一本剣
左一片
又は一延
坑内大工の技術によって
調子のよしあしが
ある、大工の技術も
之できまる
様な形で
あった。
空函
実函

昔のヤマ（棹取りのピンによる操作） 212×304ミリ 田川市石炭・歴史博物館蔵

昔のヤマ
傾斜バンがヤリの緩いヤマでも着炭を急ぐので
坑口ぎわ(ハシリコミ)は勾配がはげしい、(20度以上)
ヤマによって(長さ廿米×五〇米位ある)
その急傾斜に巻揚げ実函がかかると、突然速度が落ち、ある時は停止する事がある。
それは蒸気の圧力が足らぬからであった。
硬ボタの多い二号炭ばかり焚くので釜焚(火夫)は汗どろになってたいてもプレッシヤはあがらない。
その際坑外の棹取夫全員がロープ曳きの応援をする。
そうするとあえぎ乍ら実函があがってくる
ボイラーは径五尺又は六尺
長さ十五尺、二十尺位で、
上部にストンガップが出ておる
低圧であった。
一本ジュロウ
一名ランキヨ釜
捲機場
明治三十七年頃
麻生山内炭坑(現今豊国)
昔はこんな暢気なヤマもあった、

93　昔のヤマ（蒸気ボイラーによる捲揚と人力捲揚）　211×304ミリ　田川市石炭・歴史博物館蔵

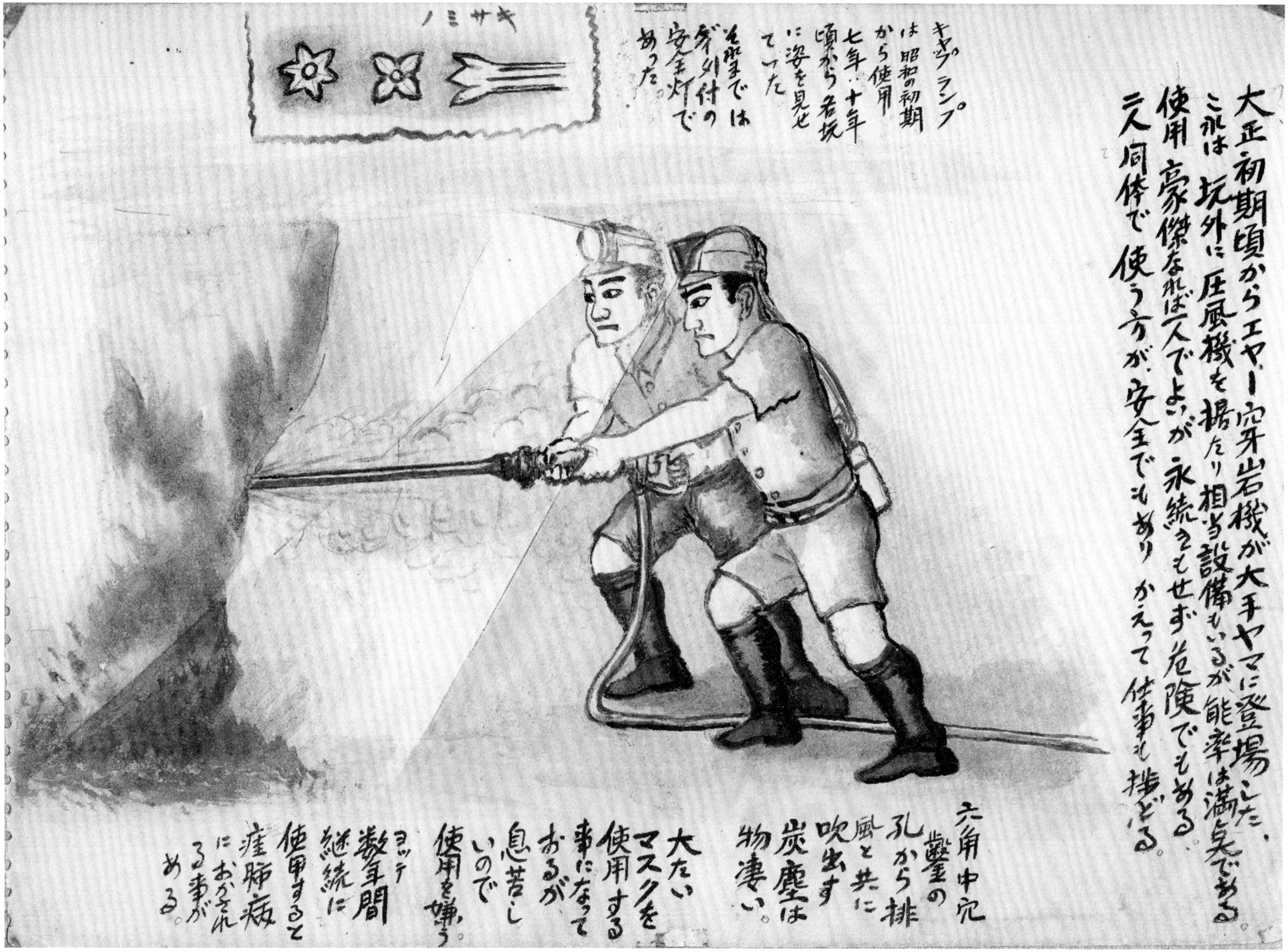
大正初期頃からエヤー穿岩機が大手ヤマに登場した、
これは坑外に圧風機を据たり相当設備もいるが能率は満点である
使用豪傑なれば一人でよいが永続きもせず危険でもある、
二人同体で使う方が安全でもあり かえって仕事も捗どる。
キャップランプは昭和の初期から使用七年・十年頃から各坑に姿を見せてった
それまでは発火付の安全灯であった
ノミサキ
六角中穴鑿の孔から排風と共に吹出す炭塵は物凄い。
大たいマスクを使用する事になっておるが息苦しいので使用を嫌う。
ヨッテ数年間継続に使用すると塵肺病におかされる事がある。

スコップ部隊
切羽面八十米以上
人員百名からなる
払いになると
数十名のスコップ隊が
列を作って一齊に
トラフに刎ねこむ
恰も戦場の如き忙
がしさである
ヤマによっては軍隊
式に中小隊長
を置き号令をかけ
ていた。
まして トラフの
移動前になると
刎る距離が遠く
なるので
働力は倍加した。
底を流れる
チエンローラの
きしむリズムは
とてもやかましい。
昭和

95　スコップ部隊　212×303ミリ　田川市石炭・歴史博物館蔵

昭和初中現今
発破すると切羽一ぱいデカイ塊炭《かいたん》が重なりあう スコップが
喰つかぬから エヤーピックで割る 鑿先は30センチ位 鍔付尖り
コツク装備はなく 押さえるとガタく 泣く 長太郎人形にさも似たり
ノミは鍔で つきでスプリングで落ちぬ様にはめてある
エヤーの力

昭和初中現今　212×303ミリ　田川市石炭・歴史博物館蔵

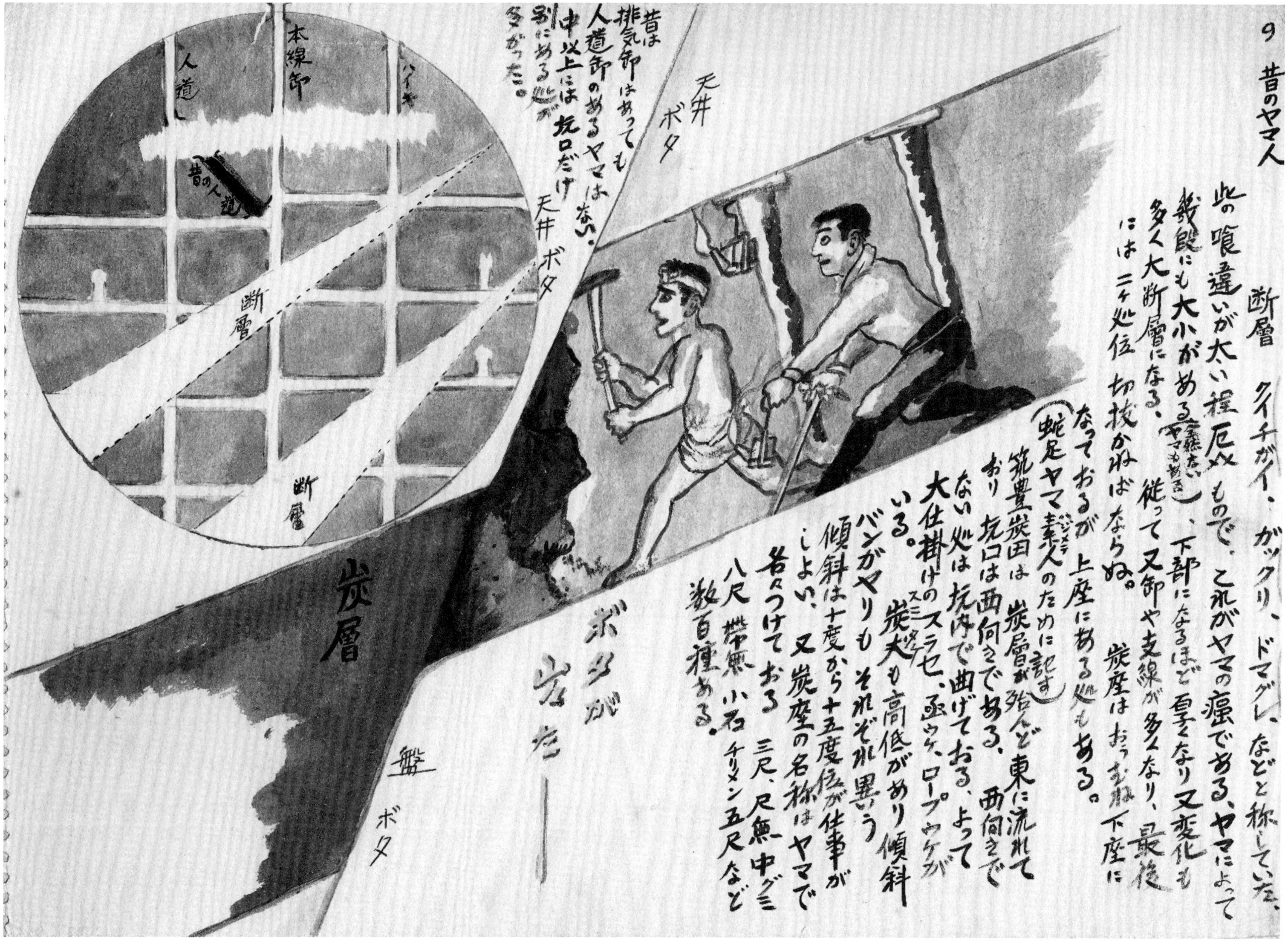
9 昔のヤマ人
断層　クイチガイ、ガックリ、ドマグレ、などと称していた、
此の喰違いが大い程厄介もので、これがヤマの癌である、ヤマによって
幾段にも大小がある（全然ないヤマも勿論）、下部になるほど厚くなり又変化も
多く大断層になる、従って又卸や支線が多くなり、最後
には二ケ処位　切抜かねばならぬ。　炭座はおゝむね下座に
なっておるが　上座にある処もある。
（蛇足ヤマ素人のために記す）
筑豊炭田は　炭層が殆んど東に流れて
おり　坑口は西向きである、　西向きで
ない処は坑内で曲げておる、よって
大仕掛けのスラセ、函ウケ、ロープウケが
いる。
炭丈《スミタケ》も高低があり傾斜
バンがヤリも　それぞれ異う
傾斜は十度から十五度位が仕事が
しよい、　又炭座の名称はヤマで
各々つけておる　三尺、尺無、中グミ
八尺　帯無　小石　チリメン　五尺など
数百種ある。
昔は排気卸はあっても人道卸のあるヤマは無い。中以上には坑口だけ別にある処が多かった。
本線卸
人道
ハイキ
昔の人道
断層
天井ボタ
天井ボタ
断層
炭層
ボタが岩だ
盤ボタ

　昔のヤマ人9（断層）　211×303ミリ　田川市石炭・歴史博物館蔵

昔のヤマ人
木工積　中にボタを詰め込むのを　実工積《みこづみ》と云い、坑木だけを
空木積と言う、　これはあらゆる重圧に堪え完全なる防落
対策であるが、何分経費が嵩むので余程条件の良いヤマで
ないと使用しない、
貧乏人がナゲナシの貯金を下げる
様に払ってはならぬ大黒柱的な
保安炭柱など掘出した
后には思い切って
実工積をする、
注　空工積はカラコ　と
実工積はミコ　と
略称する
カラコは不用になって
移動される
事があるが
ミコは
困難である、

むかし
ヤマの人びと
8
排水　幾段にも堰堤をして段汲をする、経費をかけぬ小ヤマは
板樋など作らず、荒硬で垣を築き、捻土（ギチ）で目塗して
細い溝にする、一人で次々に汗しとろになって汲あげていた。
これは明治四十年頃でもS坑にあった。
（手桶又は空缶使用）
汗がウント出りゃ
サキチャンがむごい
何ぼ汲んでも
水じゃーへらぬ
ドッコイ

99　むかしヤマの人びと８（段汲排水）206×292ミリ　田川市石炭・歴史博物館蔵

昔のヤマ人 8
(3) 鉄管卸《パイプ》 又は 蒸気卸《排気卸》 とも云う、押あげパイプは下盤に 蒸気管は天井ぎわに
ならべハエてある、このパイプ卸がヤマが古くなるにつれ重圧や自然崩落で
継目フランジのワシヤ(パッキン)部から洩蒸気が烈しくなる。
よって時々ワシヤの入かえをやらねば、下部のポンプが動かぬ様になる。
上三緒炭坑は筑豊でも屈指の熱い卸で上部の方は五〇度もあった、
(当時蒸気使用時代)百二〇度あるとの噂であった。たまさかの採炭休業日に甚
ストップをとめて修繕方が総員でかゝる。但し他の工員も応援する。
握るスパナー、工具は火傷する位灼けておる。
汗は流れ出きて褌まではずすものが多い。
勿論手拭(タオル)も邪魔になる。
いかなる豪傑でも二十分間位で手をあげる。
下部の冷風吹込むか扇ぐは数名の
ものが順番を待っておる。何れもスッ裸で
大の字にねていて無駄口もたたかない。
坑道が狭くて低いから一ケ処に一人以上はよりつけない。
余り長時間かゝるとパイプが冷却して、ストップを
あけた際 何ケ処も新に吹き切るから
寸秒を争う迅速な仕事である。
又ワシヤ以外フランジの首元から洩るのはパイプを取かえねばならず、前以って準備はしてあるが、トテも大難工事であった。
昔から此の卸は排気坑道に兼用しておる。それは熱度を放散かたがた排風を熱度が誘導するからである。

昔のヤマ人８（３）（鉄管卸　蒸気卸－パイプ）　201×302ミリ　田川市石炭・歴史博物館蔵

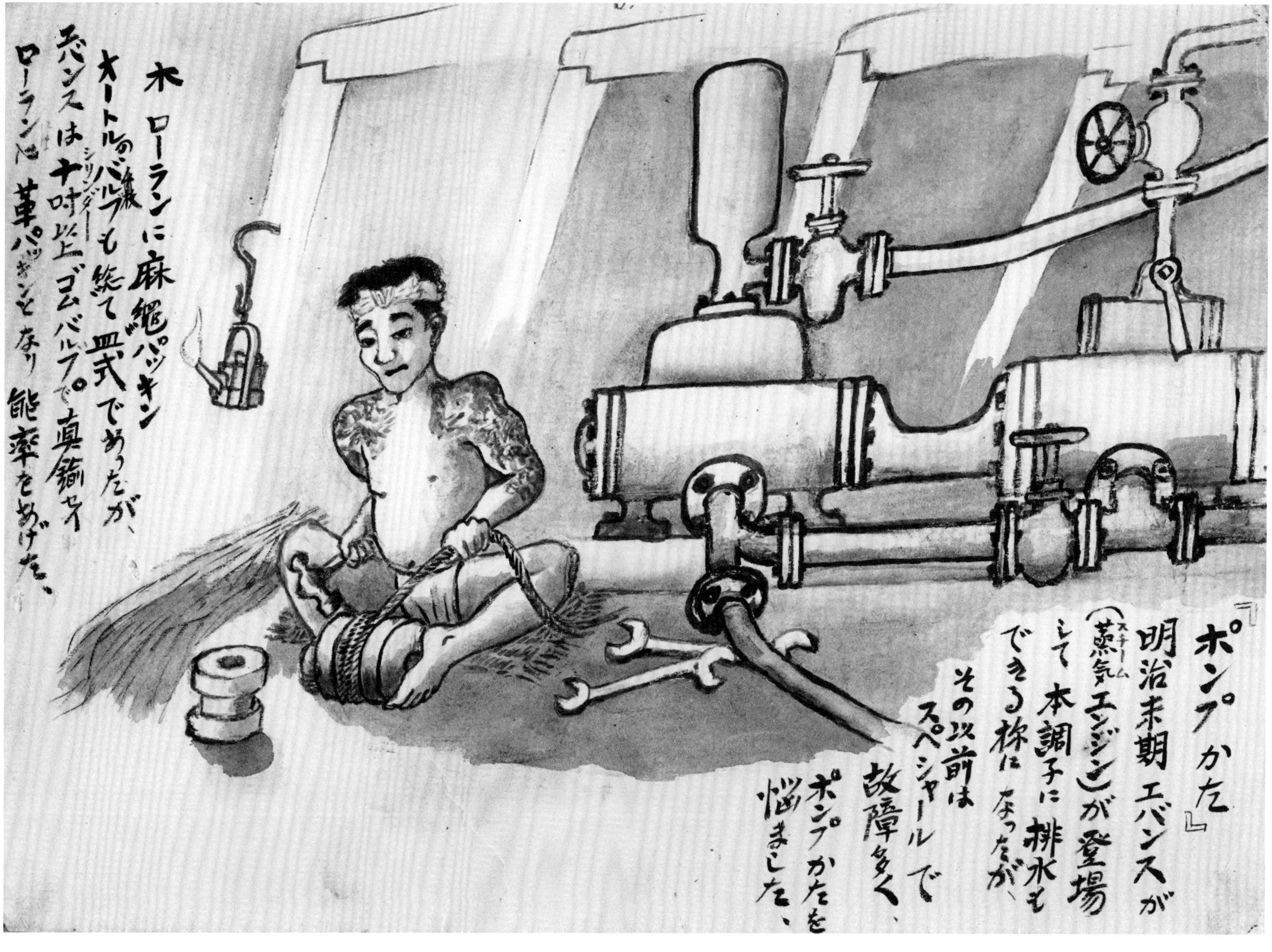
木ローランに麻縄パッキン
オートルのバルブも総て皿式であったが、
エバンスは十吋以上ゴムバルブで真鍮セイ
ローラン革パッキンとなり
能率をあげた、
『ポンプかた』
明治末期エバンスが
(蒸気エンジン)が登場
して本調子に排水も
できる様になったが、
その以前は
スペシャールで
故障多く、
ポンプかたを
悩ました、

 ポンプかた 213×303ミリ 田川市石炭・歴史博物館蔵

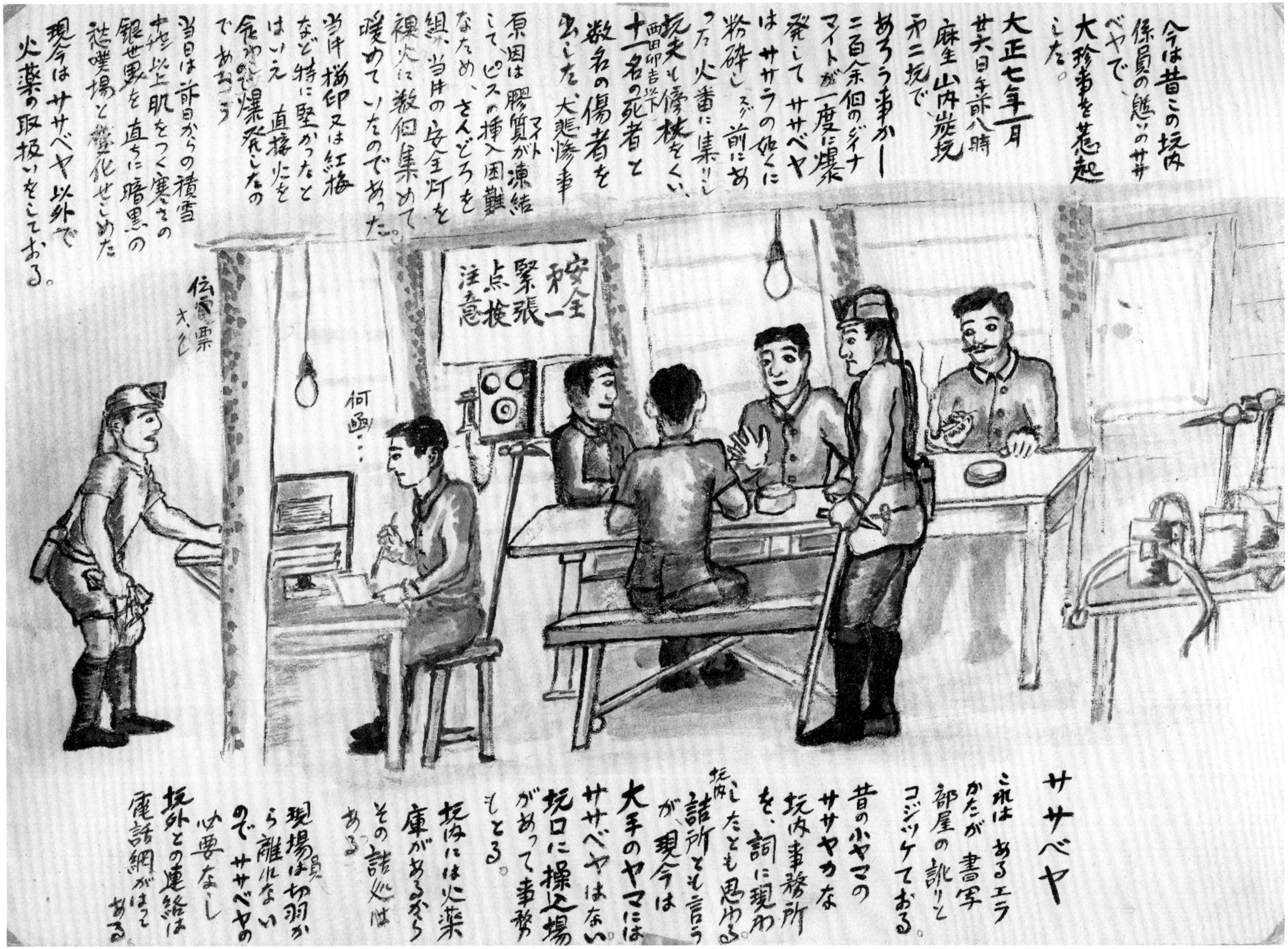
今は昔この坑内係員の憩いのササベヤで、大珍事を惹起した。
大正七年一月廿六日午前八時麻生山内炭坑第二坑であろう事か、二百余個のダイナマイトが一度に爆発してササベヤはササラの如くに粉砕し、スグ前にあつた火番に集りし坑夫も犠牲をくい、西田卯吉以下十一名の死者と数名の傷者を出した大悲惨事
原因は膠質マイトが凍結して、ピスの挿入困難なため、さんどろを組み、当時の安全灯を裸火に数個集めて暖めていたのであった。
当時桜印又は紅梅など特に堅かったとはいえ直接火を焙ったので爆発したのであろう
当日は前日からの積雪尺以上肌をつく寒さの銀世界を直ちに暗黒の悲嘆場と変化せしめた
現今はササベヤ以外で火薬の取扱いをしておる。
安全第一
緊張点検
注意
伝票
何匹…
ササベヤ
これはあるエラかたが書写部屋の訛りとコジツケておる。
昔の小ヤマのササヤかな坑内事務所を、詞に現わしたとも思われる。
坑内詰所とも言うが、現今は大手のヤマにはササベヤはない。坑口に操込場があって事務もとる。
坑内には火薬庫があるからその詰処はある。
現場員は切羽から離れないのでササベヤの必要なし。
坑外との連絡は電話網がはってある。

ササベヤ－坑内係員の休息部屋　211×303ミリ　田川市石炭・歴史博物館蔵

103　小頭＝採坑係現場員・新参の広島坑夫　212×303ミリ　田川市石炭・歴史博物館蔵

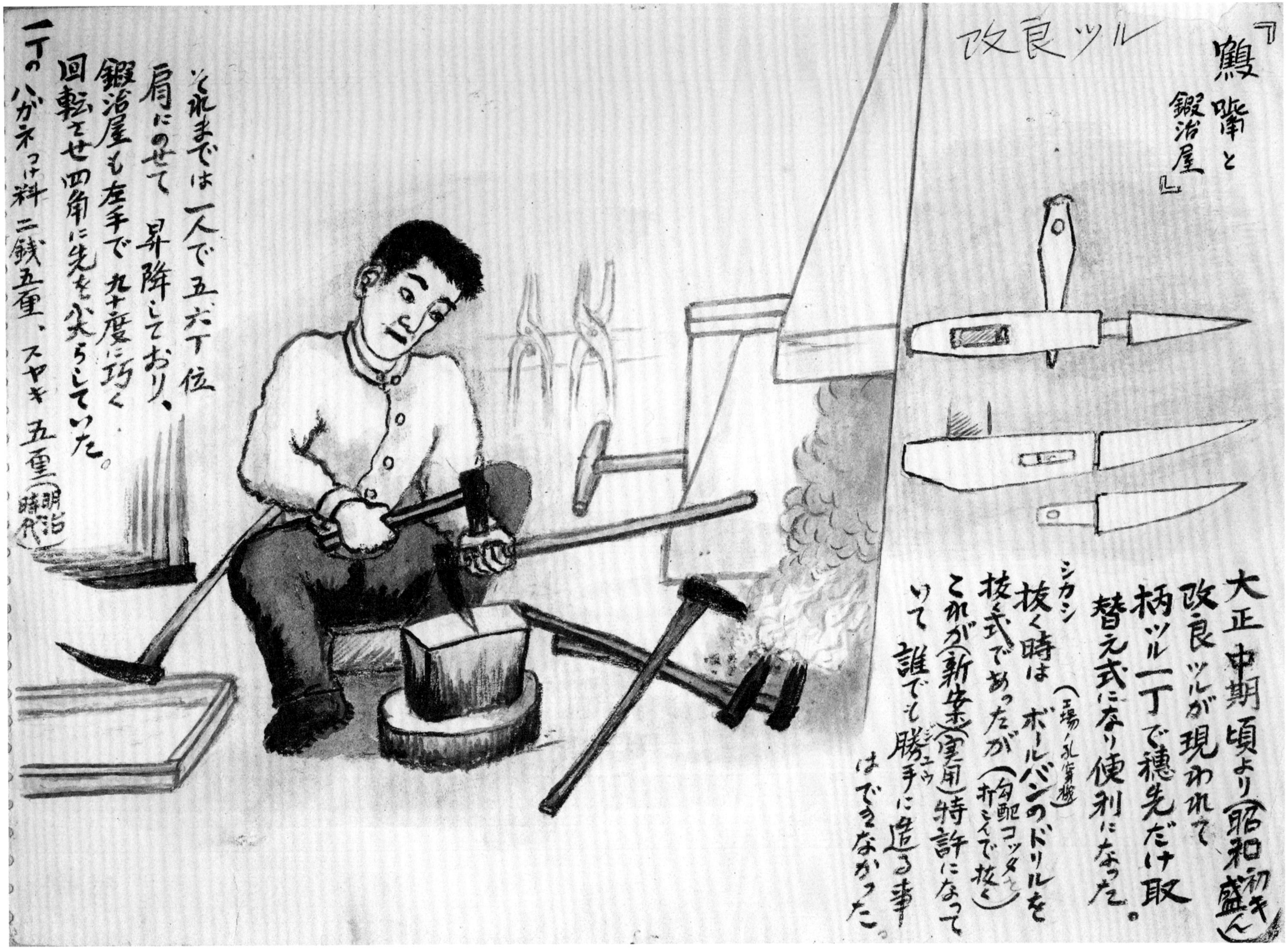
『鶴嘴と鍛冶屋』
改良ツル
大正中期頃より（昭和初キ盛ん）
改良ツルが現われて
柄ツル一丁で穂先だけ取
替え式になり便利になった。
シカシ
抜く時は（工場ノ孔穿機）ボールバンのドリルを
抜く式であったが（勾配コッタを打込んで抜く）
これが（新案）（実用）特許になって
いて誰でも勝手に造る事
はできなかった。
それまでは一人で五、六丁位
肩にのせて昇降しており、
鍛冶屋も左手で九十度に巧く
回転させ四角に先を尖らしていた。
一丁のハガネつけ料二銭五厘、スヤキ五厘（明治時代）

鶴嘴と鍛冶屋　211×303ミリ　田川市石炭・歴史博物館蔵

105　むかしヤマの人びと17（アサガオ燈－夜間照明）　206×292ミリ　田川市石炭・歴史博物館蔵

昔のヤマ
（役人）
今は坑内係、採鉱係、坑内現場、など称へるが、昔は坑内頭領、又は小頭と称していた、
現今の中ヤマ以上の係員は各自の担当責任を遂行するだけでよいが 昔の小ヤマの小頭は
トテモ多忙であった、二番方には当番大工もおらぬヤマが多く、ヨッテ車路の故障 甚他を自ら
繕うてやるやら、発破、切羽の有付、天井バレ、壁カヤリ、炭車事故 排水 通気、
ピンから十まで一人で
切り廻さねばならず
其他見込
函数をきめねばならぬ
重圧がきて瞬間に函が通らぬ事もある、
切羽の終了又は全面（イワ）ボタ岩によるマイト補助附目役・新切羽の有付け、中には因縁をつけ喧嘩をしかける輩もおる
発破事故
炭車の逆走やスラセで引っつける事がある
壁がカヤッテ（カヤル）函の通らぬ事もある
火薬

昔のヤマ（坑内頭領　小頭）　212×301ミリ　田川市石炭・歴史博物館蔵

昔のヤマ
現今は採鉱係、又は坑内現場などと称して各自の責任を遂行するだけであるが、昔は坑内頭領又は小頭と呼ばれ、喧嘩も出来得る男でないと務まらぬのであった、
小ヤマになると種別に係員はおらず、総てを一人で切り廻さねばならぬであった。
まして二番方になると当番大工もおらぬヤマが多く係員が自ら事故の修繕をしたり、重仂目に見えない苦労が多かった。
落盤る故
炭車から
発破から
其他事故。
信号線
炭車逸走
捲機故障
排水
ポンプ方の安全
脱線函直し
レールの修繕
切羽異状による附日役
見込出炭の奨励
坑夫の賞附
発破方兼務
通気の推分、
保安に
専念
休む
間もなき身
心の常流
であった。
採梁は折れずとも
中の成木が
折れバレル率
が多い一丁
坑道を
閉ぐので
小頭は
大変

107　昔のヤマ（役人－坑内頭領　小頭）　212×302ミリ　田川市石炭・歴史博物館蔵

昔のヤマ
一ヶ月二回間取《けんと》りがある
ヤクドコと云う掘進
延や仕繰ヶ処
其他の請負仕事の
完成調査もする
一日と十五日が大むね
定めてあり 当日は
ヤマのエラ方《カタ》が皆
入坑する
坑内小頭はテンテコ
まいで良いに褒められず
わるいと小言を沢山
くらう、
基点は
枠足や支柱につけるが
ない処は炭壁や
ボタ壁に直接つける
石灰粉の溶液紙白
で キ印である
尚基点印は消えぬ
様に戻りケンと云うて
二三間手前につける、
保安炭柱など
盗掘予防のために
石灰液を塗布
する、之れを
シロフリと言う
ケントリ ものさしは テープ
もあったが、金属製の
鎖りも あった 一クサリが
五寸に区切ってあり 丈夫
であるが 携帯には不便で
あった、ヤマから姿を
消したのは早かった、

昔のヤマ（間取り　炭柱の石灰液塗り）211×303ミリ　田川市石炭・歴史博物館蔵

昔のヤマ人（ウワメクリ）方言
（夜中12時すぎ）
その間隙を縫うて猾い坑夫がおった、
ガンヅメで掻き倒されるからである、
坑内小頭の巡回時刻は大まねきまっておる。
保安炭柱やカネカタ地柱（リュウズ）を盗掘する
それは炭柱の一カワ三〇センチ位浮りており、
発見されると取締りから叩かれた揚句放逐されるので、ウワメくった後は巧く坑木などで隠しておく不呈漢もおった。
怠者スカブラ（方言）坑夫に多かったわけ。
盗掘予防策として露出炭柱（壁）には石灰汁（白）を塗布する。これを白振りと称し測量師の手伝や坑内日役を使う
明治 大正 昭和 時代
シロフリ

109　昔のヤマ人（ウワメクリ－盗掘法）　213×304ミリ　田川市石炭・歴史博物館蔵

昭和十八年六月九日より
二坑 坑内現場員の中村靖30（陸軍々曹）岡部長喜23（極小男）両名が盃井乗廻し
に転向 二人共ヤマの精鋭機敏な男、当日から「函ナグレ」が解消した
事は言うまでもない。従って能率も増進し、坑夫の意気も昂揚した
ヤマの運搬関係員にも大々的刺戟を与え緊張度もましした。
桟橋棹取など毎日テンテコマイで、大分行動が活溌になった。
かくて中村岡部の両人は七月六日までで打切り、其後新に雇入れた
中原某が乗廻しをした。この人物は男は余り大くないが、函廻しの
神様の如き男であった。トニカク配函の名人が現われて、
ヤマは大いに発展した、これも二人の係員が
一ヶ月間の犠牲も物言うておる事は勿論である。
坑内マキタテは左斜層を除き総て単線で
あったから、コース一函はボタ一台向函を常
に付けていた。
ハリコミ捲場から坑口まで約百五十米

二人の名人乗り廻し（棹取り－中村靖、岡部長吉）　211×304ミリ　田川市石炭・歴史博物館蔵

昔のヤマ
撰炭機など言葉にもなかった、巻あげた炭函《ハコ》は坑口から桟橋に廻し直接万斛・
(マンゴク)に坑外掉取がかやす・塊炭と粉炭を選別する、
塊炭だけ、女日役《ニンソク》が硬を(ボタ)エッテ(方言)運炭函にエブで掬い込み それを
馬に曳かせて モヨリの鉄道貨車に積込む、(当時六屯又は八屯貨車)
マンゴクは巾五尺高さ十二尺位で五分8丸鉄を格子形に組んで《ナラベテ》あり、粉炭は下部
に洩れ落ちるだけである。尤も勾配は六十度位 つけてあった。
(炭函の開閉蓋のハンドルは後より あける様に一吋の丸鉄で
函を挟んでいた、尚坑内にスラセ(本卸の曲車路)の
あるヤマは横蓋は使用できず、立て蓋
にして上部につけてあり、明治末には
桟橋に簡単な チープラ(ダルマ)が登場
していた。)

111　昔のヤマ（マンゴク　昔の選炭機）　212×302ミリ　田川市石炭・歴史博物館蔵

「勘引」
昇坑して数時間後夕方 石山は（勘量係）の処に 炭札を（個人名入）
受とりに行く。○はボタ引、×はイレ引、歩合は一合、一筋で
横線を白チョクで印す
A B両ヤマ共 石炭に含みしボタは殆んどなかったのに勘引は平均二合三合（函）に
今日は入もよく硬もないのよー
三合ゴツワアー
勘量（今の検炭係）
白チョク一本で数十、百屯の勘引をするので、採炭坑夫の怨嗟の的になっていた。
四合二セキの炭函なれど実質半屯以上盛っていた。
見込勘ダワー
勘量と三人もやいかけになるばい
石山とのイサカイは毎日張った。
二合引であった

勘引－採炭量検査　211×304ミリ　田川市石炭・歴史博物館蔵

明治 筑豊ヤマの浴場
男女混浴 坑内水で蒸気
ポンプのシリダメ油も混って
おりネチヤくして垢は
おりない まっ黒に汚れた
先山は尻もぬらさず
とび込むのもおった
又浴槽内で石鹸使ろ
からアイガメの称に濁る
タオルは和手拭で黒ずんで
いた 鼻の孔を掃除するので
黒斑絣の模称になっていた
手拭一筋3銭 石五銭
石鹸三銭 石五銭
石灰のかたまり
で汁が目に
入ると痛んで
赤くなった
告
風呂内で
石鹸使ふ事
放歌高聲を
嚴禁
赤黒炭坑
取締
男女混浴は昭和終戦
後も小ヤマにはあった
男女入口 は別々
にあるが 浴槽は一ッ
で上部だけ木板で
区切ってあった
冬になると入る人は
熱いがらウベドと言い
入っている者はヌルイ
沁せと言うていた
1974 作兵衛
113　ヤマの浴場　380×535ミリ　個人蔵

明治中期　朝の坑夫
午前三時汽笛三声で入坑時間は定めてあるがカンテラ、ヤマの自由さで
より早く入坑する者もおり。ベテラン坑夫は遅れてさがる（入坑）
朝起床すると　お茶づけ飯を搔こんでいた、ヤマ人は必ず朝飯を
炊かない温い飯は弁当の菜《サイ》が　コンコン（沢庵）が腐るからで
前日の夕方炊くのが習慣になっていた、尤も朝は茶を沸すから
ヒチリン（火炉）をおこす。白色土製ハカタヒチリンと言うに（ガラ《イシ》）で。
破れやすいもの　あつかいにくいものである。おやのばち
〽おけてメシくえ　コンくそえて、坑内さがるも　たべるため、ゴットン

朝の坑夫　379×540ミリ　田川市石炭・歴史博物館蔵

①麻生
棟割でナイ家もあり
二十棟に一棟位六帖一トマもあって古参坑夫が住んでいた
其他
稼人三人以上で大家族には二戸分 三帖と六帖にしていた、
屋根は小板 へギ 又は 葺
四帖半
土間
トビラ
レンジ マド
入口
②三井
大戦関 三井のナヤも四帖半 押入は小形があった 瓦葺が多かった
押入
戸口
③三菱
三菱は六帖 押入は 三六ゴ、瓦葺
④日鉄系
四帖半と三帖 押入は上下半分づゝ 隣家と分けてあった
天井もあり瓦葺 炊事場は
トタン葺
塩井屋夫は六帖一トマ小板葺もあった、
隣家と入口が同じ所にあって雑複な
いさかいが多かった
二軒同居の棟には
あったからである、
炊事場
入口
戸
明治時代 坑夫の住宅 納屋
①麻生太吉氏のヤマK坑 棟割長屋十戸 九尺二間 畳四帖半
押入なし天井ナシ炊事場なし 2メートル位の土壁で区切り 畳下床はワリ竹
を縄であんだもの 畳も豆の残る様な表で 渕もない。 屋根は小板 へぎ 又は藁。
(この種の家は麻生ばかりでない)
②三井 山野坑 棟割りではないが四帖半 四尺五寸の押入れがあり土間も
K坑より少し広い 屋根はカワラが多かった(この種の家は良の方)
③三菱 鴨生坑 六帖ヒトマ 六尺押入 土間も
広い 三菱坑は住宅に限らず 総べて
整頓掃除が行き届き清潔であった
朝鮮人のおるヤマとは云えない位で
あった
④八幡製鉄二瀬出張所 中央坑
掘も明治四十三年に開坑したので前記
の納屋より一歩進んでいたが 親方
日の丸の割りに 貧弱な住宅であった。
住友忠隈坑の大ヤマでも 四帖半 六帖で
藁葺もあった 尤も 明治二十七年前
麻生氏の建てた家もあったと思う。
2。左きつけになると子供は
はしりよる。
1。木の枝が 踊れば ヤマの屋根がとび。

　坑夫の住宅（納屋）　380×539ミリ　田川市石炭・歴史博物館蔵

明治三十年代　又それ以前
夫婦共稼ぎ一日の仕事をヒトカタが終り　昇坑するや亭主先山は直ちに入浴炭塵を洗落し
てアガリ酒(晩酌)に大趺坐アグラ。女房后山は入浴もハヤ目《ソコソコ》に飲仕度から炊事に大
わらわ、子供のおる家は尚多忙。ヒトサキ二人組は　夫婦.親子.兄弟.姉妹、
とれをウチウチと言い　他人と組むのは方言でなく他人先山。他人后山《ムキ》と言う、
三人組は三人モヤイ。四人はフタサキ。何れも先山が60%位　仂くわけで権利も強い。
へ いしはチョンかんでも
時間さえたてば—
あがりや二合半が
腕まくりー
ゴットン
屋根は小抜《へき》葺
九尺、二ケンの棟割
タゝミ四畳半土間
二、九尺押入ナシ
天井ナシ
当時　棕梠《シュロ》のタワシ《カメノコ》はない
竹を細く割った茶栓《チャセン》
又は縄ソーダ(タワシ)
其他瓦のワレなど

夫婦共稼ぎ　380×538ミリ　田川市石炭・歴史博物館蔵

昔のヤマ　夫婦喧嘩
（注 夫婦ケンカは酒乱ばかりでない 酒のまぬ男ほど女に狂う）
これは犬も食わぬと言うけれども 時々おっぱじめる、若い夫婦なれば痴情によるチンく悋気が原因で起る事もあるが、如何に男尊女卑の明治時代でも女が坑内にいって共稼ぎをすると、人間である限りある程度の権利がわいてくる、気の立った女は尚更烈しい、亭主ばかりが大着り増長すると衝突する、
又年ぱいになると、痴話沙汰は少ないが貧困による家庭不如意からが多い
現今の婦人の様に虚栄心に浮身をやつすものは昔のヤマにはいなかったが、船大工の様にノミ・ウチする男には又向うてッた、
しかし子供のおる家庭は成可喧嘩はされません、子供が泣くばかりではないの―

117　夫婦喧嘩　379×539ミリ　田川市石炭・歴史博物館蔵

明治の大納屋と飯場
ハモニカ長屋でなく一戸建が多く二十、三十坪位あり、ドマ(土間)になっており
一方座敷作りには頭領とその家族、次の室《マエ》には人繰、勘場、食客(居候など)がおる
一方建具もない ガラン堂には独身者の飯場がウゴメイておる、何れも
ヤマからヤマを食いつぶして来た風来坊が多い
着物一枚持っておるのは良い方で、年中褌《ヘコ》フンドシ
一チかんで暮すヤカラもおった、夏はトニカク
冬は昇坑入浴して帰りフトンを肩からかけて
イロリの傍にアグラがき、酒を飲み
飯を喰い其侭寝ると云う状態であった、
明治三十七、八年頃より貸本屋がヤマに現われ
た、講談本が主であり、大閤記
赤穂義士伝、豪傑伝、里見八犬伝
などが多く 一週間 四銭だったが
四十年頃には五銭になった、
バクチは平素ろう事は禁じてあった、
よって隠れてろう或いは山に行って
開張しておるとの噂であった、
飯場料は一ケ月四円以上五円位
と大人は語っていた、
冬の夜はランプくら《暗く》して
本は読めない

大納屋と飯場　381×542ミリ　田川市石炭・歴史博物館蔵

納屋頭領
(中には操込みもせず キンサキだけとる怠け者もおった。)
明治
大納屋で人繰や勤場を使うておるのは大ヤマの事で中小ヤマの頭領は自ら一人で切まわす者が多かった、中には飯場や小ナヤ(配坑夫)の若いものが前夕伝票配りをしておった位であった、これらのナヤ頭は午前二時すぎから小ナヤを操込みにまわる
何れのヤマも午前三時が入坑時ときめてあったから汽笛三声の時報はあるが、それから起床ではマにあわぬ、
当時の坑夫で時計を持っておるものは全然おらず明治後期にはチラホラ玉振り時計が見えていた、四十年頃最下級品で三円五十銭もするから容易に買えなかった、
ヤマ人は飯を夕方炊いて朝は冷飯茶ズケでガサガサかきこみ※
※入坑者が多かった、沢庵香々一本一銭五厘、白米一
おきて飯喰えコンコンそえて坑内さがるもたべる《くらう》ため―ゴットン

119　納屋頭領　380×541ミリ　田川市石炭・歴史博物館蔵

③
明治
大正
ヤマの燃料　ワリキ。
古坑木　永く坑内で使用した半腐れや　比較的早目に取替えたが他に
つかいまえのない坑木、殆んど松であるから　煙りは多く火力は半減しておる。
ワリ木はモトから　竹はウラ《ホソイ方》からと規格はあるが　古くても雑木や杉の様に容易によく
割れない　ネジレ木《フシ》がある、そんなのはモトからワレずウラからの方が
ワリ易い事もある。(至) 一五センチ以上になると　六〇ミリづつ位いに皮むく
様にして割《ワラ》ねばならぬ。　先山はマキワリにも巧拙の差が太い。
A　石油空缶　五ヶ所はりこんで速成クロ《カマロ》底に煉瓦二枚か土が石を
いれねば　ビックリカヤル　釜と共に。
B　土《ワラ》クロ　焚物の多くいる事。(ガンく　〃ロは2キロがセイく)
ヤマの燃料 3（割木） 380×539 ミリ　田川市石炭・歴史博物館蔵

②
ヤマの燃料 拾い炭（ナヤからナヤの空地で石殻やきをする）
昭和になってピラミッド式の硬ボタ山になったが　それまでは平《ヒラ》ウチであった
中以上のヤマには高所にマキ機を据えて低地や谷を埋めておる処もあった
又《マタ》ボタ捨場を利用してナヤ住宅など建てていた、そのボタ捨場に混炭
拾いが盛んであった、入坑せぬ家族の主婦や子供の日課であった、ヒラウチ
でも相当に高い処もあるから危険もあるが人事係(取締)も咎めはしなかった、
ガラ難が深刻であったからである、石炭の外カマガスの中からもえ残りの
ガラを拾うものもおった。

121　ヤマの燃料２（拾い炭）380×538ミリ　田川市石炭・歴史博物館

昔のヤマ人
キップ
大正六年頃まで坑夫を悩ました 切符キップ(炭券)むもギンセン、ヤマもあった
それはセイフのヤマか大手、大ヤマで(雨夜の星位もなかった。)A系坑の
キップは(五重五斤)一銭 五銭 十銭 五十銭 壹円千斤)とあり明治後期に
二銭 二十斤、二十銭 二百斤が増発された、 いずれもキップの中央に砿主の定紋
をいれてあったが中には文字だけの粗末なものもあった、
住友忠隈炭砿 中野相田坑のキップは飯塚にも通用するので評判がよく その反めん
仁保炭坑のキップは目を引けばなくなると噂さ高かった。 よって
眼球の太い人を仁保キップと言うていた、
ヤマの近くにはこのキップを目がえして暴利を貪ぼるやからがおった、それにペコ〳〵頭をさげて何割も目銭を出して相談する者が多かった 夜の非常時など、

キップ　382×542ミリ　田川市石炭・歴史博物館蔵

昔のヤマ
売勘場　明治後期には　分配所、日鉄は　購売会、現今は　配給所、ヤマの売店、
A系も坑主直営なれで　市価より安くはなかった。古河下山田坑は大納屋が売店
であった。
売勘場の番頭は米ハカリに妙技を振る平素の熟練で桝《マス》の中
に米を勘なくいれる　一升　六四八二七粒《ツブ》あるのを　六万粒位にハカル、それはマスの中
で米が踊っておると言う、　現在目前でハカッタのが二十分の一以上　スクナイから
主婦はハカリがわるいとネ平を言うが余リ文句を云へば売らないから泣ネイリ
近所には米店もなく、あっても切符では売らない。　一升、五合桝の外溜売り
はしない、溜売しても其日暮しには買えない。
（番頭は暇あれば米はかりの猛練習をやっておる）
当時明治三十三年白米一升金十銭であったが三十三年に十二銭にあがりオカミさん
連は悩んでいた。　酒も水神様の方が多いのが一升卅五銭もしていた、
巻煙草　ヒーロー十本入四銭、パイプ別付三銭五厘　ワリアイ高値であった、キザミ國分、天狗、が多く
四匁三銭。　ルーナ、サンライス　などあったがヤマには見えず、
トテも　ハカリがワルイのよ――
煙草　ヒーロー
ツバメ歯磨
都の花石鹸
清酒
清酒
清酒
売勘場は
米、酒、醤油、油、味噌、塩、煙草、石鹸、手拭《タオル》、茶、砂糖、布《キレ》類
ツルの柄、エビジョウケ　ガンヅメ　草鞋ワラジ　針金　其他日用品で。
外来商人　公認　他の店は之以外の品でないと販売できなかった
鮮魚、野菜、菓子、果物、麺類　ある。
その頃醤油の密売者がヤマを訪ずれ取締りに捕へられ
アブラをとられる事がサイくあった。
A系のヤマは夏、冬をとわず午后八時の汽笛とともに酒類の販売
禁止で　夜の来客に酒を出す事は　できなかった。

123　売勘場　381×544ミリ　田川市石炭・歴史博物館蔵

ヤマの飲料水2
明治、
ハネツルベ 撥釣瓶 は農家でもあまり見うけなかった頃、S坑にあった
ヤマでは珍らしいと皆噂さしていた、しかし余り深い井戸は汲にくい、
コノ水もナヤ住宅から五百メートル位路のりがあり堤をあがり車路もありさがりの難道であった。
。サオドリとヤマに名残すハネツルベ。
。ハネツルベ ヤマの棹取 名づけ親。
。ゴヘイダをはねてあげたが棹取夫。
。ウンパン夫 棹取にした ハネツルベ。
。竿握りそっと差しこむ はねつるべ。
ツルベはヤマの営繕大工の作った板函でバケツ角形になって居た、

ヤマの飲料水 2（ハネツルベ） 381×541 ミリ 田川市石炭・歴史博物館蔵

明治中期　中小ヤマに給水設備はなかった
（大正初期頃には小ヤマ以外完成した）
總て井戸水であった。その井戸も梅雨期頃には溜りがあるが、枯渇季になると
釣瓶のおちらぬ様になり　いつも底を見せておる
又井戸を掘っても水のでらぬヤマが多かった。
近い処で　五百ﾒﾄﾙ或は千ﾒﾄﾙもの遠距離から
汲んでいた。
担桶（タゴ）は一荷で
三十六ﾄﾘｯﾄﾙ（二斗）
子供も十才位になると
水を汲んでいた　棒を
肩にのせると痛いから
両手で支えて
大人の半分位荷なう。
タゴや　さげおに
手をかけると
水がこぼれる
明治三十三年頃　大手の住友
忠隈炭坑には給水があった
納屋二、三棟毎に一ヶ所づゝ、
蛇口（ストップ）が設置され
水は坑内からポンプであげて
いた。ウワ水の清水であったらしい、
流石は大ヤマで、近所の部落
南尾までも送水していた。

125　中小ヤマの給水設備　381×542ミリ　田川市石炭・歴史博物館蔵

明治四十三年初夏の頃 K坑に電灯がついた、大手ヤマは知らず 麻生系では始めてゞ皆
喜んだ まして子供は踊って喜んだ、それは苦手のランプ掃除が
追放されたからである。ダイナモはK坑だけの電灯用で小型であった。
坑夫納屋に内線が二ツある五ショクであるがランプより
明るく 火災の危険もないので 文明の余光に感激した。
其翌年
明治四十三年には福岡市に電車線路が
できており 殆んど完成しておった
都会と田舎の差 甚大である。
据 ランプは台六〇七手
以上、大納屋か坑の
上級幹部位の
家にあった。
ヤマの子供の日課 毎夕方 鍛冶屋(坑口にある)から
鶴嘴を自宅に運ぶ事、素焼(穂先を直す)が一丁五重 ハガネつけ 二丁五重、三丁
次は ランプの掃除ホヤを磨くだけではいけない 下部のアミ目がふさがると
かべりも出るが 火災の怖れもあり 又油の補給も 隔日にせねば ならぬ、

ツルハシ運び　ランプの掃除　255×356ミリ　田川市石炭・歴史博物館蔵

明治中期頃 ヤマの子供 パッチ、ブチコとも言う ばらん紙に絵紙を貼った
もの 対手のブチコの傍《そば》打《ち》つけた あふりで（ヒックリ カヤシて）
裏にして勝負する 其他 三人の時はノセ、ハズシもある。
点とり遊びもある。
直径は 二十ミル
大は 百三十ミル位あった
楠正成
源義経
千二百点
加藤清正
千百点

127　パッチ　ブチコ　254×355 ミリ　田川市石炭・歴史博物館蔵

明治時代ヤマの子供 ベス ボール ゴム 又は 手製の手毬
バットもない掌で受けて走る 一塁だけで ボールは 本人に投げつける、
十メートル位しか 走れない。

ベースボール　254×356ミリ　田川市石炭・歴史博物館蔵

明治中期ヤマの子供
通学尋常生、冬季、雲足速く北風強し、外套を着し人は廿人に一人位、赤ケット
を持っておる人もよい方で ネルの布を被っておる人が大半
間には毒のケットもあったが、之はゴク稀であった。
足袋は手縫ひの紐付き シッカリ結べばとけず カンタンに結べ
ば 歩行中に ほどける 厄介な もので あった、
カラッ風
大さむ小さむ冬の風
アレアレ鳥が二羽
三羽カアカアカアカア
と鳴いてゆく。
大さむ 小さむ 冬の風
お水 お水 木の葉
が ニッ 三ッ チラ
チラ チラとゝんで
ゆく。

129　冬の通学　255×356ミリ　田川市石炭・歴史博物館蔵

明治、
転宅 ヤオツリ ヤマカエ
小ヤマ ほど 移動がはげしかった、家財一しき一荷 これは 心がけのよい坑夫である
(北国の雷りで キタナリの人が多かった、) それでも相当の肩入金ぜんや有付金が
出る、 中小ヤマには 布団フトン 蚊張カヤ 鶴嘴ツルバシなど 賃貸業者のおる
処もあり 又大納屋から賃かしをする、賃かしせぬ処は金を出し替へて月賦で引
くヤマもあった、 フトン・カヤは一ヶ月 三十銭位 ツルバシは消粍が激しいから同額であった、
(煙突見あてに行けば 米の飯と 大陽さまが ついてくると皆言うていた)
当時 又釜坑夫が多かった ワケである、(尻がすわらぬ)
カゴのそげおは
セナカゴ式

昔のヤマ人
ハガマ　刄釜坑夫
たれが　つけたか　ハガマ坑夫　それは同じヤマに永住せぬ浮腰坑夫に
つけた綽名アザナであった、　昔の鋳《イ》鉄《テツ》製鍋《ナベ》は三本足があって
据りがよいが、ハガマは　クロ(カマロ)からおどすと台がないとクルく
して据らない、よって　あちらに二ヶ月　こちらに三ヶ月と年中
移動する坑夫の事で、又坐りが　わるいばかりでなく　尻が
温くもったから他のヤマにいって冷してくると言うが癖くせであった、
現今(昭和四十年 三十年以降)は　電気、やガス釜が登場して銑鉄《ズク》製は追放
された、しかし何れも足は三本　つけてある。　鍋には足はない
がとがって　おらぬから安全な称である。

131　羽釜坑夫　381×543ミリ　田川市石炭・歴史博物館蔵

募集による出稼坑夫　独身でない。
米のめしにゃ菜《サアー》はいりやんせん。これは明治三十二年ごろ（その以前からであろう）
廿八年に開坑のヤマ
K坑の広島県からの出稼ぎ坑夫が発言したのを、ヤマの標語となって童子
でも真似ていた。水晶の如き白米、鼻の光る様な飯、勿体ないと一本
一銭のタクアン香々で一人一日の菜にしていたと云う。一足一銭五厘の草鞋ワラジ
も寝る前自分で作る。五厘銭《セン》でもおしわって使う様に極度の倹約をして
相当の貯金を持って故郷に錦を飾った人が何名かあったと云う。
その人だちは生来強健な躰の持主であったと想われる、当時のヤマには
栄養《ヴイタミン》とかカロリーとか言葉にもなかった。何はなんでも満腹であり
さえすれは仂けると考えていたのであった。これ等
数十名のうち残った者が多く其侭ヤマ人
になり子孫までヤマ生活しておる
のは珍らしくない。
出稼ぎでも家族づれであった、
よって不幸が続けば帰郷が
出来ぬ、
ワラジは、できあい売勘場の一足五厘は一日ももてないが
手造りは堅くしめてボロをおりこむから二日位い使えるのであった、
人に注文しても二銭入用
当時大盛うどん一杯二厘、沢庵香々一本一厘、
豆腐今の倍一丁二厘、白米一升十厘、
スボチクワ一本二厘、醤油〃〃七、八厘、
ラムネ一本二厘、

募集による出稼ぎ坑夫　380×539ミリ　田川市石炭・歴史博物館蔵

ヤマの新聞と郵便（大正後期には一ヶ月七十銭であった。坑夫代）
明治三十七年 前後
日露戦争前 ヤマで新聞をトッテおる者（月極）は役人（幹部職員）か大々納屋頭領位のもので 戦後
には坑夫でもチラホラ講読するものがあった。その頃は夕刊はなく 大阪朝日 毎日は一日遅れであり
地方では福岡日日新聞、九州日報があった、アサヒ、マイニチは少ない時でも六頁 多い時は十二頁あって広告
がワリに多かった。（福日）（九日は六頁、十頁一ヶ月 五十銭（九日は三十六銭）で続頁刷りをトキぐ出していた
其頃新聞広告は、仁丹が王座で毎日一頁大又半頁連続にのっており 次は有田
ドラック 梅毒専門薬 これは町にもゴム製の疾患部模型が店舗に飾ってあった。
次は強壮剤 次亜燐 スモウとりが瓶を抱えておる、桃谷順天館美顔水
ライオンはみがき、などが広告欄を飾っておった（都の花石鹸、大学目薬、其他商品は無限）
配達人も足だけ健全なおっさんがしており 現今の様に学生
少年ではなかった。（ハガキ一銭五厘、切手三銭は永続した。）
郵便も明治、大正時代は十把一束で人事係室の
前に供えてある状さし函に投げこんであり
封書など破れて中みの見えるものもあり
受取人も不明（ナイ）ものが多かった、
昭和になってヤマでも戸別に配達になった。
状差は人道坑口の 開坑場 取締（人事係室）
の表窓下にうちつけてあり 昇坑者が
調べるものもあって汚れ垢ついていた、
新聞配達は戸別であるが
明治末期大正初め頃 飯塚町の
東方のヤマや部落は 片手右手の
ないオッサンが配っていた。
（立岩、柏森 山内炭坑 其他
（明治卅五六年頃 福日は大闇記
（卅九年頃 朝日は 赤穂義士伝、
（小説も神田伯瀧の大閤記
義士伝であった、

133 ヤマの新聞と郵便 383×541ミリ 田川市石炭・歴史博物館蔵

ヤマの青年組。男子だけ。若手組。わかいもん。
明治後期月産五千屯以上出炭するヤマには青年団を組織しておる処もあった。それは人事係長に理解のある社会智識のまさったのがおるヤマだけであった。K坑には明治四十二年に青年団が誕生し提灯には實践会と印して夜だけ美しかった。
ヤマの若手組ができると何となく規律が正しくなった。わかい人だちの思想善化にヤクたった事は申すまでもない。しかしヤマの青年組は永続せず提灯がスコシ古くなる頃には崩壊する事が多かった。それは農村や町家とは違い各々業務が異なるので、採炭休業日でも全員集合ができない（一二番方があったり）平素の作業に疲労が太い。移動坑夫が多いなどで。奉仕作業などできないからであった。
当時の服装ネルのシャツ。袷、紺のアツシ。シカノマキをしておる寒むがりや。呼抜《ヒキマワシ》マントは明治末から大正初期ヤマにはあまり流行せず。（夏は浴衣）メルヤス類もあったがヤマで見らず。
蛇足
帯オビ、兵子おび、スコギ《シ》白色ときまっていた、
明治四十五年九月十三日（大正元年）明治天皇御大葬祭の時、喪章より黒色となり現今に至る。
實践會
實践會
實践會
青年は十五才から一人前であった、農家も同じ
提灯・ろまのり、ゆみはり、

ヤマの青年組　380×538ミリ　田川市石炭・歴史博物館蔵

2
明治卅六年　天狗の霊水
お参りした信神者でお利益《リヤク》を蒙むった噂は毎日読いた（ヤマの話題）
跛足や躄《イザリ》が歩んで帰るやら。盲人が活眼して杖を捨てて帰るやら。
唖《オシ》が流行歌を唄ってかえるやら。その効験《ゲン》のいやちこい事は
ヤマ人の魂を根底より揺ぶった。それでなくても初夏のだだけておる
季節・健康者でも迷う時。少しでも体に異状のある人をあふり立てたのは言う
までもない。現今人でも迷神、盲信者は多いが、昔は真相もわか
らぬ神仏に迷う者が多かった。医師も少なく、金もいるからでもあろう——。

135　天狗の霊水 2　380×538ミリ　田川市石炭・歴史博物館蔵

④
明治廿六年　天狗の霊水
ヤマを訪ずれる芸人も　この宣伝に大童わ　数え歌売りの女が時々姿を見せていた。
人事係長から叱咤され部下はやつ当り、坊主が憎けりゃ袈裟まで。
手拭を利用ネエさん被り、絣りのきもの赤いヘコ白の甲かけ脚絆、草鞋ワラジばき(白足袋)
で門口に立ち、訛の発音ゆかしき美声をはりあげ二三節を唄う。廿才以上
へ一ットセーエ、人も知ったる筑前の――・朝倉郡の秋月に、豊前坊天狗が現われて、多くの人を救われる。
ニットセーエ、不思議によく効く神の水、どんな難病もスグなおる、その霊験の有難やー。
この歌は廿節位に巧く語呂が合せてあり、半紙を横に二ッ折りにしてあり、一枚金二銭せであった、
著者は福岡市中島の橋口町　原田作太郎　としてあるのが多かった、
ヤマの人事係(取締り)は秋月参りで入坑者はガタ減り、予定出炭も不足、ヤッキになって
採込むが依然休業者が多い、ヨッテお機嫌斜め。数え歌売りにもアタッテいたわけ。
オイーコラッーー　その歌やめろーー
拾一號
直轄　甲野乙吉

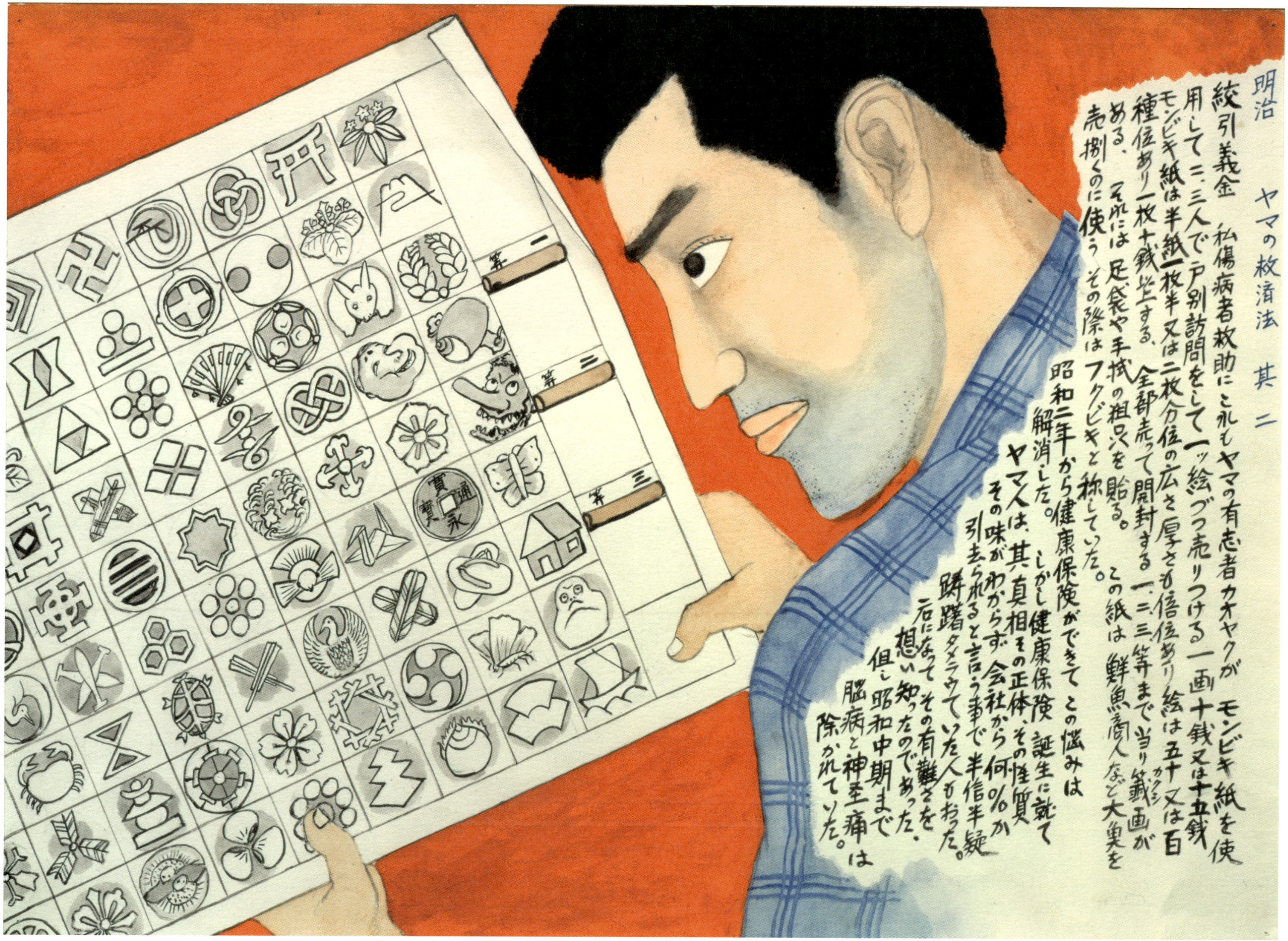
明治　ヤマの救済法　其二
紋引義金　私傷病者救助にこれもヤマの有志者カオヤクが　モンビキ紙を使
用して二、三人で戸別訪問をして一ッ絵づつ売りつける一画十銭又は十五銭
モンビキ紙は半紙一枚半又は二枚分位の広さ厚さも倍位あり絵は五十又は百
種位あり一枚十銭位上する、全部売って開封する 一、二、三等まで当り籤《カクジ》画が
ある、それには 足袋や手拭の粗品を贈る。この紙は 鮮魚商人など大奥を
売捌くのに使う その際は フクビキと称していた。
昭和二年から健康保険ができて この悩みは
解消した。しかし健康保険誕生に就て
ヤマ人は、其真相その正体、その性質
その味がわからず会社から何%か
引去られると言う事で半信半疑
躊躇タメラウていた人もおった。
后になってその有難さを
想い知ったのであった。
但し昭和中期まで
脳病と神経痛は
除かれていた。
一等
二等
三等
寛永通寳

137　ヤマの救済法　其の二（紋引義金）　381×541ミリ　田川市石炭・歴史博物館蔵

明治三十年頃より（ヤマの救済法）其の一
昭和　までヤマには福祉施設はなかった　公傷なれば坑主がある程度救済するが
一家の大黒柱　亭主が病臥すると　惨めなものであった。納屋頭は貧乏人が多い
から結局会社から借金するが　それも限度がある。これは直轄坑夫も同じ。よって
ヤマの有志家カオヤクが奔走して義金を集める。奉賀帳をして慈善金集めも
あるが、この様に芸人により御花義金もある、当時有名な祭文《サイモン》語り　直方の（サエモン）
安平さん、の実演である。節は突切ぶしと言う一風変った大カレブシであった、
右手に25センチ位のシヤクジョウ（先に小形のハート型付）を打ぶって　リン、リン、リン、としみ
いる様なリズムを出し下顎をガクガク揺かしての口演であった。
安平さんのオバコ（十八番）は当時流行の大閤記と赤穂義士伝であった、
三味線のアイカタもおる。
（サエモンカタリは飯塚に一本会がおり赤坂にもおった）
安平さんの　マクラの一節
（落ちて重なる―　おちてかさなる―）
コレを二十回位クリかえす
最後に（牛のくそ―）
御花は現金の倍額を記入する。人物により三倍にもかきこむ事もある。
場所は大納屋の独身者広間でやる、採炭休業前夜を計らう。行なう、
安平
大江

えんぎ
昔のヤマ人
地下の作業である関係上、縁起を担ぐ事はいかめない。死葬を黒不浄と云い 女の月経《セイリ》を赤不浄と言うて嫌い妻が出産しても三日は休む、
(一) 坑内で笛を吹奏する事はまかりならぬ、これは非常、変災の時 竹笛を吹鳴らして知らせていたと言い、今でもサイレンのなるのは非常である如く、
(二) 中でも口笛を最も嫌う。明治三十年代、口風琴 クラリオネットが流行した。
拍手も禁、柱のカミサシが重圧(三)で割れる音が きこえぬからである
又、パチくと響くからでもある
(三) 頬被り ホウカブリ 耳をふさぐからで 重圧によって 柱やカミサシの裂ける前兆が わからぬからである、
大力
(四) 猿を嫌う 顔と尻が赤いからではない。
ヤマの人は サル、サル、と言いなサルと きらいなサル。
猿の話しは別紙 サルまわし で詳しく記す。

 縁起　380×543ミリ　田川市石炭・歴史博物館蔵

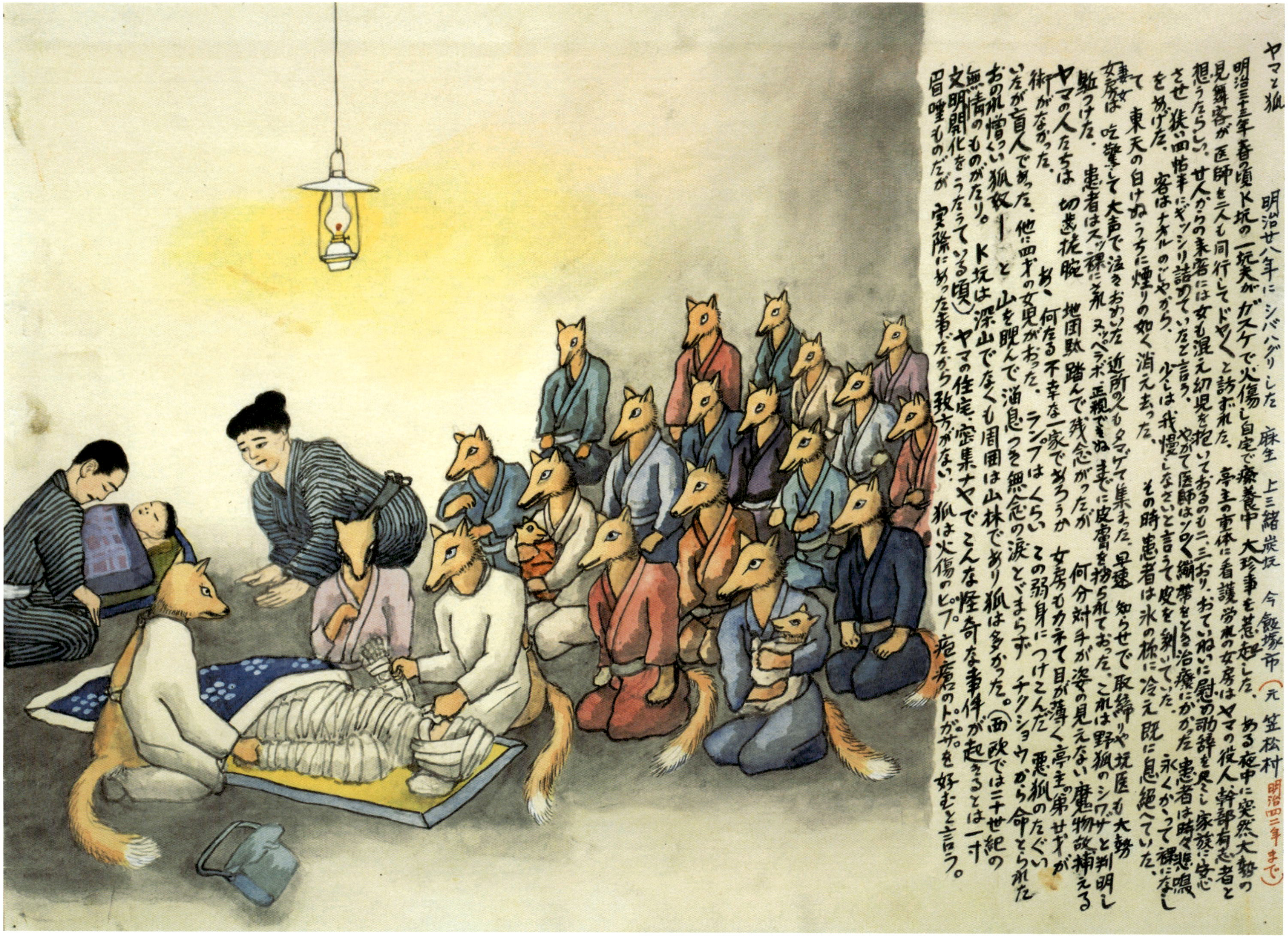
ヤマと狐　明治廿八年にシバハグリした　麻生　上三緒炭坑　今飯塚市（元　笠松村　明治四二年まで）
明治三十三年春の頃K坑の一坑夫がガスケで火傷し自宅で療養中　大珍事を惹起した。ある夜中に突然大勢の
見舞客が医師を三人も同行してドヤ〳〵と訪ずれた。亭主の重体に看護労来の女房はヤマの役人幹部有志者と
想うたらしい。廿人からの来客には女も混え幼児を抱いておるのも二、三おり。おていねいに慰めの諭辞を尽くし家族に安心
させ狭い四帖半にギッシリ詰めていたと言う。やがて医師はソロ〳〵繃帯をとき治療にかかった　患者は時々悲鳴
をあげた。　客はナオルのごじやから、少しは我慢しなさいと言うて皮を剝いていた。　永くかかって裸になし
て　東天の白けぬうちに煙りの如く消え去った、　その時患者は氷の様に冷え既に息絶へていた、
女房《妻女》は　吃驚して大声で泣きおめいた　近所の人もタマゲて集まった、早速　知らせで取締りや坑医も大勢
駈つけた。　患者はスッ裸にされ　ヌッペラボ、正視できぬ　までに皮膚を拗られておった、これは野狐のシワザと判明し
ヤマの人たちは　切歯扼腕　地団駄踏んで残念がったが　何分対手が姿の見えない魔物故捕える
術がなかった。　あゝ、何たる不幸な一家であろうか　女房もカネて目が薄く亭主の弟廿才が
いたが盲人であった、他に四才の女児がおった。ランプはくらい　その弱身につけこんだ　悪狐のたぐい
おのれ憎っくい狐奴ーーと　山を睨んで溜息つき無念の涙とゞまらず　チクショウから命とられた
無情のものがたり。　K坑は深山でなくも周囲は山林であり狐は多かった。（西欧では二十世紀の
文明開化をうたうている頃）　ヤマの住宅、窟集ナヤでこんな怪奇な事件が起きるとは一寸
眉唾ものだが　実際にあった事だから致方がない。狐は火傷のピプ。瘡痕のトガサ。を好むと言う。

ヤマと狐（医師と見舞い客）　380×540ミリ　田川市石炭・歴史博物館蔵

狐 火事
明治三十二年夏 山野炭坑のナヤ(坑夫住宅)が毎晩火事騒ぎ. その噂さは隣坑上三緒
にも話題となり. 不思議に思うていた. それは完全に釣ってあるランプが独りで落下し
割れて石油が散乱それに点火が原因で東方のナヤ火事を消しておると西方にも
燃えはじめると言う状態であったらしい. あまりに摩訶不思議であった、こゝにヤマ人
も邪教淫祀などと揑ねまくる時にあらずと。占《ウラ》らないし火 シバハグリの際狐の穴を埋めた
穴の中に子狐がおったソノ親狐の復讐《ウラミ》フクシュ手段による崇《タタリ》 タタリと判明した。
よって正一位稲荷大明神として祀られ
ヤマの守護神になった.
注 筑豊のヤマは大正八年頃(石炭ブーム時)から神を祭ったが、山野は二十年も前から護山神があった、ワケ、
夜中の怪火 裸ハダカでとび出すのが命がけ
あまりアワテ、ゴザマクラや下駄など持出す人もおったらしい

141 狐(火事) 382×542ミリ 田川市石炭・歴史博物館蔵

明治中期
坑内の狸　ウジナ
山間へき地の小ヤマの坑内には狸がおった、それも暗い地下ではあるが昼は出ない
夜の十二時すぎ陰気みなぎる淋しき頃、二人か三人位のときにイタズラをする
K坑では明治三十二年夏右二片で聴いた狸がイシ掘る音、遠い切羽での音は本ものと変らない、その音は今から六十六年前私の耳底に残っておる(昭和四十年)
一回ならず数回きかされた、古老の話しではようく澄して聞けばヒキヅルの音、金属製のチヤランと音がせぬ事何となく音に弾力がないと言っていた、
尻っぽで石壁を叩けば石ほる音がすると言い
其他バレる音
水の流れる〃
人の歩む〃
炭函を押す〃
いろいろ芸当をやるらしい
中で炭函は結鎖がチヤン〳〵なると言う それで夜は鎖をワザワザ引ずって押していたのであった
又追つめられてにげ場がない時は柱に化けると言う その柱が根もと下にめるサカ柱でカミサシ(楔)もなく手や足はフシになっておると云ウ。
K坑ではこの狸を捕へる事も姿を見る事もできなかった
狸の皮毛は鍛冶屋の鞴(フイゴ)のピストン・パッキングになるので鍛冶屋のおっさん達が欲しがっていたが
とらぬ狸の皮算用と笑っていた
私も狸の金たま八畳敷が見たかった。
屁の祢でさっぱり姿が見えぬ——
大力

坑内の狸　382×544ミリ　田川市石炭・歴史博物館蔵

明治
ヤマ人のエンギ　シル カケ メシ
知らぬ事とはいいながら新参、駈出し坑夫が朝の飯場で白米《メシ》盛茶碗に味噌汁
をかけたので古参の同僚から殴られ踏まれ蹴られたり半殺しにされ事が
あった、それは朝のミソ汁かけ飯を喰えばケチがつくとかミソがつくとか
言うて大いに嫌ろたものであった。
○これはヤマ人より土方のほうが特に
嫌いたとへ知らずにかけても
たゝき殺された者もおった
と云う事である。
昔の土葬を想念する
からであろう。
このズクニュウー
こん餓鬼……
こん畜生……

143　汁かけ飯　381×539ミリ　田川市石炭・歴史博物館蔵

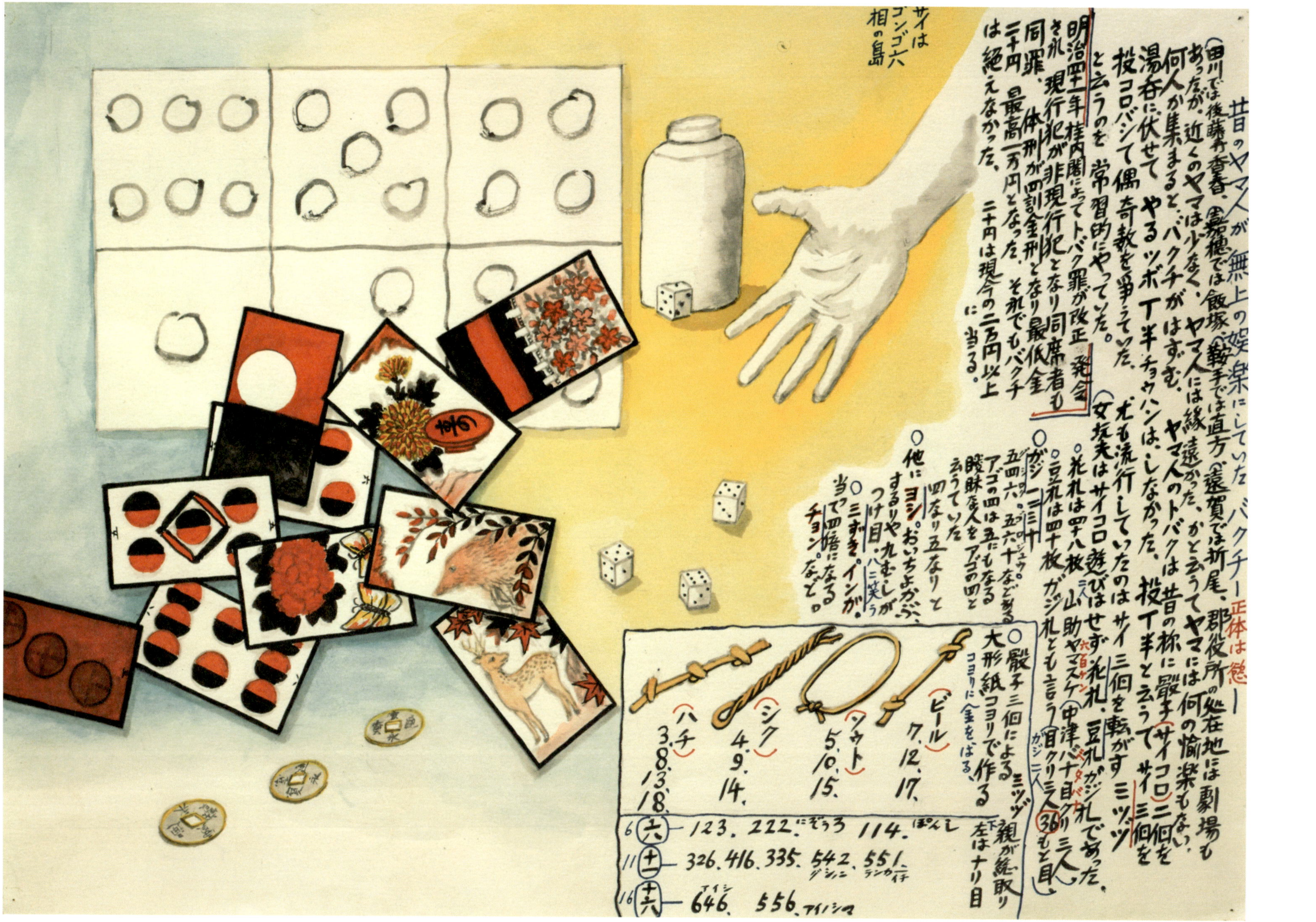
昔のヤマ人が無上の娯楽にしていたバクチ―正体は態―
(田川では後藤寺、香春、嘉穂では飯塚、鞍手では直方、遠賀では折尾、郡役所の所在地には劇場も
あったが、近くのヤマは少なく、ヤマ人には縁遠かった、かと云うてヤマには何の愉楽もない。
何人か集まると、バクチがはずむ。ヤマ人のトバクは昔の称に骰子(サイコロ)二個を
湯呑に伏せてやるツボ丁半《チョウハン》は、しなかった。投丁半と云うてサイ三個を
投コロバシて偶奇数を争うていた。
と云うのを常習的にやっていた。
明治四十一年桂内閣によってトバク罪が改正発令された。現行犯が非現行犯となり同席者も同罪、体刑が四割金刑となり最低金二十円最高一万円となった。それでもバクチは絶えなかった。
二十円は現今の二万円以上に当る。
(女坑夫は)尤も流行していたのはサイコロ遊びはせず、サイ三個を転がす ミッツ
○花札は四十八枚 三人 山助ヤマスケ 六百ケン 花札、豆札、ガジ札であった。
○豆札は四十枚 ガジ札とも言う (中津バナ 八十目クリ ミス人 タバカ)
(目クリミス人 (36) もと目)
ガジ 三人
○ガジ――三十
五四六。五六十などがある ジュウ
アゴの四は五にもなる 曖昧な人をアゴの四と云うていた
○他にヨシ。おいちょかぶ、四なり五なりと
するりや九むしがつけ目・八二笑う
○三ずき。インが。当って四倍になる チョン。など。
サイはゴンゴ六 相の島
○骰子三個による
大形紙コヨリで作る
コヨリに金をはる、
(ビール) 7、12、17、
(ソウト) 5、10、15、
(シク) 4、9、14、
(ハチ) 3、8、13、18、
ミッツ 親が総取り
左は下ナリ目
6 (六) 123。222。にぞうろ 114。ぽんし
11 (十一) 326。416。335。542。ジシニ 551。テンカイチ
16 (十六) 646。アイシ 556。アイノシマ

バクチ　380×540ミリ　田川市石炭・歴史博物館蔵

ケツワリ　尻のすわらぬ　又釜坑夫
ケツワリ坑夫　専門的常習者もおるが、昔のヤマはケツワリが多かった。会社《コウシ》や
大ヤに（サカ借金）が嵩カサミ、泥ぬまに踏こんだ様に　あがきがとれず、実行する。
独身者ば昼でも逃げるが、　荷物はなくとも世帯もちは　そう簡単には
いかぬ、　ケツワリする者はつまり不良で怠け者スカブラであって　一人前のベテラン
坑夫は実行せぬ、　堂々と肩入金ギンを前借して払うて移動する。
又
此のほか人妻と姦通マオトコ・してケツワル者もヤマには多く　これは人事係《トリシマリ》に捕
えられると特にリンチ（ミセシメ）が烈しかった。
若い男女の恋愛による駈落も多かったが　これは流石に人事係も制裁リンチは
しなかった　親もおるし　知人などが探してつれ戻り夫婦にすると云う始末であった。

145　ケツワリ　380×537ミリ　田川市石炭・歴史博物館蔵

4
明治時代、
ミセシメ　（リンチの詞コトバは明治にはなかった）
肥前の（長崎県）鷹《タカ》島に大正時代まで実行していた　三セシメで　納屋頭領にチョウハン
と云う無頼漢がおって残酷制裁をしていたと言う。　この三セシメは島破り海を渡って
塩たわらを腰にかがり海を泳いでケツワリする、
逃走中捕えられた者、又は姦通マオトコ、強姦などの犯人に加えるのであったと云う
逆ブリ下30センチ位すかして火を燃し　その傍で入坑前の独身者（飯場）は食事を
すると言う事であった。（このリンチは筑豊のヤマにはないと言うていたがの）
おめえたちも生意気すると此の通りだぞ――

リンチ４（ミセシメ）　383×543ミリ　田川市石炭・歴史博物館蔵

明治中期 リンチ（1）
ヤマだけの独裁政治、ヤマのミセシメ。
当時の取締りは相当のボスでないと
勤まらない 逆に坑夫から
ナメられるとヤマの統制は
乱れてしまう。
坑口の関坑場（取締員）の詰所がリンチ場。
取締長
（こ奴は図太いぞ うんとどやせ）
（ハッ コンチクショウ）
ケツワリ 窃盗 姦通
怠惰 ケンカ バクチ（など
中で残酷なのは 他のヤマ
から坑夫引出し（技術坑夫引抜）
に来て発見された者は
半死半生此の世の生地獄であった。
これはサガリ蜘蛛である
足が地を放れる位釣あげ
て自分の腕がコワバル
程殴っていた。

147　リンチ1（下がり蜘蛛）381×542ミリ　田川市石炭・歴史博物館蔵

下相州 鬼戸長一家皆殺焼打事件 明治十二年
鬼長
明治廿二、三年頃　ヤマの訪問者　ノゾキ　大人弐銭、小人壱銭
ヤマの公休日は月に二回交換日（サンニョウ日）であった、当日をアテこんでヤマの訪問者がおしかけて来る　その中で
ノゾキが一番派手であった。大型は夫婦づれで共演する、小型の一人弁士は平日でも来訪していた。
硝子レンズ丸径60ミリ位が10個以上ズレ違いにつけてある。看板叩きと云う説明者は長さ九〇センチ位の
細竹で上枝棚を割れねばかりに叩き踊る様な姿勢で調子つけ、浪曲とニッセ節をチャンポンした様なフシ
で唄う、うたの切目にチョイト、チョボ、チョボ、チョボ、チョイト、チョボと雑ハヤシたて大衆の観心を煽り
たてる。看板絵は色彩濃厚に描いてあり、美しく人目をひきつける。中絵は幾合粗末だが障子
など薄紙を貼って背後の光線を利用していた、これを十五、又は二十枚位とりかえる。ノゾキーの
画は新旧の劇ものもあり　当時の突発事件が多かった、ヤマの人は殺ばつな画面を好んでいた事は
勿論であった。此事件は　明治十二年六月廿七日（下相州）神奈川県大住郡真土村で若起した集団
殺人である。強慾鬼戸長松木長右エ門一家七人を皆殺、して放火、首魁者は村民　冠弥右エ門外
二十四人・駆せつけた消防手に火を消すなと　たのむ場面もあって、ヤマ人に大ウケであった。
蛇足 ノゾキは神祀祭礼にはつきものであってヤマ以外が多かった。

ノゾキ　382×541ミリ　田川市石炭・歴史博物館蔵

149　日露戦争のノゾキ絵（軍神　橘周太中佐）379×539 ミリ　田川市石炭・歴史博物館蔵

明治　ヤマの訪問者　子供の喜ぶ
蓬来豆売り派手ハデな扮装ウチワ大皷で調子をつけ据首踊りも面白い（カッポレ）、
頭上のユリ桶には風車と旗、豆袋がさしてある、豆は白大豆を膠い菓子《サト》で包んだもの白赤咃
へ（向う横丁のお稲荷さんえ、一銭あげて、お仙が茶屋に腰をかけたら、渋茶をだした、
渋茶よくよく横目で見れば、米のダンゴか、麦のダンゴか、おダンゴ　おダンゴー
コレハ（江戸の瘡守《かさもり》稲荷《いなり》で有名茶店、笠森お仙《せん》の評判美女の歌と言う。）
トトンコ　トン
トントコ　トントコまた売れた。―一本一銭（拾斤切符）
又が売れたら キンタマの
宿がえ―― 忙しい―な、
拾斤
豆

明治
（美しい線の巾は八ミリ位であるが当りは少ない）
当らぬときは八重位の菓子一ヶ
ヤマを訪ずれし商人
ブンマワシ 石たん箱を二、三個その上に一メートル角位の板をおき、時計の文字板
式線印の画紙を拡げ 線の末端に景品の菓子を並べ それで準備
完了 中芯に軽く回転する横棒を取付 棒の先端にモメン縫針がブラ
さげてある その針が線の上に止まれば 当りで盛菓子が貰える
仕組であった、菓子はカルメラに似た砂糖菓子で赤黄白で餅
の形を並べていた、一回一銭だが当れは三銭、十銭、五銭と相当する
ものが飾ってあった。何回か空転して弱まり最後に線を分れに
なるとアラドッコイ／＼と囃ハヤシたて、賑わっていた。
次は同じ菓子で魔くじ引もあった、黒色のモットイ
女の髪ゆいに使うコヨリ糸を使用 左手に三〇本位握り
右手に当り番号記入の二〇本位持って大衆の眼前で
オッチョチョイと入れ込んで ひかせる、これなれば
当籤確実とツイ指で挟んでマンマと一銭の損。

151　菓子売り（ブンマワシ）　381×541ミリ　田川市石炭・歴史博物館蔵

明治
ヤマを訪ずれし 行商人
いずこの島の婦人か、海辺に住むおカミさんか一見強そうな女でもあった、
太いデッカイ笊《ザル》を頭にのせて終日歩行の昆布売り、ザルは下部角で差
七〇センチ位上は丸で少し細がた、高さ四〇センチ位、三〇キロ以上おもさ《ツメコム》もあると云う
それにしても頸骨の強さにはヤマの人たちも驚いていたようであった、
一人は地方のオッサンがこれもデッカイ胡椒《コショウ》の船ボテを腰にさげ、肩から
釣りかた手に鈴を振り鳴し トントントントントン トンガラシの粉、甘いも
辛いもお手《サジ》加減ん——、ジイさん舐《ナ》たらババさんホロリとするわいな——
ヤマの子供もこのトン芥子《カラシ》はソッポであった、
昆布は噛るものもおった。
トドロコンブなど

昆布売り　唐辛子売り　382×540ミリ　田川市石炭・歴史博物館蔵

明治
片仮名で ヤマの訪問者 ヲチニ オでなく ヲであった、
（横文字は右から読んでいた。）
明治四十一年春ごろよりヤマにハイカラ姿を現わした ヲチニの売薬行商人
駅長か署長さんまがいの立派な帽子 腰には薬鞄カバン 前に小形の手風琴を釣り、歌に
合せて伴奏し歩む調子をとっていた。（左は子供がユウモアに面白く真似歌）
大阪西区はイタチボリ日本一薬舗で名も高い。このまた薬の効能は―チィーさん
バアさんの虫下し子供の腰いた、肩のこり、その他なん病もスグなおる、ヲチニの
くすりはよくきくね――。
刷りじを子供に一枚づつ配るので 子供たちにしたしまれていたが二、三年位でハッタリと姿
を見せぬ様になった。
手風琴はオーストリヤ人タミアニの発明でハンドオルガンと言うていたとの事である、

153　ヲチニノ売薬行商人　379×538ミリ　田川市石炭・歴史博物館蔵

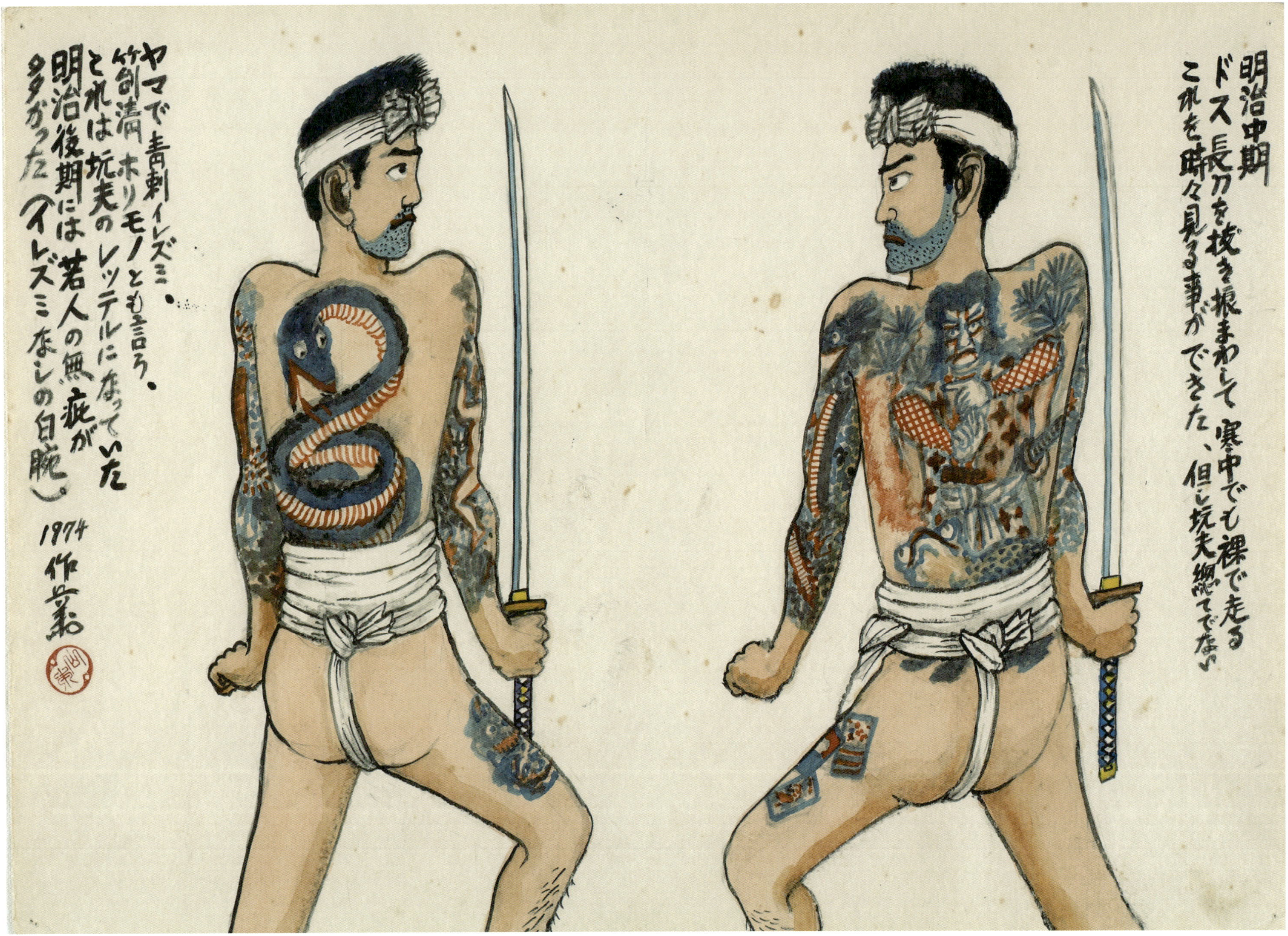
明治中期
ドス長刀を抜き振まわして 寒中でも裸で走る
これを時々見る事ができた、但し坑夫總てでない
ヤマで青刺イレズミ・
箚清ホリモノとも言ろう・
これは坑夫のレッテルになっていた
明治後期には若人の無疵が
多かった（イレズミなしの白腕）。
1974
作兵衛

長ドスとイレズミ　272×381ミリ　個人蔵

ヤマ人が二人
よったらこの
話し豊前
会社のケンカ
明治廿二年頃
何れも
剣道は
シダン
よって
抜刀と
共に鞘
は身に
つけず
同胞あいばむ
無恨の血闘
いつはてるか
知れぬ頃
松岡陸平
が武装で
仲裁したと
言う事である
これは
昭和廿二年十一月
十二月 前田敦夫
氏が(おしゃべり
炭坑物語)に
かいておられた。
毎日新聞
陣笠 脊負大刀姿の
松岡陸平は
納屋頭と言う人
もあるが相当の度脳者であったらしい。
喧嘩はまった 先ず
ドスを鞘に納めてくれ
(山作)

155 松岡陸平の仲裁 382×541ミリ 個人蔵

明治のヤマ人
喧嘩の仲裁キッタ、ハッタの多いヤマ人も騒いだあげく仲直りはある。勿論ヤマのカオヤクが中にいって
和睦となるわけで　それには　形式があった、　仲裁人が正面に坐して　本人を両方に坐らす
と盃を両手に持ち、　左右を　交差にして一緒にさす、それを逐パイし二回目は腕を上下にとり
替えて両方にさす、　そうして仲人の　挨拶がある、今度はオレにまかせてくれて誠に
忝けねー、万事水に流して以後永久の交わりを・してくれー「□すみません、はしたない私の
無分別から　△いやオレの誤解から心配かけます。講和成立仲人は　納盃して　ヨイ
ヨイ、ヨイと音頭をとり一同拍手三回、その后用意の半紙に塩を包み箸二本添へ水に濡らして天井
に投げつける　それが天井（屋根ウラ）にくっついて散会、
（チャブ台にはあり合せのイリコ、又は一ケ二文のスボチクワなど、酒は冷酒、后で燗すれば永くなるからつけぬ）
此の場合多く語らず大酒せず・永座せず　ソコソコにきりあげ　同席者も無駄口は　たたかない。
注　一方に傷つけた時には膏薬代と云う名目で相当の金包を貽る。

喧嘩の仲裁　382×540ミリ　田川市石炭・歴史博物館蔵

米
又
釜
合
戦
杓子
かせ
①
ヤマの米騒動　又釜合戦　杓子かせ
大正五年Ａ系分配所で白米一升（二四銭）金十五銭。六年には二十銭位になり。
毎日一銭二銭とあがり続け末頃には。市価五十六銭まで高騰
でも一日働いて米二升と言う破目に陥った。米騒動ー八月三日富山県西水橋の漁夫の主婦
連が口火をきり全国に広がった
七年七月初より　ヤマのベテラン坑夫
ヤマでは田川郡蔵内峰地炭坑が第一の烽火をあげた、
二年前の十五銭が五十銭台に八ネあがり稼働賃金は据おき　悲鳴をあげるは坑夫の妻。
舌スベテの（勤働者の叫び）（当時石炭価格は相当にあがっていたらしい。）坑主のみ満悦時代
（左は主婦連が踊っておるのではなく　飢餓寸前の死の叫びであった。）

157　ヤマの米騒動１（羽釜合戦）　380×538ミリ　田川市石炭・歴史博物館蔵

④
ヤマの米騒動
（ヤマの売店だけで町の商店を襲うた）警官は總動員 鎮撫に当りしも 抜かざるサーベルにはその威力も発揮できず 否暴虎馮河の勇にはやりし暴徒の火の手は益々燃えさかるばかり、
巡査は飯はくわねーか
やっつけろーーとキセイをあげる。
大正七年八月十七日より（新聞では数軒あらしたと報じていた）
石鹸
焼酎
清酒

ヤマの米騒動 4（警官総動員） 379×539ミリ 田川市石炭・歴史博物館蔵

(明治二十七年九月にシバハグリ、のヤマ 旧笠松村 明治四十二年より飯塚町)昭和七年飯塚市
13
ヤマ米騒動
麻生太吉氏経営の上三緒炭坑に大正七年九月三日の夜十時四坑硬山(特に高所)にダイナマイト数十本を
三回に爆発させた、大音響はヤマの夜空を震わせ、硬塵は中天に吹きあげヤマの不平分子の
気勢をあふりたてた、 飯塚町駐屯の兵は警官と共に30名駆足でやって来た。タダ
それだけであったが犯人が不明で。賃上交渉中の納屋頭十一名が悉く検束された、
当時あった治警法十七条により擾騒煽動罪で福岡の未決監に百日間抑留され、内三
名が有罪となった(徴役三ヶ月執行猶予二年)尚犯人は中川清太郎ら三名とすぐ判明。
ヤマの人たちは百日間カンパして納屋頭の差入や家族の慰問に努力した。
上三緒坑の坑長は小川 氏であった。

159 ヤマの米騒動13（上三緒炭坑でのダイナマイト爆発） 380×538ミリ 田川市石炭・歴史博物館蔵

5
ヤマの米騒動
八月十八日には軍隊の出動となった。
小倉歩兵の四七聯隊一中隊の一ヶ小隊
五七名 軍隊の戦時武装
にはサスがの暴漢も四散八走の
形だが 間には兵士に抵抗する者
もおって命を捨てたものができた、
時はシベリヤ出兵で待期中
であり兵士も極度に興
奮し気も張っていた
と想われるが
米タカクして食えず
に騒ぐヤマ人対手
では張合もなく
気まずい事であ
った事と想われる

ヤマの米騒動 5（軍隊の出動） 380×539ミリ 田川市石炭・歴史博物館蔵

むかし
ヤマの人びと
6
イレズミ　金山坑夫は余り見うけなかったが、筑豊のヤマ、
当時のイシヤマト及びゲザイニンは皆いれていた
多少にかかわらず 青刺のない者は駈出しの新参者か
或いは一人前の仕事もできない素人と軽蔑されていた。
よって イレズミはヤマ人のレッテルになっていたのである。
ホリモノ。ガマン。クリカラ モンく。
どうしよかいなの
このいれずみは
何処のいれしやが
いれたやら—
ゴットン

161　むかしヤマの人びと 6（ヤマ人のイレズミ）207×292 ミリ　田川市石炭・歴史博物館蔵

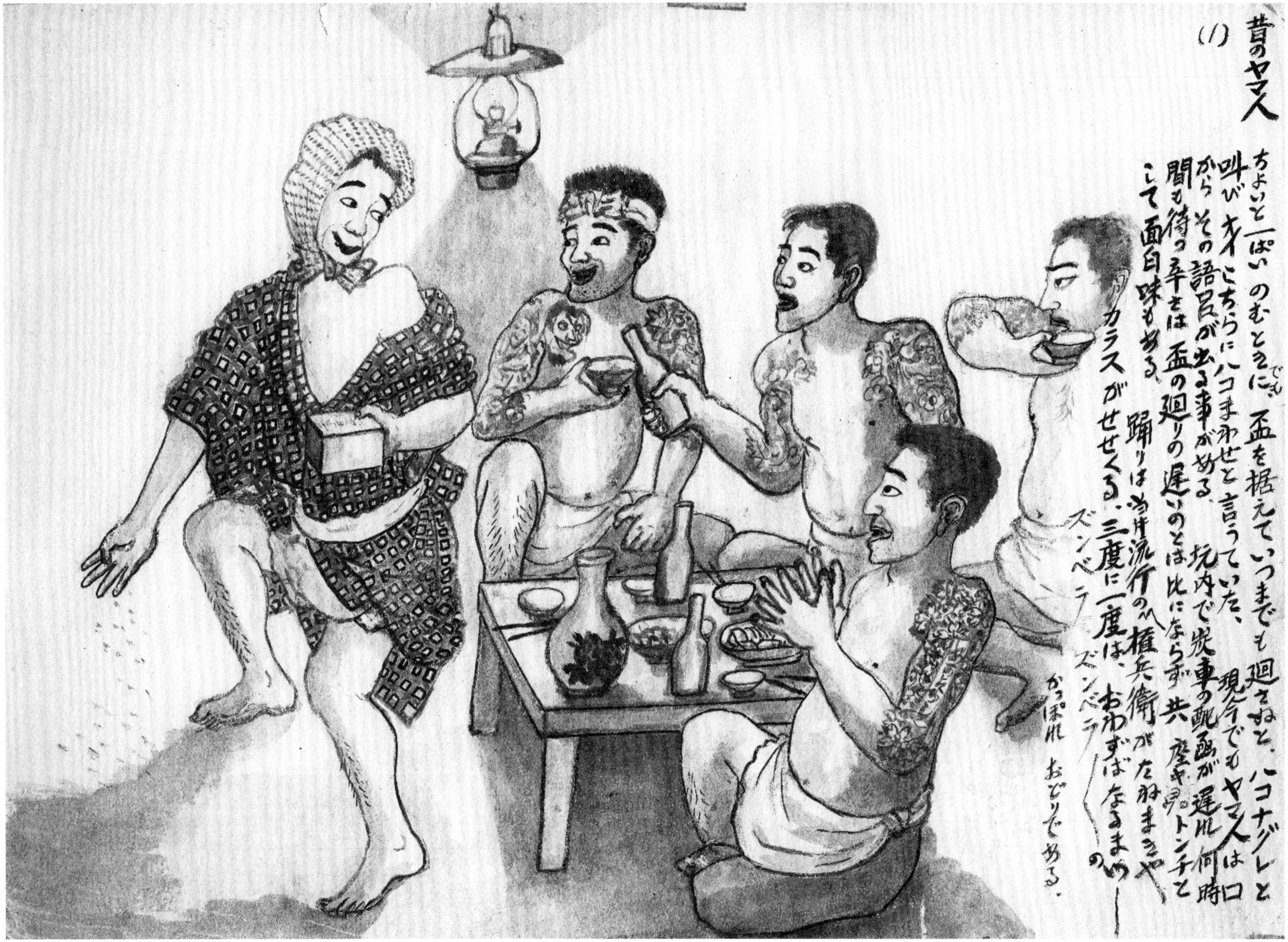
昔のヤマ人
(1)
ちょいと一ぱい のむときに《でも》 盃を据えて いつまでも 廻さぬと、ハコナグレと
叫び オイこちらにハコまわせと言うていた、現今でもヤマ人は口
からその語呂が出る事がある、坑内で炭車の配函が遅れ何時
間も待つ辛さは 盃の廻りの遅れのとは比にならず 共 座キョトンチで
こして面白味もある。
踊りは当時流行の〽権兵衛がたねまきゃ
カラスがせせくる、三度に一度は、おわずばなるまい——
ズンベラ ズンベラ〜〜の
かっぽれ おどりである。

昔のヤマ人（1）（酒宴　余興）　213×303ミリ　田川市石炭・歴史博物館蔵

(1)ヤマ人の燃料　現今は炭住街と称し体裁もよいが　昔は石山人《イシヤマド》の納屋。であった。当時は何れのヤマ
も燃料には不自由をしていた　石炭を掘るヤマ人が燃料難とは　チト聴とり
にくいが、それは現今の様に微粉炭で殻の製造方法を知らぬ明治時代には、この石殻に
悩んだものである。必ず塊炭でなければ出来ないし　二号炭で焼くが　それもボイラー
の方に多く使うので　殻不足になる。
かとて精選炭のアライのは猶更殻には廻されない（財源に響く）
会社の方はヤリクリして時々殻の配給《バイ》をする。　当日は早朝より石炭カゴを担いで各々買いに行く
何れのヤマも殻焼場は相当に離れていて　二号炭や錆炭の
重い殻を荷ないよせるのも一骨であった、

163　ヤマ人の燃料（1）（殻の配給）　210×300ミリ　田川市石炭・歴史博物館

(4)
ヤマ人の燃料
切詰て建ててある納屋から納屋のわずかな空地 それは子供が
あこがれの遊戯場である そこでガラを焼くから子供の遊びは
完全に締め出し それでも煤烟と黒灰に紛れて汚れて遊んでおる
ヤマの取締りもこのガラ焼だけは咎めなかった つまり黙認であったわけ。
あたりは煤烟と黒灰(スバイ) 綱とびなどすると 坑内作業を
した位に汚れる
無邪気な子供は夢中であそぶ
やがて夕方頃になると
男女の区別が判らぬ
位にまっくろけー
サンガシ
さんがしは
とまると
ころがひだりず手
としよりて
ふるさと
しのぶ
竹馬友

ヤマ人の燃料（4） 210×299ミリ 田川市石炭・歴史博物館蔵

(3) ヤマ人の燃料
狭い納屋にこのゴトクをおこす者が多かった（鋳物製 至十八セン 二十チ高で同じ位
これは暖みがガラが多くいるのと灰が立つのが欠点であった。このゴトクは町家にも
使用していた、現今の様に切炬燵など夢にもなかった。又ユカが絹て竹を二つ割にしてワラ縄で
編んであるから 細工もできない。 又ヤマ人は ヤグラ コタツなど使うのも見うけなかった。
明治時代は 割れ安い土製の
博多ヒチリン以外は ブリキ
屋に注文して 特種物を
拵える他に方法はなかった
ヤマでも大家族のものは
二軒分の古ヤを借り
農家式のイロリを
設けておる処もあった
おおー さむー
夫婦で共稼ぎの者は
ボタイシ拾いもできないので 石炭を坑内から持参して 石油箱の上を少し切捨てて 速成
ヒチリンに燃やす。
中々何時までもガラに
ならない。
未だ燃え烟っておるのを
屋内に持込まれたら大変
長屋は七尺位の土壁で
区切りがしてあるだけで
天井なしの事とて
烟りは一棟内に渦巻く
これをヤカマシく言うと
喧嘩になる。
おかどんはキサマだちの
様に遊んでガラ作り
しておるんじゃないぞ

 ヤマ人の燃料（3）（ゴトクと殻焼き） 210×300ミリ 田川市石炭・歴史博物館

相桶の氾濫これが本統の救水、K坑には開坑当時削りとった山肌より湧水があって梅雨季前後は
ヤマ全員を収容する程の飲料水が溢れていた。
さて水枯《カッスイ》季になると馬の小便位しか出ないので、順番制で、タゴが萬里の長城の様に行列する。
これ以外は部落の谷に井戸があるが、之又一キロ以上もあって水はカナケで赤茶になり渋くてのめない。
米のとぎ汁シゴシも一滴も捨てない。茶を一杯呑むにも思案して飲む程であった。
家族の人は夜もやすまず水汲に浮身をさらしておった。従って洗濯物は坑内水でするから白いものでも黒くなる
（明治末期には中以上のヤマでは給水設備が完成した）
炭坑《イシヤマ》のゲザイニンは粉炭臭いといわれていたのも道理である。
ようやく日の暮れぬ内に一荷もらえた
まだ順番はこんぢゃろーか
（2）

渇水期の水汲み（タゴの行列）　210×300ミリ　田川市石炭・歴史博物館蔵

15
むかし
ヤマの女
明治卅年時代の小ヤマには給水設備など全然なく、飲料水の悩深刻であった、
従って石炭も浅層だから 坑口近傍に井戸を掘っても水は出らない
女は坑内から労れた体にムチ打って 五百メートル又は千メートルもある遠方
の悪路を荷なり汲んでいった、
担桶(タゴ)は両方で廿六リットル以上
相当に重い荷

167　むかしのヤマの女15（担いタゴで水を汲む女）　206×292ミリ　田川市石炭・歴史博物館蔵

学生
ヤマの児童は満六才から入学するが 尋小四年を卒業するのが関の山
高小、など稀 それも廿年代には 見うけず、ヤマの幹部役人（職員）にもチラホラ、
中学など坑長の坊ちゃん以外には見えず 当時 ヤマばかりで無く 農村の人でも 貧乏人の
の子が半端学問をすると 労働仕事を厭い 怠け者になる、且又上級学校は進む人の
道づれになるばかり、と言うておあり、（学校するより カクゴーせよ、（石板買うより ジバン買え
などと言葉が流行しており 余り学校に 歓心を持って おらない様であった。
先生は馬の尻を叩く竹根のムチを持って 時々振あげるから怖い事。朝遅刻しても立番一時ある
総て厳罰主義 従って ヤマの児童は 件々 サボル けれども 親たちは 余りやかましくも
言わない、放任主義であった。
ド坑から通学も三キロ以上ある 夏は休暇が永いのでよいが 冬は惨めであった。外套など着ている者は十人に一人
位、 赤毛布を持つ者も稀れ ネルの布を五、六尺 二重に折って頭から被り 風雪を防い
でいた。 足袋も手製で 紐がオドゲる 堅く結ぶと 又ホドけぬ、下駄 よく緒がきれる
路は狭く馬車が通るので凸凹が多い
雑嚢は 明治卅四、五年頃から見え それ迄では
フロシキで 革カバンは
（2）
当時女学校は直方にあった
（月謝）授業料
・尋常小学 金十二銭（四年） 但シ兄弟二人以上一人八銭
・高等小学 金参拾銭（四年）
・中学校 金参円（五年）
・高等小から袴着用 男子は制帽 サツマ絣紺服 鉄砲袖
・女子は 海老茶袴 および紫袴 女学校も同
・中学生は小倉地の 制服制帽 白の鈕付脚絆に 革靴
弁当はクリモノ 丸形 空は薬入れを逆に重ね 細くなるが 路を急ぐと カラくと鳴る

学生（2） 210×299ミリ 田川市石炭・歴史博物館蔵

ヤマの子供。「おかぁさん、鍋をよういと川に行く」「ギウギウがかかると嬉し又悲し」
(4)
学校から帰りて勉強など全然しない、夏季には本包みと弁当からをかなぐり捨てるといち
早くドジョウ ショケと手桶(テゴガイ)を持って とび出る。水の少しでもある処には必ず魚がおる。
母が鍋をかけて待っていてもよかった、一方釣も嘉麻川まで出張する。約八百米(下坑より)よくかかる
川にはカマズコ(スナイモリ)が多い。ハエ、ハゼ フナ エビなどがかかる事もある。ギウギウがかかると
悲喜コモゴモで オ一取除けるのに手を刺され、針を深く呑んでいるので 五重の損害、であった。
豆釣師は之を鹿魚と言うていた。黄色がかっていて 黒の斑らがあり三本の鋭針で刺されるからで、
又、カマズコも海魚のカナガシラによく似ており、砂色に小粒の黒点があり、永さ十五センチ、十センチ位あった。
此魚の多い嘉麻川も明治四十年から改修工事があって、大正二年には 一本杵堰まで完成し
(飯塚から約六キロ)
「当時は鮎もおった」
大正七年には稲築のシラカド堰まで完成した。
其後上流の各ヤマが洗炭機を
使用始めて清流が黒水化し
川魚は全滅し汚れの川と
改変し殺風景となった。
飯塚より上流約三キロ
一本杵堰は
よくかかる処で
あった
すべてコッポン釣
スナイモリ
カマズコ
フナゴ
足のハラがあつい―

169　ヤマの子供（4）（ドジョウ取りと魚釣り）　210×300ミリ　田川市石炭・歴史博物館蔵

7 昔のヤマ人
小ヤマには医者もおらず、中ヤマ以上には坑医がおる処もあった、
従って入院室のある医者は町にもなく 総ての患者は自宅療養
であった、四畳半、特別ヤで六畳一下まに寝ていた、ガスによる患者
など動かせる様になると 二日市の武蔵温泉に入湯に行っていた、
それも乗物がないから 俄作りの戸板担架で運ぶので※
飯塚町から八木山峠の明神坂
エッサ、ヤッサと担ぎあげていた、
※その人達の苦労は大きかった、
かの急傾斜の石ごろ旧路を
近隣知己の人たちが数名おって
順次交代はすると虽も
全身汗だくの重労働であった。
(明治の末には篠栗まで
鉄道が延長されていた)

昔のヤマ人７（二日市温泉まで入湯患者を運ぶ） 210×303ミリ　田川市石炭・歴史博物館蔵

昔のヤマ人 12 (1)
救済法
昔は採炭夫が
マイトを使用せず
よって発破事故は
極稀であった
此の外 切羽ガス
の個人傷害極
明治時代のヤマには福祉施設は全然なく、公傷患者の治療代は会社主、事業
主の「コッシレ」が負担していたが、癈疾者や死者の遺家族などにも救済金は
申し訳的で雀の涙程 渡していたと云う それは確固たる法則もなかった
からであろう。
まして私傷病者になると愈々惨めなもので 大納屋係の人は納屋頭が
面倒を見てやり、直轄坑夫は 人事係が世話はするが一 元気のよいときに
牛馬の様に酷使しても一度仆れると冷淡になる いわゆる厄介者扱いにする
自然的にあたりが悪くなる、つまり借金「サカ」が嵩むからである、家族の多い
永病者は殊更 惑れで 此世ながらの生地獄で あった、
蛇足
昭和の声と共に健康保険法が生れて 現今はヤマの病者はいかに恵まれて来たか
(としよりて むかし おもえば 目がかすむ スクイてのない よわきヤマびと)
鉱車による
公傷
落磐による
私病患者
坑内重傷
腹薬

171　昔のヤマ人12（1）（病人の救済）　212×302ミリ　田川市石炭・歴史博物館蔵

昔のヤマ人
15 (4)
貧困者救助法として タノモシ講を作る事もあった。勿論本人には掛金はさせ
ない同情講である。何十名かが組識して、まとまった金を恵むのであった。
其他当時流行のバクチを開帳して そのテラ銭や多額獲得者(勝者)
より特別に取立てる。つまり(ハグリ)をつけるのであった。「承知の上のハグリである」
この式は天下の御法度であり、犯罪でもあるから、表面的には実行できなかっ
たのである。しかし 昔はトバクによる義金募集はヤマの人より
ヤマ以外の人が多く実行していたのである。
サイコロ三ケで
投チョウ・ハン、
奇隅数の争い。
又は ミツズ・と云う
投 サイコロが
主で 花札や
豆札は女が
やっていた。
サイは 五五一、天下一、
五五六は桐島
六、十六、十六がナリ目
昔のヤマの頼母子講は、
抽籤式が主で 当セン者は
次会から一割位の金を掛増す。
クジ引許に ブラリと云う花クジを
ひかせ 最高五〇才より五才位
まで 掛金奨励のため
本クジは残り天狗又は先天狗
と称して番号クジを一枚多く
作って その順位できめる
一番違いのクジはアシと云うて
若干の金をあたえていた、
一回の掛金は一円上下である。
一円は大金であった、月一回又は二回

昔のヤマ人15（4）（頼母子講　募金募集のバクチ）　211×302ミリ　田川市石炭・歴史博物館蔵

むかし
ヤマの女
22
バクチ
娯楽施設は全然ない、暇さえあれば一部の女はバクチにしたしんでいた、
男の様にサイコロを転がす丁半や三ツズなどはせぬけれども(ヤマスケもせぬ)
花札(骨牌)あそびをする。四十八枚十二ヶ月を三人ぐりであって、
ベタバナ、又はナカツバチとも称しており、その他豆札(ガジ札)とも
云う四十枚もの一から十まであるので目くりもやっていた、
これも三人組でボテとも称し、二人なればガジと云う男の遊び。
当時数キロ離れた飯塚町西町に養老館
芝居座があるのみで ヤマの人たちには尤も
縁遠い事であった。
猪鹿蝶。赤タン。青タン。一杯。
小ザンコ。役の手役を
乱れる、又手札七枚カス斗りの
時は開放してシラ役にする

173　むかしヤマの女22（バクチ　花札遊び）206×292ミリ　田川市石炭・歴史博物館蔵

昔のヤマ人
6
ヤマの人は何故猿を嫌うたか――、それは総ての人が
常習的にバクチ(賭博)をうつからであった。巡査に発見
されると腰縄をうたれ、ひかれるからである。その他にも
去(サル)と言う事は負けると言う意味にもなるから、とかく
嫌うたのであろう。それほどヤマ人が嫌うておるにも
かかわらず、猿廻《サルマワシ》しはトキドキ、ヤマを訪れて子供を喜ば
していたから皮肉でもあった。又童子でもサルとは言うべか
らず、必ずヤエンと云わねば大人から叱られるのであった。
シッカリ シャント
しっかり しゃんと
磯の浜辺の――
蟹の横這い――
アリャ ヤー ドッコイ ドッコイ

昔のヤマ人6（縁起－嫌われる猿回し） 213×302ミリ 田川市石炭・歴史博物館蔵

昔のヤマ
坑内で死者ができると 死体はあげても魂魄は 地下に残り
幽霊となって さ迷うと信じていった、
よって死体を収容し炭函に乗せて
巻あげる際 同業の数名が
アガリ と
交互に 死者の名を呼び、
ヨルジー・今何片ぞー（方言）
オメラクブのであった。
やがて坑口に出る前
一応停止して護山神
の御守札を取除けて
坑外にあがる。
あがったぞー
と皆叫《おら》ぶ。
坑内での類
かぶりを嫌う
のも、この一事に
も関係があった。

175　昔のヤマ（坑内での死者の運び出し）　212×304ミリ　田川市石炭・歴史博物館蔵

3
昔のヤマ人
ヤマの人だちは、同僚知人たれかれの差別なく、葬式に関係する事
又は会葬することを、ホネガミ(骨噛)と言うている。
この古は現今でも使うているようである。
今日は だれくさんの ホネガミで 休《ヨゴウ》むと言うが癖。
たが本当に骨を 喰べるので ないから 安心してくらさい。

昔のヤマ人３（ホネガミ－葬式） 212×302ミリ 田川市石炭・歴史博物館蔵

むかし
ヤマの人びと
19 リンチ (2)
これは筑豊のヤマでは『キナコ』と云う拷問であるが、
それは捕縄に水をかけ身にくい込む痛さ その上に殴る
から、本人は苦悶して土間を転げるので キナコの様に
なるから。か私は知らない、
戦前
明治時代にはキナコなど洒落た詞はなかった
昭和時代に 称えて いたから 当時 つけたのであろう。
しっかり
どやせー
こん
ちく
しょうー

177　むかしヤマの人びと19（リンチ２　キナコと呼ぶ拷問）206×290ミリ　田川市石炭・歴史博物館蔵

むかし
ヤマの人びと
21
(4) リンチ
あ、惨ー
残酷ー
明治中期頃、坑夫の舌癖に、なんだーこん畜生 タカシマの
提灯マゲにするぞといえば、誰でもピリッと、くる恐怖と
戦慄残酷懲に肝を冷していたのであった、
其他逆釣の火焙りは、えぞ生地獄であり常識では
想像もできぬリンチで 殆んど絶命していたと云う。
(島ノオキテ)

むかしヤマの人びと21（リンチ４　逆さ吊り火あぶり）207×293ミリ　田川市石炭・歴史博物館蔵

明治中
リンチ(5)
コリヤ
ますこし激しく叩けーー
シマの姦婦のミセシメ
男は火あぶり 女は一糸まとわぬ裸で
主要街道にハリツケられ 通行人は必ず
局部を供えつけのムチで殴か
られたという
同情して
やさしく叩くと
番人から本人も女も断じて叩けと
殴られていたという

179　明治中（リンチ５　姦婦のミセシメ）　211×303ミリ　田川市石炭・歴史博物館蔵

(2) 昔のヤマ人
山兎耳短
黒白茶色《とりどり》
誰がつけたか、ウサギ坑夫（ヤマの方言）スカブラ（怠けもの）の名称であった、
前足短くあと足長く、登り（アガリ）が早く降り（サガリ）が遅いからであろう、
つまり、坑内で働く時間が余りないので一人前の能率をあげ得ない輩である、
従って弁当は持参するが食わずに、あがる事が多く、時には荷物になるから
空にしてあがる位である、尤も坑内で弁当を早喰すると昔の人は
嫌う傾向があった、仕事の八、九のセット終って食うのが規格であった。
当時の弁当入れは ガガ又はクラガイと云う竹製楕円形に上下に飯を詰め二人分、
四、五合位。菜は加工品といえば チクワ（スボ）位で、そんなゼイタクはせず
一本一才の沢庵コンコン（香《コウ》々）猫といわゆる煮すて
でも塩鰯か臭い鯨か干アゴかイワシ位で
質素と云うか、生活程度は低かったのである、
（現今のように栄養とかカロリーとか言葉にもなかった。）
スリッパのわりかたが
あまりふてーぞ

昔のヤマ人（2）（ウサギ坑夫）　253×356ミリ　田川市石炭・歴史博物館蔵

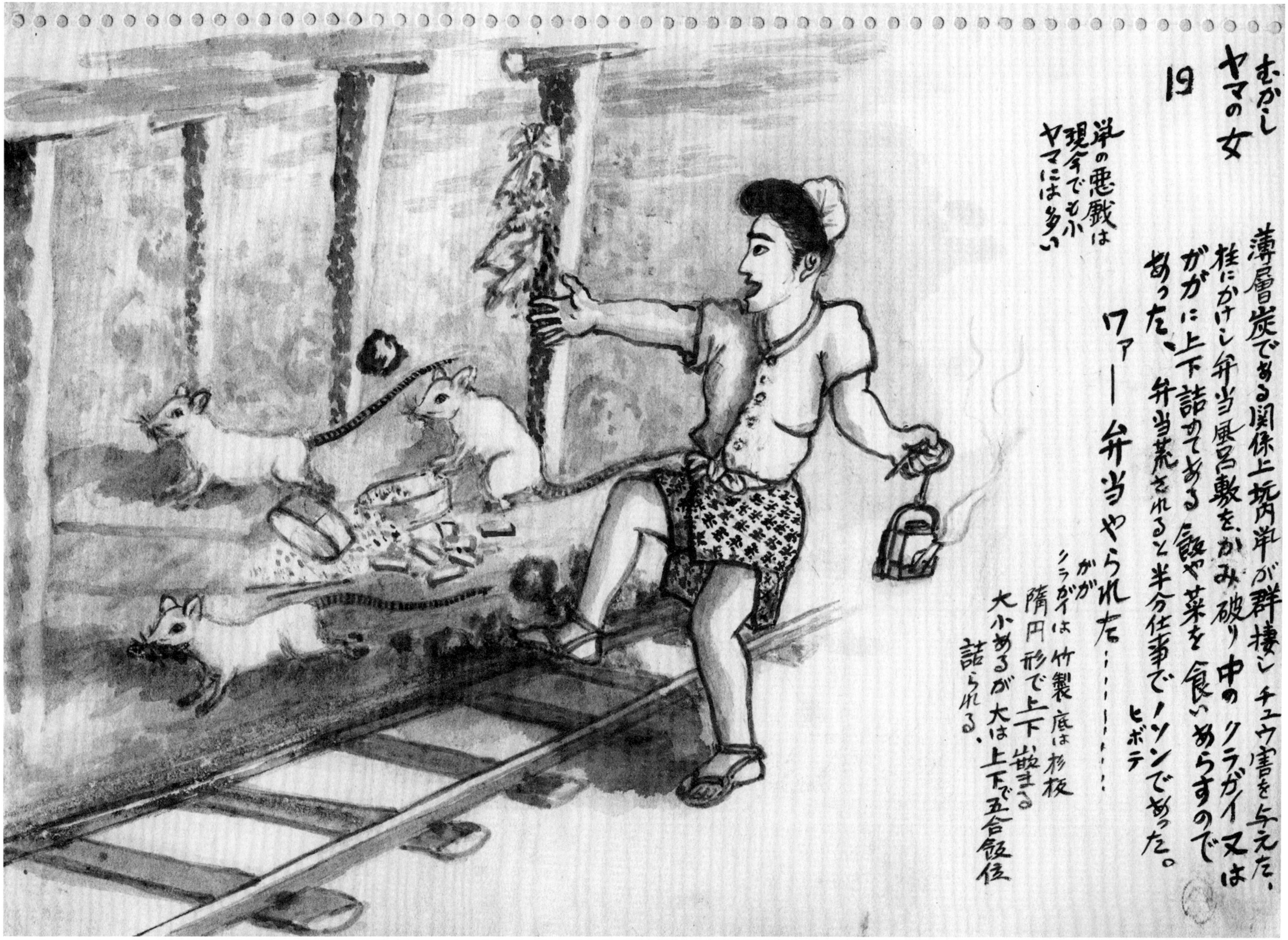

むかしヤマの女
19
薄層炭である関係上坑内鼡が群棲しチュウ害を与えた、
柱にかけし弁当風呂敷をかみ破り中のクラガイ又は
ががに上下詰めてある飯や菜を食いあらすので
ヒボテ
あった、弁当荒されると半分仕事でノソンであった。
ワァー 弁当やられた……
がが
クラガイは竹製底は杉板
隋円形で上下嵌まる
大小あるが大は上下で五合飯位
詰られる、
鼡の悪戯は
現今でも小
ヤマには多い

181 むかしヤマの女19（坑内ネズミに弁当をとられた女） 206×291ミリ 田川市石炭・歴史博物館蔵

16 昔のヤマ人
春駒
〽ハァー 目出度いなー 芽目度いなー エ……
咲いた櫻に なぜ 駒つなぐ、駒が勇めば花が散る、——
此の馬は人を乗せるのでなく、人に担がれていた。頭はハリボテ
胴は竹製の ナガジョウケ、足はいわゆる二本で 馬上の人が、
腰の下まで 袴の様にジョウケをはめ《キリヌキ》ておる、 目標は正月餅
で門毎に人馬が跳踊りをするから、本統に馬がヘコタレる
程多くの餅を貰う、 昔はヤマ人でも配給米でない
から貧乏ながらも 相当多量に 正月餅はあったからである。
鳴子《ナルコ》と鈴で調子をとり
賑わしい事限りなし。

昔のヤマ人16（春駒） 202×301ミリ 田川市石炭・歴史博物館蔵

昔のヤマ人
7
連歌師
(1)
何らの娯楽もない殺風景なヤマにも、春秋の宵など
書生ナグレの如き芸人が訪れて、当時の流行歌やナド
ナド（謎）問答などをやって賑わしておった。ホーカイ、ストライキ、
右（汽笛一声）など
（支那ノ楽器）
月琴《ゲッキン》をピンピン 胡琴《コキン》をブーンブーン 好調に
（ゲッキンは四絃）
（コキンは二絃竹製）
奏《操》していたのである、ヤマ人は連歌師など洒落
た言葉は知らなかった。夜の流し芸人と言うて居た。
（胡琴の大型四絃で携琴と言う由）
さいごに歌の本を売りつける。

183　昔のヤマ人７（連歌師　月琴と胡弓）211×302ミリ　田川市石炭・歴史博物館蔵

昔のヤマ4
明治卅七年八月に官制になり専売局と名称し多種のタバコが登場した、
巻タバコは、敷島、朝日、山櫻、大和、(後には高級国華)などカメリヤ、ゴールデンバット、(ほまれ軍隊)
等あったが、当時のヤマ人始め大衆は ニコチン中毒を惧れ キザミが旺盛であった。
よってキセルや莨入に金をかけ自慢するのが愛煙家の癖であった。当時の流行歌
ラッパ節にも
〽官製煙草は福寿草、白梅、サツキ、にアヤメ、にハギ、モミヂ) 金のないときゃ
ナデシコを、五匁目弐銭で、買うておけーー トッコトットットコトーデーー。
フヨウも後に出た。以前は国分や天狗莨が主であった。
大正の初め頃上三緒炭坑を毎日さまよう キセルの竿替
(ラガエ)のおやじがおった、そのおっさんは
マンガラ おやじとヤマ人は呼んでいった
それは 当時の流行歌、
〽ハイカラ ハイカラと名はよいけれど、
頭の まんなかに ササエのつぼやき、
ナンテ マンが。インデシヨー。
此の下句を口癖に何時も笑顔で
唄うていたからであった。(まんがら)がよかろーと
〽ハイカラ、ハイカラ、と名はよいけれど
頭の真ん中に、溝があーるー
ナンテ マンがインデシヨウ。

昔のヤマ人4（キセル煙草、キセルの棹替え＝ラガエ） 212×302ミリ　田川市石炭・歴史博物館蔵

昔のヤマ
ヤマを訪れる技術商人　団子細工、飴細工、
（炭券《キップ》一ケ）一個一銭で子供に売つけて喜ばせていった。ダンゴは米の粉を粘ったその
であったが五種位に色彩が美しい。人形、花、果物、などを作る、
アメは茶色一種だが、赤と青のインキで彩色する。
鳥や瓢箪が主であった、これは細竹のクラで息を吹こんで
膨しつ、デッチあげるのであった、原料は極わずかである、
明治時代にはこんな暢気な商売で生活がされたので　あろー

185　昔のヤマ（ヤマを訪れる細工職人－団子細工・飴細工）　211×303ミリ　田川市石炭・歴史博物館蔵

(2) 昔のヤマ人
発音機
オーイ もの言う機械が来たーぞと ヤマの人たちは珍らしがって一回五分間位を
大まい弐銭也を奮発して耳に挟んでいた。それは大人の事で、子供には手が出らな
かった。五重切符一夜では。聴者は医師の聴診器形ゴム管を耳にあて
(能楽の梅吉)の米山甚句など首を傾けてきいていた。
初めは人よせに喇叭を鳴らし発声するが、音が太い斗りできことりにくかった。
明治三十二、三年頃
径90ミリ長さも90ミリ位の(横に)
真鍮製円筒を施盤式に回転をせていった。

昔のヤマ人（2）（発音機－紐付き蓄音機） 209×298ミリ 田川市石炭・歴史博物館蔵

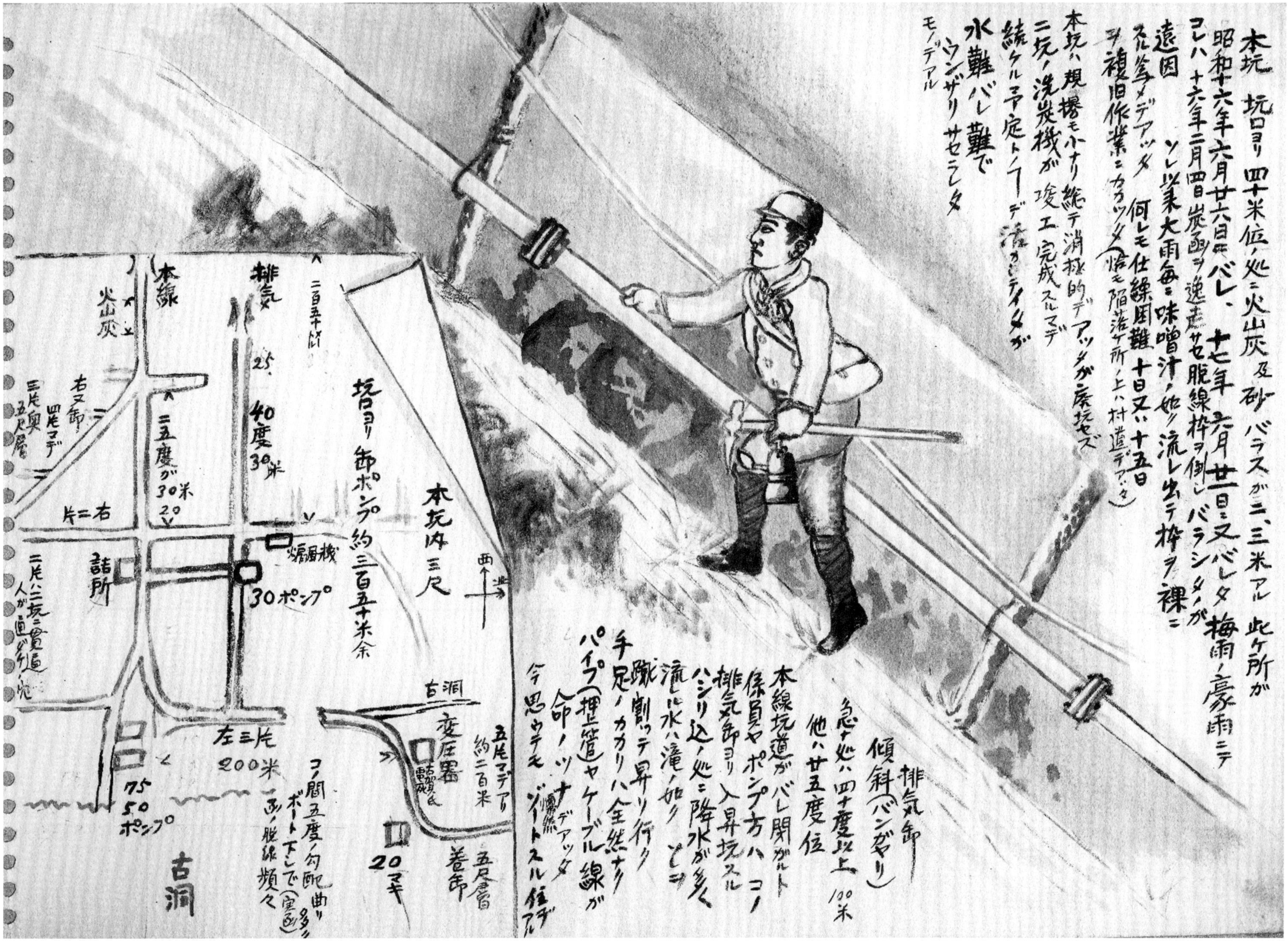
本坑　坑口ヨリ四十米位ノ処ニ火山灰及砂バラスガ二、三米アル　此ケ所ガ
昭和十六年六月廿六日ニバレ、十七年六月廿日ニ又バレタ　梅雨ノ豪雨ニテ
コレハ十六年二月四日炭函ヲ逸走サセ脱線枠ヲ倒シバラシタノガ
遠因　ソレ以来大雨毎ニ味噌汁ノ如ク流レ出テ枠ヲ裸ニ
スル等メデアッタ　何レモ仕繰困難十日又ハ十五日
ヲ復旧作業ニカカッタ
本坑ハ規模モ小ナリ続テ消極的デアッタガ廃坑セズ
二坑ノ洗炭機ガ竣工完成スルマデ
水難バレ難デ
ウンザリサセラレタ
モノデアル
排気卸
傾斜（バンガヤリ）
急ナ処ハ四十度以上　100米
他ハ廿五度位
本線坑道ガバレ閉ガルト
係員ヤポンプ方ハコノ
排気卸ヨリ入昇坑スル
ハシリ込ノ処ニ降水ガ多ク
流レル水ハ滝ノ如ク
蹴割ッテ昇リ行ク
手足ノカカリハ全然ナク
パイプ（捲上管）ヤケーブル線ガ
命ノツナデアッタ
今思ウテモゾットスル位デアル
本線
排気
火山灰
右叉卸
40度30米
三五度ガ30米
片ニ右
詰所
30ポンプ
本坑内三尺
西
左三片
200米
75
50
ポンプ
古洞
変圧器
巻卸
20マキ
コノ間五度ノ勾配曲リ
函ノ脱線頻々

187　水難　バレ難　212×303ミリ　田川市石炭・歴史博物館蔵

昭和十六年五月六日午前八時頃 嗚呼 電気係の古賀政喜氏が殉職された
本坑 左三片 巻卸口 変圧器据替中の珍事 機械夫の甘草某とトランスを
担ぎあげた瞬間に感電死された、余りにも晴天のヘキレキ的の凶変に只驚き
且つ嘆き落胆失想 何とも言い様のない悲しみにつつまれた
古賀氏は海軍兵で容貌体格共に立派な快男児であり 又佐屋炭坑の重要人物でもあり
電気係職員で自らペンチを離さぬ毎日の勤めであり ヤマの宝であった
大男 古賀氏
中男 甘草氏
10
10
感電死の原因
天井が低く四尺七八寸
横も狭かった
あたりに
裸線はないが
ダルマスイッチの
取付口が何れも
少し出ていた
それに重荷を
担い立つハズミに
触れたので
あるらしいの？
連日
水に追われる本坑内
はキカイやデンキ
関係者は憩いの間
もなき明暮れで
あり 前夜も徹
夜で不眠の上
心身共に極度に
疲れておられた
そうである
翌日
八日弓削田の慈光寺で 坑葬が施行され 所長は涙をのんで弔辞を読まれ 次いで
解語の花と噂さの美しい未亡人の焼香があり おえつ《嗚咽》の声に誘われて なみいる
会葬者又ここに瞼を あつくしたのであった 思えば三月十三日に入職され
わずかに二ヶ月間であり、人の命のはかなさを つくづく 考えさせられた、

電気係職員の感電死　211×300ミリ　田川市石炭・歴史博物館蔵

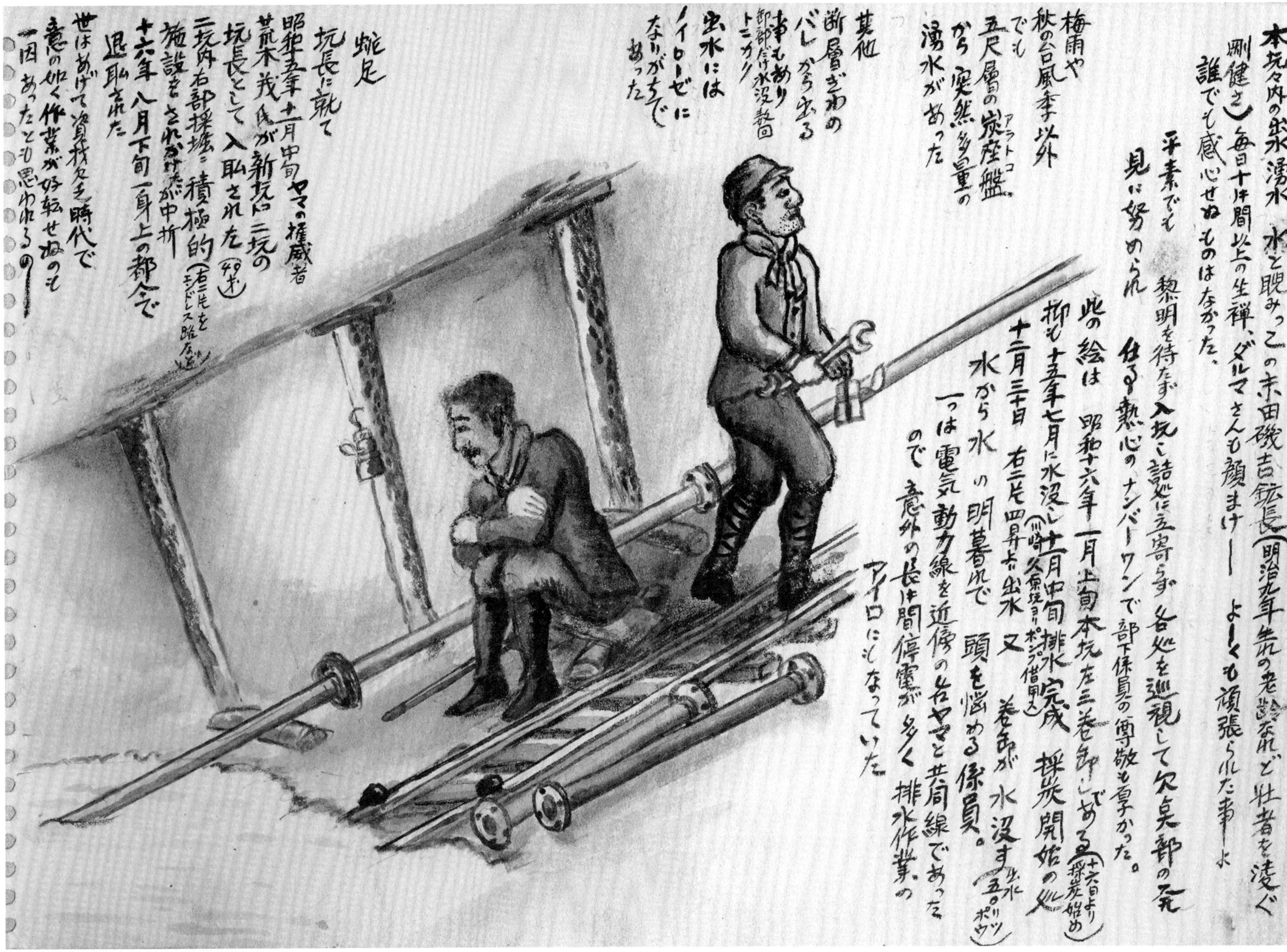
本坑々内の出水湧水、水と睨みっこの赤田磯吉鉱長（明治九年生れの老齢なれど壮者を凌ぐ
剛健さ）毎日十時間以上の生禅、ダルマさんも顔まけー　よーくも頑張られた事ーよ
誰でも感心せぬものはなかった、
平素でも　黎明を待たず入坑し詰処に立寄らず各処を巡視して欠点部の発
見に努められ　仕事熱心のナンバーワンで部下係員の尊敬も厚かった。
此の絵は　昭和十六年一月上旬本坑左三巻卸しである（十六日より採炭始め）
抑も十五年七月に水没し（川崎久原坑ヨリポンプ借用ス）十一月中旬排水完成　採炭開始の処
十二月三十日　右二片四昇より出水　又　巻卸が水没す（出水五〇リッポウ）
水から水の明暮れで頭を悩める係員。
一つは電気動力線を近傍の各ヤマと共同線であったので
意外の長時間停電が多く排水作業の
アイロにもなっていた
梅雨や
秋の台風季以外
でも
五尺層の炭層盤《アラトコ》から突然多量の
湧水があった
其他
断層ぎわの
バレから出る
事もあり
部部だけ水没数回
トニカク
出水には
ノイローゼに
なりがちで
あった
蛇足
坑長に就て
昭和五年十二月中旬ヤマの権威者
荒木茂氏が新坑口二坑の
坑長として入職された（49才）
二坑内右部採掘に積極的（右二片をエンドレス踏立など）
施設をされかけたが中折
十六年八月下旬一身上の都合で
退職された
世はあげて資材欠乏時代で
意の如く作業が好転せぬのも
一因あったとも思われるの——
189　本坑坑内の出水湧水　211×300ミリ　田川市石炭・歴史博物館蔵

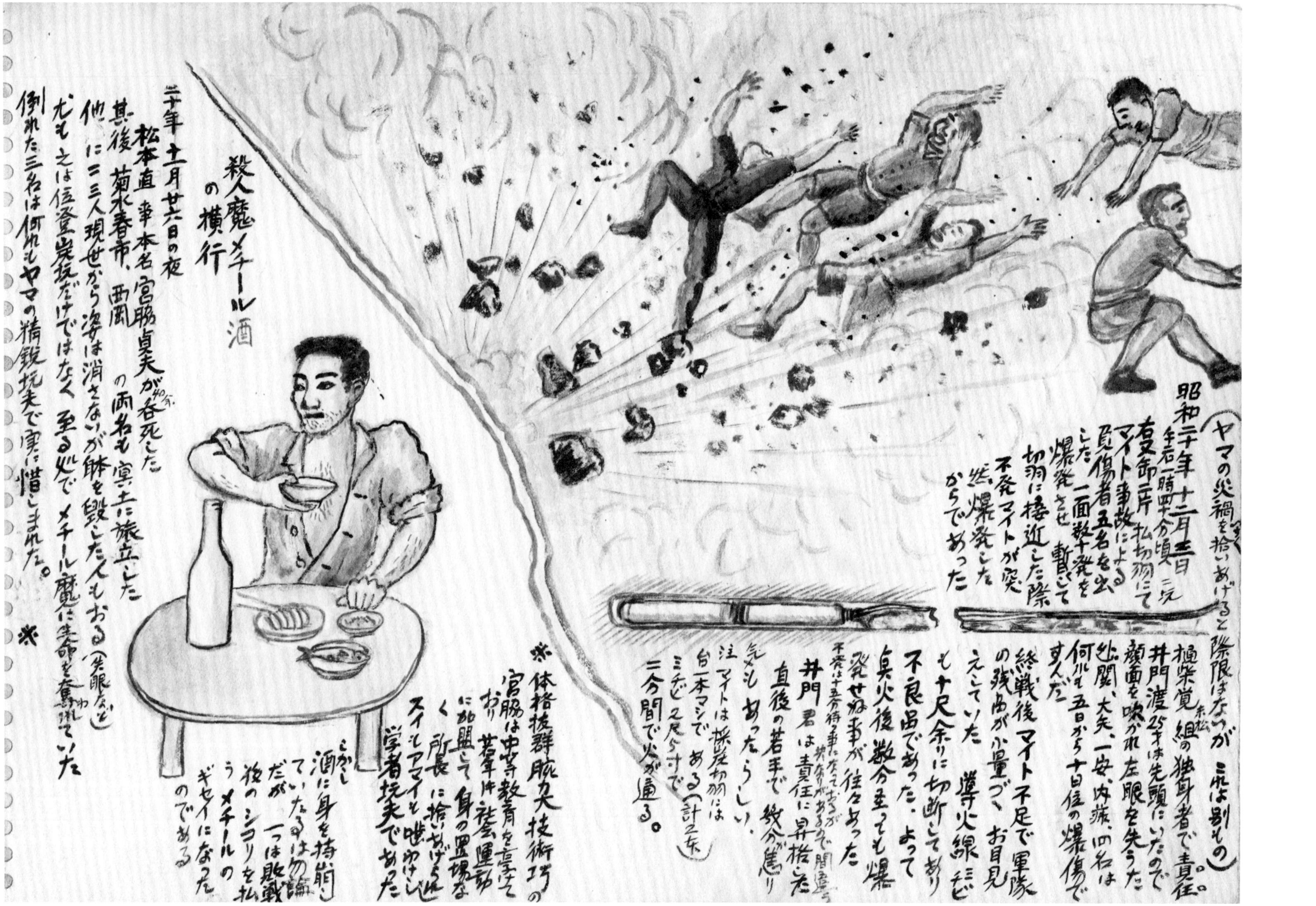
（ヤマの災禍を拾いあげると際限はないが これは別もの）
昭和二十年十二月十二日 午后一時四十分頃 二坑 壱卸三片払切羽にて マイト事故による負傷者五名を出した 一面数十発を爆発させ暫くして切羽に接近した際 不発マイトが突然爆発したからであった
樋柴覚 赤松組の独身者で責任。井門渡25才は先頭にいたので顔面を吹かれ左眼を失うた 外に関、大矢、一安、内藤、四名は何れも五日から十日位の爆傷ですんだ
終戦後マイト不足で軍隊の残品が少量づつお目見えしていた 導火線ミチビも十尺余りに切断しており 不良品であった。よって点火後数分至っても爆発せぬ事が往々あった
井門君は責任に昇格した直後の若手で 幾分が焦り気もあったらしい。
注 マイトは採炭切羽には 台一本マシで ある（計12本） ミチビ 之尺5寸で 二分間で火が通る。
殺人魔メチール酒の横行
二十年十二月廿六日の夜 松本直幸 本名宮脇貞夫が40才 呑死した
甚後 菊水春市、西岡の両名も冥土に旅立した
他に二三人現世から姿は消さないが躰を毀したんもおる（失眼など）
尤も之は伍登炭坑だけではなく 至る処で メチール魔に生命を奪われていた
倒れた三名は何れもヤマの精鋭坑夫で実に惜しまれた。
※
※体格抜群腕力大技術巧の 宮脇は中等教育を受けており 若年時社会運動に加盟して身の置場なく 所長に拾いあげられ スイもアマイも嚙みわけし 学者坑夫であった
しかし酒に身を持崩していたのは勿論だが 一つは敗戦後のシコリを払うメチールのギセイになったのである

昔のヤマ
ヤマ人と喧嘩・ヤマ人と青刺は、前にも描いておる、これはイレズミの
説明で神剱に竜が巻ついておる図であるが
これは不動明王を現わした画である、らしい。
いわゆる倶利《り》迦《が》羅《ら》紋々と言うイレズミの
元じめであると古本にかいてある。
「やいば」又も凍る冬寒中でも喧嘩するときや
すぐ裸になるのがヤマ人の癖……それは
イレズミを見せたいからであったらしい。
ため、体の自由もさる事乍らの—

191　昔のヤマ（ヤマ人の喧嘩　イレズミ　抜刀）212×303ミリ　田川市石炭・歴史博物館蔵

ヤマ人と喧嘩（2）（豊前の会社） 210×299ミリ 田川市石炭・歴史博物館蔵

193　ヤマ人と喧嘩（3）（豊前会社　ダイナマイトを投げ合う）　209×299ミリ　田川市石炭・歴史博物館蔵

(11) ヤマの米騒動
嘉穂郡当時飯塚町西端にある、八幡製鉄、二瀬出張所 中央炭坑
ここのヤマ人も不平を勃発させ全員硬山に集合し、物価値下、賃金上
げの要求完徹決起大会を催し気勢を揚げた、
仍ち暴動化寸前であった。
其の勢 数百名
匹夫の勇にはやる輩は
おい——皆揃うたか——
殆んど揃うたが 未だ四山外数名
見えないし、速く
一人残らず狩出して
こい——
米・物価を下げよ
ヤマハ官鉄
(昭和七年ニ飯塚市トナリ)
同九年ニハ半官半民経営
二瀬鉱業所ト
改称し、其ノ右ロ
煙突モ3本ニナッタ

ヤマの米騒動
(2)
暴動化
田川郡 峰地炭坑が一番火の手が烈しかった。
朝比奈三郎と名のる男が首魁となって、初陣に
社営売店を襲撃した。シカシ 米倉猪之吉と云
うがリーダーであったから
鎌倉の頼朝の家来に応援頼んだのであろうか
煙草
塩
峰地
炭鑛物品販賣所
店員皆逃げた
ヤマの売店
昔は売勘場
当時は分配所
又は購買会
などととなえていた。

195　ヤマの米騒動（2）（暴動化　峰地炭坑物品販売所襲撃）209×301ミリ　田川市石炭・歴史博物館蔵

ヤマの米騒動
(10)
町の自警隊　これは後藤寺町の　ある　カオヤクが
義侠心で　裸で太刀を担い馬に跨り　股肱　の児分を数名
従がえ、警邏の場面である
（当時日本人が如何に武張っていたかが偲ばれる）

ヤマの米騒動（10）　210×302ミリ　田川市石炭・歴史博物館蔵

(13) ヤマの米騒動
嘉飯地区
飯塚町に駐屯せる軍隊は急報によって直ちに出動 中央炭坑の
硬捨場に集合の坑夫を 空弾威嚇で追払い着剣で肉迫した、
其時シャニ、ムリ狩出された 凹山君は 腰を抜かして足が立たず
這ってにげる処を勇敢な兵卒に 腿部を芋刺しされた、
之又出血多量で 病院で(往生) お陀仏になった。
ヨッテ
田川 で2名
嘉穂 で1名
の 死者がでた。

197　ヤマの米騒動（13） 209×302ミリ　田川市石炭・歴史博物館蔵

ヤマの米騒動（8）
恰も旧暦の盆であり　豊前特有のウチワ盆踊がはずむ。
こゝハヤマ人だけではない。　何分軍隊で暴動は抑制できたが
警令によって十名以上の集合禁示が発令されておるので、
盆踊りもできない窮屈なせとなっていた、それでも若い者は
折角猛訓練までせし事とて　踊り続けていた、官憲が来ると
パット散る浮腰踊りであった。
蛇足
当日頃は朝比奈三郎も検束を恐れていたし
其他の幹部連もヤマより姿を消していた。
へ冷水主水《すゞきもんど》と言うサムライは……　コリヤーサッサノードッコイ、サノサー
来たぞ……

ヤマの米騒動（8）（盆踊り）　209×302ミリ　田川市石炭・歴史博物館蔵

(16)
ヤマの米騒動と其後
波涛は全く鎮靜 後は未曾有の石炭ブーム 何れのヤマも
エビス顔、笑いはとまらぬ時代となった、(コーシ《事業主》も、コーフも)
大正七年秋頃から八年が峠で九年には些か落目になった。
蛇足
筑豊のヤマは当時でも数十あったが騒いだ処は屈指の数で
全山がどよめいておらず 之は何を意味するか
ヤマの責任者、の罪か 又坑夫の奢罪かの——
送炭ジンマー
十銭
五十銭
硬貨だけは布袋に入れておかねば便利がわるい
買出しそ豪華
石炭か—金魂か—
これが本統の黒ダイヤ

199　ヤマの米騒動とその後（16）　209×302ミリ　田川市石炭・歴史博物館蔵

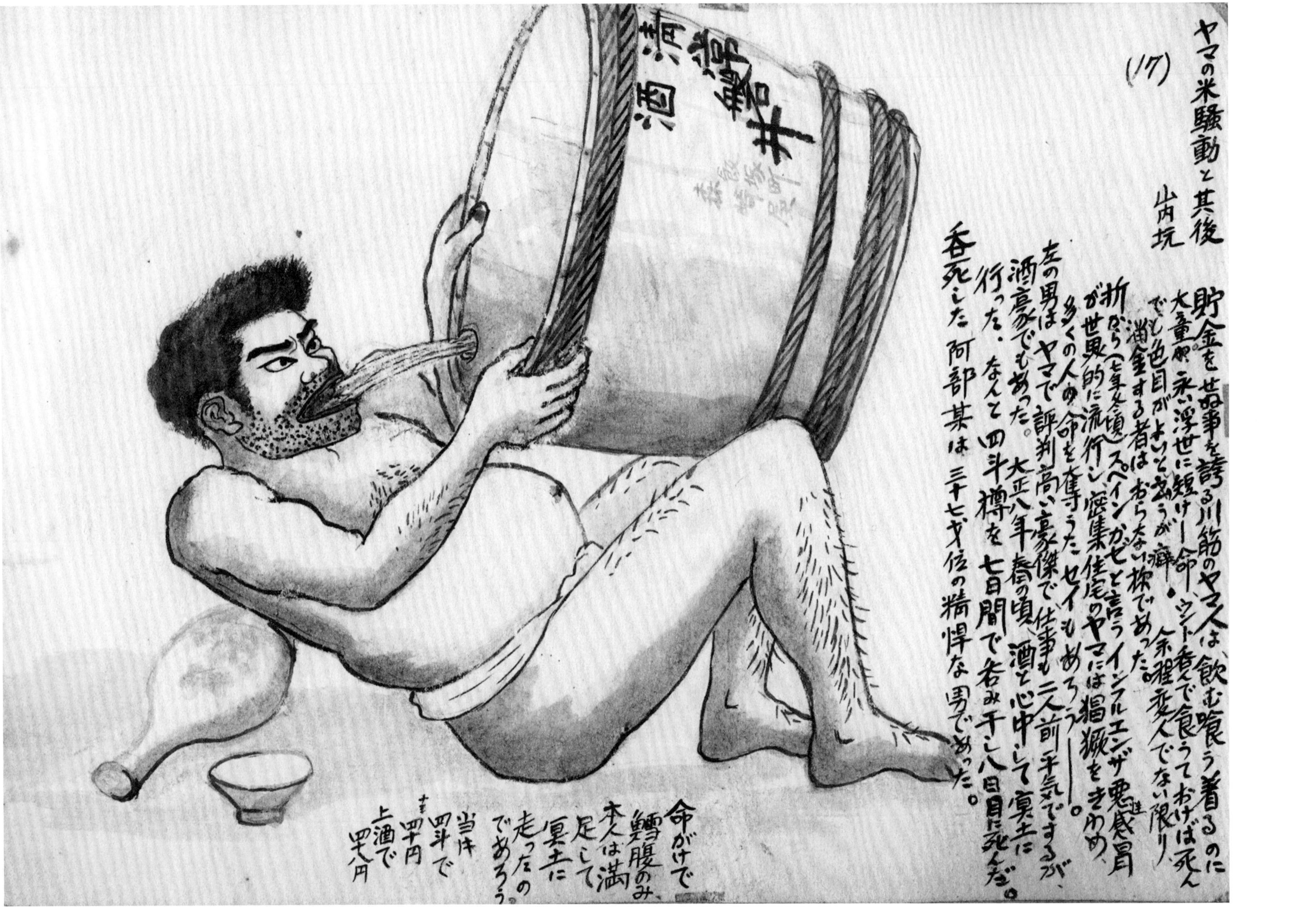
(17)
ヤマの米騒動と其後
山内坑
貯金をせぬ事を誇る川筋のヤマ人は、飲む喰う着るのに
大童、永い浮世に短けー命、ウント呑んで食うておけば死ん
でも色目がよいと云うが癖。余程変人でない限り、
貯金する者はおらない位であった。
折から（七年冬頃）スペインかぜと言うインフルエンザ悪性感冒
が世界的に流行し密集住宅のヤマには猖獗をきわめ、
多くの人の命を奪うたセイもあろう――。
左の男はヤマで評判高い豪傑で仕事も一人前手気ですが、
酒豪家でもあった。大正八年春の頃、酒と心中して冥土に
行った。なんと四斗樽を七日間で呑み干し八日目に死んだ。
呑死した阿部某は三十七才位の精悍な男であった。
命がけで
鱈腹のみ、
本人は満
足して
冥土に
走ったの
であろう。
当時
四斗で
四十円
上酒で
四十八円
ヤマの米騒動とその後（17）（山内坑）　211×302ミリ　田川市石炭・歴史博物館蔵

筑豊炭坑物語

はじめに

ヤマの思い出話と言うても、私の体験した事どもを鈍頭での記憶を、たどって書き記したものであり、何等の装飾もない雅趣《がしゅ》もない楽書《らくがき》である。

先ず、私が明治二十五年五月に生れて数え年八歳の春に近くの上三緒坑《かみみおこう》に親にひかれて流れ込んだので、明治三十二年以降の実験であり、それ以前の事情は古老坑夫の舌から出たのを耳に挟んでおるに過ぎず、かの坑内歌にもある様に、

〽七つ八つから　カンテラ提げて　坑内下るも親の罰《ばち》

この文句の如く、八歳の時よりヤマの人となって一生をヤマで生きぬいた五十余年間の実説である。話は随分古くなるが、明治以前には歴史が浅い私は知らない。それは炭坑史にあろうと思う。私の想い出は前記の通りであって、それでも十年を一昔とすれば随分カビ臭い物語りでもある。話の内容は永住していた上三緒坑山内坑、其の他短期住いの赤坂、綱分、南尾、豆田、忠隈《ただくま》、山野、椋本《むくもと》、神の浦、飯塚坑の大徳二坑、中央坑、稲築《いなつき》坑、最後の田川位登《いとう》長尾坑となっておるが、主題は上三緒坑と山内坑であって、何れも柏《かや》ノ森麻生太吉氏の経営にかかるヤマであった。上三緒坑は明治二十七年九月に柴ハグリされたヤマで、それ以前は松や雑木のある山々で部落の人たちがたま〳〵薪とりか谷間の草刈りに足を入れる位で、昼でも狐や狸の遊び場所であったほどの淋しい田舎であったとの事である。

これは上三緒坑に限らず、筑豊の大中小の各ヤマは至る所山間僻地が多かった事は勿論である。まして採炭法もスチーム機械、マイト類も至って少なく、採炭には全然使用していなかった。一部掘進だけ極く少量使用するだけであって、腕力・体力本位の採炭法で、いわゆる鶴嘴《つるはし》技術に物を言わせていた原始的の採炭で幼稚きわまる作業であり、現今の電化時代に比べると能率上雲泥《うんでい》の差があった。

当時は石炭をゴヘイダ、ナマイシ、モエズミ、モエイシ、イシなどと称しており、坑夫をとらえてホリコ、スミドリまたはゲザイニン（下罪人）、イシヤマトウ（石山党）と言うていた。一般社会の人達から野蛮人視されていたのである。それは地下の作業をするからばかりではなく、総ての人とはいえないが、世の食潰し者や前科者の蝟集《いしゅう》せし所とて、殺伐性にとんでいるからであって、ヤマの人と言えばバクチ、サケノミ、ケンカ、之《これ》を必ず実演する無頼漢《ぶらいかん》と決めて一般社会人からつまはじきをされていたのである。

之等《これら》のヤマの人達の性格、生活の実相と習慣など、従来もヤマの物語りで学者や小説家によってよりよき文章を以《も》って書いておる人もあるが、実際に体験した人が書残しておるのは絶無と言うても過言でない。それは私の様な無学者揃いであって筆にて表現できぬからである。私もここに記すに就《つい》ても誠に恥ずかしき文であり、恰《あたか》も幼稚園の児童の綴《つづ》り方にも劣り、従って片言、方言づくめであり、当用漢字どころか、新カナ使いも判らぬ儘《まま》である。その上に馬鹿の一つ覚えで、足らぬ脳ミソを絞って思い出しては書添え〳〵しておるので話題は前後になっており、辻褄の合わぬ唐人の寝言的の噴飯《ふんぱん》ものである。

猶《なお》、物語りの内容に成可《なるべ》く私の自叙伝を入れぬことに努めておるが、体験談である関係から私が多く飛出ておるのは見苦しいが致し方ない。又この物語りは何等《なんら》の参考にもならず、創作ではなく実説であるから文章に味がない。何らの興味も面白味もない無意味な乱れがきでトンチンカンないたずら記文である。只《ただ》私の目的は数百年後、我が子孫に明治、大正、昭和時代のヤマ人の容相と人情と生活の状況（スガタ）

を書残すという事だけで、他人に見せられる可《べ》き文句ではないのである。
且又《かつまた》貧なる為に良書を求め得ず何等の参考書もなく、仮令《たとえ》あっても難かしき文章のよめる私ではない。いわば新聞の三面記事位で幾分社会の実相と知識を覚える位の程度であって、其《そ》の他は月刊雑誌も容易に購入できいない環境の素寒貧《すかんぴん》無学者である。従って文中に舌足らずがあり、或いは蛇足あり閑話休題《かんわきゅうだい》も多く隔靴掻痒《かっかそうよう》の感があるけれども、それを根本より訂正する力もない。之《これ》は私が現在六十三歳の時、再調書したものである。尚、位登炭坑の採鉱係を在任中でもある。つまり丙方（夜勤）の非番の有閑を利用した徒然草である。

昭和二十九年十一月

山本作兵衛

抑《そもそ》も之を画き初めたのは、昭和二十七年春頃からの事。（鉄と闘う三〇年も書く予定。之は鍛冶工としての私の半生、プロレタリヤの生活状況、生きる路どりなど）

注　「筑豊炭坑物語」は、作兵衛翁が昭和二十七年春頃よりノート六冊に綴った記録である（通称「作兵衛ノート」）。作兵衛翁が削除を希望された分を除けば、ノートのほぼ全部を収録した。「筑豊方言と坑内言葉」もノートに収められており、五十音順に並べかえた。本書掲載は昭和四十八年、葦書房から出版された『筑豊炭坑絵巻』を底本とした。ただし明白な誤植は訂正し、若干のふりがなを付した。

明治時代の上三緒坑

上三緒坑は私の郷里鶴三緒より東方二キロ余の所にあって、鉄の中形煙突が二本毅然《きぜん》と立って黒煙を朦々《もうもう》と吐いて碧空《へきくう》を焦《こが》しておった。いわゆる嘉麻《かま》（郡）の表玄関に一異彩を投げていた。勿論、旧笠松村の同村であった。当時のヤマとしては中以上のヤマであり、麻生太吉氏のドル箱であったことはいうまでもない。

前記の如く明治三十二年からこのヤマの人となったが、その頃は開坑以来五年目、東方の山腹に第二坑の柴ハグリも始まっていた。北方三キロ程離れた姉妹坑の山内坑も二十九年十二月に開坑したと言うが、私の前半生はこの両坑で生き抜いておる。尤《もっと》も山内坑は部落もない極く田舎のヤマで上三緒坑の半分位の小規模のヤマであった。（明治四十三年に廃坑となり現在は農園となって、元のシシバになった）従って話題もこの両坑を主とするヤマ物語であるが、当時の筑豊のヤマの経営、採炭作業、坑夫の性格、生活、人情等総ての環境は大抵同じであった。事業主の一方的搾取経営であって、働く坑夫も敢《あ》えてそれを気に留めず、事業主のお蔭を以って生活ができると感謝している傾向もあった。

現今は敗戦後国民の気質も一変したが、上三緒坑の容相も変って今は昔の俤《おもかげ》もない。尤《もっと》も五十有余年の永い星霜《せいそう》だもの、進歩と共に改善から改革変化するのは当然である。昔と今と変らぬものは松の葉の色と月白と出潮ではあるまいか。

今の国鉄上三緒駅の東方撰炭機の横に人道のトンネルがある。それを貫けると、すなわち上三緒坑である。思えば寿命の永いヤマでもあるものだ。今から五十三年前の明治三十二年頃、本卸《ほんおろ》しが七片まで着いてヤマの終りが近づいたとの人の噂があって、私も少年時心配したものである。今それを想うと、当時の蒸気ヤマではそれ以下の石炭は採掘困難であったと見える。第一に排水、第二に排気、第三に断層切抜の至難などで下層炭が掘れなかったのであろう。つまり浅層炭のみを採掘していたのであろう。

坑内の実相は後篇で述べるから、先ず当時の上三緒坑の建物の配置から記憶の分を記しておく。今のトンネル（西方国鉄ぎわ）の出口の左側の所に浴場が北南に長く東向きに建っており、同棟の路端に汽罐《きかん》に送水するポンプが二台（スペシャル六吋《インチ》位）据えてあって、田の小溝より流れ込む掘井戸式の水溜りの水をボイラーに送っておった。ボイラーは総て当時の一本ジュロウが北向きに七、八本据えてあり（後、漸次《ぜんじ》増設された）、汽罐場の裏が通路であって、浴場にもその路を通らねば行けなかった。汽罐場の東隣りが機械工場で、前の北方には営繕《えいぜん》小屋があり、排気筒も傍にあって、坑内水は汽罐場と工場の間を流れて道路の右側の溝に流れ込んでいた。その赤黄色の暖い水で女達は幼児のむつきなど洗うており、むつきも赤黄色くなっていた。

その東北方に事務所が西向きにあった。その後の小高い所に売勘場《うりかんば》（売店）があって、近くに職工納屋が二、三棟並んでいた。捲機（十二吋ジョーキマキ）は今の鉄道の上、村の近くにあった。坑口の近くに開坑場があり当時の取締員が詰めていた。ツルバシ鍛冶屋も傍にある。汽罐場の後の通路の右は溝で田になっており、それをぬけると右手が肴屋（八百屋）の小村銀右衛門さん方で、その横に少し広場があり左手が事務所であった。小村さん方の右横の六尺位高いところに舎宅があり医局もあり、坑長田中氏の舎宅が一番山手の高台にあり大取締長野中三太郎氏の舎宅もその下にあって、東に流れて職員舎宅、坑夫の納屋が棟を並べていた。今のバックのある北方の山など相当の大松が生え繁り南の山々にも松や雑木の林があって、ありし昔の淋しさを残しておった。

大納屋は大島、石井納屋の他、村近くに天草納屋があり棹取《さおどり》納屋に村の奥野氏がおった。この奥野喜七郎氏（四十歳位）はヤマの神父と呼ばれており、大納屋ではないが鶴嘴や布団や蚊帳の賃貸しをしたり冠婚葬祭の世話を一手に引受けておる奇特な人であった。当時は布団や蚊帳を持たぬ坑夫が多く、一ヶ月五、六十銭の損料で借りており、鶴嘴も一梃一ヶ月十五銭位で借りておった。それを考える時、当時の坑夫の劣等さが偲ばれる。荷物のある者でもタンスなど持っておる人は殆どなく柱時計もなく、ヤマの汽笛以外に時間を知る事もできなかった。その汽笛も午前三時甲方の入坑時と六時の坑外夫の出勤、正午十二時と十二時半、午後三時、午後六時の終業と午後八時の酒を売らぬ汽笛で、三時は三声、朝六時だけ二声、後は一声であった。

上三緒坑の浴場

前記の如く入口の左方に北から南に長く東向きの浴室が長屋式に建っており、南口から先ず汽罐場への送水ポンプ室があり、次いで職工、役人、坑夫の浴場があった。

浴槽の造りは煉瓦作りで、底と外地と同じであるから外側にも踏棚がつけてあって、縁が高く入りにくい浴槽であって私達子供は不自由であった。

職工風呂は一坪位、役人のは四分三坪位、坑夫のは二坪位で、何れも男女混浴であるばかりか、その風呂水が坑内水であるから汚ないこと味噌汁のネマッた様な水であった。それは爾来《じらい》金気の多い水を卸底《おろしぞこ》からスチームポンプで三段位に押上げるからである。

蒸気ポンプは運転が本調子になると、エキゾースの廃出蒸気をオートルのサクションパイプにモヤウ（吸管に接続させる）ので、押上げパイプにまで蒸気のアフリが来てリューケーターよりシリンダー油が混じってくる。それが浴槽に入るのであるから、目には見えないが水は四十度以上に沸してもドギ〳〵して、坑内で汚れた炭塵も立派に落ちない。

石鹼も石灰の固めたもので皮膚や眼がしむばかりであまり効果はない。尤も一個三銭か三銭五厘であった。又手拭も洋手拭ではなく何れも木綿の和手拭（一筋三銭又は五銭）であって、手拭までもドス黒くなっており、カンテラの篝《かがり》で鼻の孔は黒く詰っており、その鼻孔の掃除を手拭を丸めてするからその部分の黒斑《まだら》はいくら洗うても残っておるという始末であった。

只《ただ》特典はスチームで水を沸すので便利であって、冬季になると先に入った人はヌルイというて蒸気をかけて沸そうとする。後から入る人は熱くて入れないと水を入れるので、まとまった温度になる事はないづくめであるが、上三緒坑の場合は蒸気は平素あれども水が出ないので一度わかすとぬるめる事はできなかった。それでも公徳心など持合せておる人はないのか、浴場の中で石鹼を使うので、夕方になるとネチャ〳〵の水がアイガメのようになり鼻持ちもならぬ程穢《よご》れていたのである。それが為に職工風呂に家族のものが割込んで入らんとするが狭い浴槽の事で混雑する事も多く、また職工以外の者は入る可からずとやかましくいわれるので、何とも情けない状態であった。

飲料水

上三緒坑に限らず総ての小ヤマは給水（水道）の設備など全然なかった。つまり井戸水で生きのびていたのである。それかと言うて上三緒坑の坑所内には井戸はなかった。井戸は掘っても枯渇井戸であったらしい。

その代り納屋の低地に山渓から出る湧水があった。それに竹の樋をかけて順番に汲んでいた。山岳の谷よりの湧水であるから雨期の春から梅雨頃にかけては相当の流水であるが、秋期になると馬の小便位の太さの水がかろうじて流れ出る位で、その飲料水で生きていくヤマの人達は順番に並んでタゴ（担桶）の行列を作っており、万里の長城の模型の如く曲りくねって長く〳〵続いておった。見事と言うてよい程のタゴの行列であった。

上三緒部落の杉山と言う所に井戸があったが、カナケ水（鉄分の多い水）であるばかりか路のりは一キロ位ある上に石コロの難路で、その水も夏枯れ時には何時も底を見せており、あてにもならぬのであった。米あっても水なくては生きられぬ。これ人間のなさけなさ、明けても水、暮れても水、水で主婦の悩みは大きかったのである。漸《ようや》くにして順番が来て汲んだ一荷の水は宝玉の如く大切に使うており、一滴でもおろそかにされず、米のトギ汁も之又《これまた》半滴も捨てずに、それ〴〵洗いものをしていたのである。私たちはお茶を飲むにも気兼ねする位であった。

明治三十四年頃穂波村の南尾炭坑に移ったが、ここはヤマが小さいので、傍に井戸はないけれども約一キロ半の所に十ケ谷、村の氏神様の近くに伊勢ケ谷という谷間に井戸があって、そこは何時も満水で不自由乍《なが》ら行けば汲めるのでよかった。人の話では、隣接坑の忠隈坑のために井戸は渇水したとの事であって、忠隈炭坑から送水している寒畑と言う所に煉瓦造りのタンクがあって何時も水は越え流れておるが、部落の人はヤマの人にその水を汲ませなかったのである。

其の後三十七年三月に山内坑に移った。ここも上三緒坑と同じで井戸水であって、春から初夏にかけては近くの井戸で汲んでおったが、降雨期になると一キロ位離れた堤の下部に撥釣瓶《はねつるべ》の井戸がありそこまで行かねばならないが、之又夏季には底を見せておるので暑い最中に汲むか、夜中に汲むかせぬ以上汲みとれなかった。之がために上三緒坑も山内坑も洗濯ものなど純白のものはできなかった。いわゆる白いものは黒ずんでいた訳である。しかし、黒い浴衣を着ておる人もなかったので、主婦の心労も大抵の事ではなかったと思われる。その頃ヤマの老人の語るのを聞くと海上生活の舟の中でも之程の水難儀はしておらぬと言うていた。

ああ水の有難さを、私は少年時代に斯《か》くして沁々《しみじみ》と身にあじおうたのである。明治の末期になると中ヤマ以上が総て水道管を敷設して給水を始めたが、麻生系統では上三緒坑が嚆矢《こうし》であった。それは飲料水ばかりではなく、ボイラーの補給水にも困ったからである。ヤマの北方の山上に煉瓦の大型バックを造り、一キロ余り離れた高山の吉田酒屋付近に立釜を据え、十二吋《インチ》のエバンスポンプで四吋管一杯押上げていた。大正初めには電気ポンプに改革され、前記スチームポンプは停電の際使用する事になった。停電の時、いち早く駆けつけ立釜に火を入れてエバンスポンプを運転させていたのである。この給水によってヤマの人達の水の悩みは解消したが、山内坑では大正の中頃まで給水管は作らなかった。それは坑夫が増員したのと、井戸水が枯渇したからである。尤もシシバの山内坑での事である。

私は大正七年二十七歳の時、春から夏にかけて上三緒坑の給水係辻塚忍太郎古参修補工の手伝いをした。高山の給水ポンプまで停電時に駆けつけて立釜に火を入れ運転させていたのである。辻塚氏は四十歳位の精悍な男であった。酒が好きで高山の吉田酒屋の門も随分くぐったのである。当時は停電も週一回平均位あった。

住宅

明治三十二年頃の上三緒坑の住宅は、現今と同じで事業主の建設であって、毎月幾らかの家賃をとっていたが、それは形ばかりで僅かの金であった。又家屋も陋しいので当然の賃料がとれる筈もなかったのである。

先ずヤマの全権を握る坑長（麻生系では所長）になると、当時でも堂々たる豪華な玄関付で畳数でも何十枚幾間もある。屋根も瓦葺きで一段高い所にあって見栄えもよかったが、其の配下の主任級の幹部たちの住宅は何れも玄関はあっても長屋造りであり、つまり坑長の次をたどる中流社宅であった。その又下の職員（当時は役人）では二間位の、玄関もない長屋で藁葺きであった。

以上、役人達の住宅はやや人の住める程度であったが、最下級は坑夫の住宅である。それは九尺二間の棟割長屋であって、畳は四畳半で押入れもない。土間が三尺幅で一間半、雨戸は門口に一枚あるのみで、窓は格子の連子になっておる所もあり、横に押しあげ戸にしてある所もあった。隣りとの仕切りは七尺位の高さで荒塗りの壁一重で区切ってあるだけで、一棟十余戸、その上部はスッカラカンで天井もない。全く一家と同様であり、一軒が屋内で焼き魚でもすると、その煙と臭いが一棟内に漲《みなぎ》り全員に匂わするのであった。

又はシチリン等がおこらぬ先に煙が出ている儘《まま》で屋内に入れると、その煙に一棟内の人が咽《むせ》ぶと言う。ましで降雨の時や台風の時、或いは冬季など屋外で飯の炊けぬ時は、屋内で炊くからたきぎの煤煙が屋内をうずまいていた。

飯は狭い土間で喘ぎ乍《なが》らに炊くが、この場合流しが屋外にあるので食器の洗いものもろくにできないのであった。カマドにしても天気の時は屋外で炊くからいわゆる移動カマドであるし、五銭張り込んで石油の空罐を求め横と上部を切り破り、即製クドを拵《あつら》えたものである。このクドは底部に煉瓦を二枚入れるか又は土か石塊を入れておかぬと、羽釜《はがま》諸共転覆する恐れがあった。

そんな不自由がある上に屋根が藁葺《わらぶき》の所も四、五棟あったが、主なる坑夫納屋は小板葺（へギ）が多かった。それも薄葺である上に長い間補修をせぬから木の葉がそよぐ位の風でも吹き飛ばされるのであり、風は雨をつれてくるので、その時になって大騒ぎをするのであった。

永い間炎天に燋《こが》されて乾燥しておるのに、風はないでもへギがもとに返らず雨が洩る事もあった。ヤマの営繕大工が総がかりでコツコツとそそくりをしておると雖《いえど》も何分一緒に吹き破るので、二、三人で目のまう様に敏速な行動をとっておれども、小人数では中々手が廻らない。その為に畳や家具を濡らす人もおり、たとえ豆台風でも借金とりが来るよりも五月蠅《うるさ》いのであった。それでなくとも畳などは日本一の粗悪品であるのに永く取りかえぬから、表の破れもさることながら、床もほつれてクニャクニャで一人では持てない腰なしであった。それを割竹の縄で編んだ床竹の上に敷込むのであるから、畳の上を歩むのにも用心して歩むのであった。このボロ畳が夏になると蚤《のみ》の巣窟となって、短い夜を安眠させせない。毎朝起きて、我が身の目の届く所を眺めると蚤の噛痕の赤斑の数、とても数える事もできぬ程に喰われており、股より足先のあたりは特に激しかった。尤も、宵に噛まれたのは癒っておるので全身隙間もなく噛まれていたのである。

当時でも時々除虫菊で造った蚤取粉を、

〽昨夜喰われた敵討ち　ノミトリ粉〳〵

と鈴を鳴らして売りに来ていた。勿論人の鼻孔を圧する程に匂いも強く刺戟も激しい薬であったが、何分径一寸、縦一寸位の赤紙を貼った罐が一個十銭で、蓋をとると小孔があり、寝床に散布する様にしてある。それを一罐位使用しても蚤の絶滅はできなかった。恰《あたか》も大火に際し柄杓で水をかけるに等しく効果はなかった。かと言うて多量に散布すれば或いは撲滅もできたか知れぬが、当時の十銭は世帯に響く位であるから、毎日何個も買求める事は財政が許さぬのであった。その他の吸血虫には蚊も多かったが、之は蚊帳で予防できるし、又蝿も相当にいたけれども農家の様にはおらず、又現今の様に南京虫だけはヤマにはお目見えしておらぬのであった。

夏季の三伏の頃になると、何分へギ板一枚の低い屋根のこと、遠く離れておるとは言え六千度の熱を持つ太陽の直射で焼かれる様に暑く、その余熱は夜の十二時頃まで放散せず、棟割仕切りの長屋の事とて室内の風通しの悪い事は勿論、昼でも薄暗い室もあり陰気なこと生地獄の如き住宅、否、納屋であった。つまり豚小屋に糞尿をかけた様な生活振りであった。

右の様に、夏の夜は蒸し殺されるが如き室内で、蚤に喰われてろく〳〵眠らぬ夜もある苦労をしながら疲れるままに仮眠をするのであった。

又、冬季になると極楽であるかと思うとそうではなかった。前記の如くへギ葺一重の住宅では、吐く息も凍る霜降夜や北風吹きすさぶ寒夜には寒波に侵され北極を想わせる程であった。昼はヤマの事、燃料の石殻《いしがら》はふんだんにあると思うておるとそうではない。ヤマにおり乍ら燃料不足に悩むとは矛盾した話であるが、当時は粉炭や微粉で石殻を造る術を知らず、必ず塊炭を使っていたからである。つまり塊炭だけが高価に売れ粉炭は半値にもならぬ時代の事で、石殻用に多く廻せば早速響く事業主のフトコロであったからである。

何だ、石殻を作る位は撰炭した二号炭で沢山だとも言えるが、その二号炭やサビ炭は釜炊きの燃料に使用するので家庭用の石殻は不足勝ちであった。それが為に自宅におる主婦や子供は、硬捨場《ぼたすてば》に行って混入炭を拾うやらボイラーの焚滓の中より燃え残りの石殻を拾うて暖炉用に準備するやらで大童《おおわらわ》であった。

以上の如く燃料不足で自宅に据飼の多い家庭は拾い炭で都合をするが、夫婦者の共稼ぎなどはそれが出来ない。よって、シチリンに石炭を燃して燃え尽さぬ内から屋内に持込むので、その黒煙は一棟内に隅から隅まで漲って煤を落し、何もかも黒色に変えてしまう。一夜明けると煙突の大掃除をした人の様に汚れておる。こんな訳でヤマの人は石炭臭いとか石殻臭いとか粉炭姫などと悪口をたたかれるのであったのかも知れぬ。

話は元に戻る。納屋のへギ葺は前記の如く微風でも剝がれ、天気続きでもしゃちこばって孔があき、室内から眺めると星の如くに何ケ所も白く光っておる。それを下から竹竿で突きあげ修繕大工に知らせる。屋上では糠釘（四角の環が先に嵌《は》めてある叩きもの）で、ゴツゴツと新しいへギを部分部分に繕うておる。高い所から屋根を見ると、布団絣《かすり》の様な模様にまばらに彩られておる。このへギ葺は年中補繕をしておらねば雨漏りが絶えぬので、明治三十五年頃、このへギ葺の上に藁を葺いた。それが為に屋根が二重になり雨漏りの悩みだけは解消したのであるが、下部のへギ葺が所々破れた儘であったから、そのへギ葺の上を鼠が運動場にして夜になると右に左にガタ〳〵ゴト〳〵と駈けずり廻り、間の破れから埃や煤を落して、これ又ヤマの人の安眠を妨害するのであった。

こんな惨めなヤマの納屋生活も世の進むにつれて、明治の末期頃には上三緒坑の表通り、預児院の前方に六畳敷一間、台所や土間も二坪余押入れもある瓦葺の長屋（棟割ではない）が数棟建って、永年勤続者などの特種模範坑夫に与えていて、桜町などと唱えていた。又、親方日の丸の日鉄のヤマでも本志願坑夫と臨時坑夫の区別をして、本雇いには三畳と四畳半、カマド張出し一坪位、土間約二坪、押入れは二間半なるも上下を区切って二戸分にしてある天井のない納屋を与え、臨時夫の家は六畳一間で、大正時代までへギ葺が多かった。

次はかの大三井のヤマも棟割ではないが、四畳半一間の家であった。尤も多人数には二戸位貸していたのである。大三菱も六畳一間位であった。

現今は大手筋になる程文化的な坑夫納屋を建設しておる様である。猶中小のヤマでも相当の住宅もあるが、極く小ヤマになると現在でも昔の俤《おもかげ》を残しておる所もある。なんと言うても、昔のヤマの坑夫は住宅にもこんな不自由と不便をあじおうていたのである。水難儀ばかりではなかった。無産階級者が辿る苦難の一節である。

坑内作業

話の順序が前後になって坑内の作業状態が後廻しになったが、ヤマの入口に浴場があったので浴場を最初に書いた訳である。それから人命をつなぐ大切な飲料水となって、次に住宅、それから主題のヤマの作業、坑内事情が四番目となったが、終始この如くジグザグに、話は混乱形になるのは前書きの如しである。

当時、坑内では採炭夫、仕繰夫、坑内日役、坑内大工、坑内ポンプ方等の区別がしてあって、それぞれ専門的に得手の仕事をしていたが、現今の様に掘進夫と言う名称がなく延先《ぬびさき》つまり卸延、片盤延）などの掘進箇所には採炭夫の中から熟練坑夫を選抜してそれにあてていた。上三緒坑や山内坑の炭座延先は採炭夫が炭座を採炭賃金で狭く掘進して、幾らかのアトケン（跡間）という名儀で一間に対する僅かばかりの奨励金がかかっていた。それを方違いで掘進夫の名儀のない掘進坑夫が盤を打ったり天井を落したり険悪箇所には枠を入れたりして、完全なカネカタに仕上げていくのであった。

採炭夫も単丁切羽では松喰虫の様に各個に掘って昇り切羽を進行し、次々に先隣りの切羽と貫通して通気の転換をとっていた。切羽に松岩が出て採炭困難の時や、天井が一部抜け落ちて硬《ぼた》を片づけた際など、一函何ぼの賃金以外に付日役と言う名儀で一人当り何ぼかが、例えば炭価の一函分又は半函分程度がコガシラ（採鉱係員）の筆によって付け増されるのであった。この付日役の公明な決め方には採鉱係の手腕が要り頭もいるのである。多すぎては放漫主義になり少な過ぎると坑夫はグラ〳〵してノソン（仕事をせずにあがる）するからである。ヤマによっては付日役不用の所もある。

上三緒坑の炭層は山内坑と同じであって、上層が三尺、三十尺下に尺無しがあってその中間に七ヘラ又は中グミとも言う炭層があった。総丈五尺位だが、石炭と硬と交互に七段になっていた。それは塊炭本位の当時であったから、見向きもしないで残しておった。又、下層の尺無しも炭丈の高い所で二尺余、低い所は一尺五寸位の所もあり、又、天井には三枚と言う二尺余りの層があって石炭と硬と之又交互に三段になっている。それも塊炭にならぬので下部の本素だけ掘っていた。それが為、天井のバレる憂いは少ないけれども、天井ぎわに石炭がカガリついてワサビオロシの様になり、背中をすり剝く事が多かった。その上、天井ぎわの二、三寸下に馬殺しと言う極く固い炭が二寸ばかりあって、それにツルバシを打ちつけると飛石が激しく眼球を疵つける人が多かった。勿論カイド（街道）スラで石炭を曳出す路は少しばかり盤を打ちあげて高めていた。その盤は固く、たとえ打っても無賃であった。

現今は優秀な洗炭機の登場もあって、大正中期より塊炭以外は半値にも売れなかったのが一変して粉炭万能時代となり、その粉炭を水洗するので、粉炭でなければ使用できぬ世の中となり、大塊はわざ〳〵クラッシャー（粉砕機）で粉炭にする様になった関係で前記の七ヘラ炭も下層の尺無層も天井三枚層も採掘しておるのである。

次は一番上層の三尺である。これは文字通り三尺位の炭丈であるが、盤ぎわに一寸位の硬があってその下に六寸位の石炭があった。それゆえに四尺近い高さの所もあるが、炭の上部に一尺又は一尺三寸位の白硬があり石炭を掘りとると必ず落ちるのであった。それをカヤリモノと言っていた。その上は硬質頁岩《けつがん》で容易に落ちない完全、安全天井であった。だからそのカヤリモノの硬を、まあよかろうで何時までも落とさず石炭のみを抉《えぐ》り掘りをしておる内に俄然墜落して下敷きになって負傷する人も間々にはおった。

それと切羽には松岩と言うのが出る。敷岩といい下の盤ぎわに出る場合は危険はないが、釣岩といい中部より上に出る松岩は油断をすると突然落ちかかり大怪我をさせる事があった。誰がつけたかこの松岩をゲッテン（ひねくれ者）と言うておる人もおった。実質ともに鉄より堅い厄介者で鶴嘴を打ちつけると火花を散らして、一遍で先は潰れてしまう。

それから、松岩の弟分にシメと言う先山泣かせがある。之は白味がかって帯の如く切羽一面に横たわる事があって岩の様な固形物でないから始末が悪い。勿論鶴嘴は受付けない。

当時、切羽一面松岩やシメが張って採炭困難になった時は、マイトの一本位使用する事もあった。導火線も現今の様に白色糸巻ではなく粗末なもので、コール炭の如きが塗ってある。手荒く扱うと折れそうな品種であって火の通りも好調ではなかった。又、坑夫でもマイト孔を穿るセットウやノミを持っておる者は至って少なく、それがため近くにない時は借りるのも面倒なので松岩を残して採炭しておる先山もおった。この三尺層は採炭するにも街道の盤を打つ必要はないが、カヤリ硬をカイドの一方又は両方に柱を打って、荒い大形硬で垣を積み、余っ程巧みに硬積をしていかねば落硬のやり場、置き場がなくなるので、これに手間がいったのである。

次に尺無層の先山は炭丈が一尺五寸又は二尺位なので、先では頭が天井につかえて邪魔になった。その為、頸を傾けて腕を股の中間部にもたせ、横斜めに体をかがめ片足を尻の下に曲げ敷し片足を投出して、右左、交互にむきをかえて採炭していたのである。之を敷腕掘りと言う。

当時の採炭の一函当り賃金、つまり切賃は二十五銭余で、所によるとその上もあり下もあった。現今の様に採炭利器を使用せぬ腕力だけの作業の事で、玄人の熟練先山でも一日一人当り二函半（一硟）位で素人先山になると二函程度の出炭であった。しかし、それから勘引きされた上、鶴嘴の焼直し代が素焼きで五厘、刃金付代が二銭五厘でそれを四、五梃位、その他カンテラの油が合油にして約三銭、草鞋代一銭五厘などを差引くと四十銭余であった。たまには幸運な坑夫もおって好調子の切羽に出会うと一人で七、八十銭から一円近くの稼金をとる坑夫も何人かおった事は今と変らない。

生活程度の低かった当時のヤマの人達も、現今の様に其の日暮らしのビリ貧が多かったのである。ヤマの大人たちは寄ると集ると坑内仕事は儲からない、骨身を砕いて働いても喰いかねると愚痴をこぼしており、それが私たち少年の耳に流れこむ事も往々あった。しかし、

〽米が十銭すりゃ　唐米や食えーぬ
　こがれてなんとしょ　働らかにゃ　喰われんとーかいてある
　しののめのあけのかね　さりとはつらいねてなことおっしゃいましたかねー

などの歌が流行していた頃の事で、今の配給米で一升百円余りヤミ米で百五十円余りに比すれば大した違いはない様であるが、現今の五百円が昔の五十銭と比較できるとすれば昔の方が遙かに生活が楽であったと思われる。その上失業者など皆無の時代であった。それでも明治三十三年の北清事件のあった頃には白米一升が十二銭位に高騰するとの噂がたって、さあ大変だ、米があがれば食えなくなるぞとの声がかまびすしくヤマ中に拡まって、女の人達の井戸端会議ではその悔み話で持ち切っていた。

又、現今の様に食糧不足は極端でなかったので押圧麦などもなかったが、ヤマの人達で麦飯を食う人は全然なかったのである。それは却って不経済であるからで、第一麦をヒラカサ（蒸す）ねばならず、どうしても大量に食うのと副食物が多くいるからであった。唐米はお目見えしていたのであるが、ヤマによっては能率にも関係するので余り奨励せぬ様であった。

採炭

前記の三尺層はバンガヤリ（傾斜）が十七度位であった。切羽は総て単丁切羽でいわゆる碁盤目形に掘進して行く規定方式の採炭法であった。明治末期には払い切羽と改正されたが現今の様に共同作業ではな

く、払いであっても切羽は区分して各々サシ(二人組)で採炭しており、スラを曳き出す街道だけは共同であった。

スラ街道は、前記の如く両方はみっしりと硬で詰めてあり、スラが通れるだけあいておるのであって下にはコロ（梯子形の路木）が敷きつめてある。そのコロの上をスラ箱に二百五十キロの石炭を積んで下げるのであるが、これが中々難しい作業であった。寧《むし》ろ曳下《ひきさ》げるのであれば易いが、受けて下げるからである。スラの前板を頭で支え、スラの両縁にある木をしっかりと握って梶《かじ》をとり、体を這う様に長くして一足毎にコロの横木を踏みしめて下がるのである。若し途中で一足でも踏みはずすと大変であって、自分一人の怪我では済むまい。共同街道であるから次から次へと曳下げておる。他人にも災禍《さいか》をおわせるので相当の練磨と経験がいったものである。

このスラを受け下げる後山の仕事は女坑夫の方が男より巧者であった。このスラは頭に布鐶《かん》を嵌《は》めて受け止めねば、腕力だけで受け止める事はどんな強力の男でもできぬ芸当であった。

こうして曳出したスラは、スラ棚と称する棚の下に炭函を置いており、それに直接移し込んで積みあげて、漸次《ぜんじ》捲立に押出し代りの空函を代えておく。スラは空を曳上げるのに成可《なるべ》く軽い様に前後と底は木板であるが、両側は石油罐を切り広げて骨木に張っていた。その上に前と両側に五寸以上の立板と言う足の二本ある板を立てて山積して、二回位で炭函一台に積むのであった。下はソリ台でマサツ面に金属製のものが釘どめしてある。

序《つい》でに街道のコロに就《つい》て説明しておく。之は二寸以上のナルキ（成木）と言う六尺ものに、一寸以上の竪木、一尺四、五寸の横木を五、六寸の間隔に釘でとめたハシゴ形のもので、之を切羽からスラ棚までしきつめていた。

次は尺無しの採炭法である。前記の様に炭丈が二尺そこ〳〵であるから、街道だけは四、五寸盤を打って高めておるが、作業は中々困難であった。スラは石油箱二個を横に組合せ、中継兼用目板を三寸程加えて長めにしていて、低目の台をつけており、傾斜を緩めるため斜昇りに切羽をつけていた。従って三尺層の様にカネカタも高くないのでスラ棚などもつけられず、一度出口の採出場にカヤして一函になると、エビとガンヅメで炭函に積込むのであるが、函と天井が五寸位も隙いておらぬ所が多くしてカガリ天井ではあるし背の大きな人になる程苦痛であった。切羽でもカネカタでも頸から上が邪魔になって仕方がなかった。かと言うてアヤツリ人形の様に首だけ取除ける訳にもいかず、まして当時はクビキリなどもヤマには絶対なかったからである。

冗談はさておいて、尺無しの先山は一分でも高めるために足も跣《はだし》であり、身につけているものは手拭の鉢巻と腰の白木綿《しろもめん》のフンドシだけであり、スラの街道もコロなどしかない。盤も堅いのでコロも敷けず、又敷かぬ方がスラが走らぬから良いのであった。スラには百五十キロ余り盛っていたから、一函積むのに四、五回曳出しておった。又断層の関係で勾配の緩い卸し切羽のカイドもこの小型スラで曳上げておった。しかし十度も傾斜があればスラでは駄目だが、それより昔の小ヤマの人はバラ、つまり竹製スラで十度以上の所を曳上げていたのである。

それから明治時代には卸し切羽からセナ籠で荷ないあげておる者もたまにはあった。

〽卸し底から百斤カゴ荷なうて
　艶でくるサマーわしがサマー
　　ゴットン〳〵

という坑内歌があった位で、之ぞヤマの後山の花でもあり、又誇りとする所のワザでもあって、誰でもができる芸当ではなかった。しかるが故にこれによる採炭法（カツギアゲ）は極く稀であった。セナを始終荷なう人は腰に大きなタコができていたのである。籠は径一尺四、五寸、深さ七、八寸、丸形、荒目の竹籠に六十キロ位の石炭を入れて、片手に五、六寸位の木製のピストル型の杖（シュモク）をつき、足調子よく低い卸しから荷ないあげて、カネカタの炭函に直接移し込むのである。其の他前記の如く、立荷ない、からいテボなど後にあったが、何れも低い切羽には使用されない。

先山は鶴嘴を五、六梃位毎日さげて入坑し、岩やシメが出て穂先が予想以上に潰れた時は、途中で後山が何梃か焼直しにあがっていたが、終業の時は実函の石炭に穂先を突込んで載せてあげていた。坑口には何処《どこ》のヤマにも鍛治屋があったからである。傾斜の緩い山内坑はあがる時も担いで昇坑しておった。又、マイトを使わぬので、堅い岩質でも一番軟らかい所を選んで深く抉りスカシ掘りをして、釣り石、敷き石を打落し打ちあげて、成可く塊炭《かいたん》を造る事に努めておった。それは塊炭本位の頃であり、塊炭なくては函の立チグレがされず、坊主積みの八合函になるからでもあり、又粉炭は半値にもならぬので、ヤマによっては坑内に掘り捨てておる所もあった位であり、素人の先山は拙劣な掘り方で余り塊炭がとれず、粉炭先山、或いは八合先山の異名をつけられ総てのヤマ人達から余り歓迎されないのであった。

坑内の配函

当時、上三緒坑の坑内に於ては配函、つまりハコトリと言うていたが、中々乱暴であり蛮的行為の競争で無人道、無道徳、無常識、つまり無茶苦茶主義の掠奪《りゃくだつ》の仕合いであって喧嘩腰の強いヤマのボスめいた者が腕力と権力と暴威を振うて横どりする傾向が強かった。

それは捲立に横板があって頭のない釘が何十本と並べて打ってある。それに各先山の姓名を記入した炭札を順番にかけて漸次とる事になっておるが、初め一回はその順番通りに分配しておるけれども、第二回目からが紛争の種であった。それは第一回目の函を全部一、二函押込むと、その次は早く積みあげた者が先番になるから、何うしても手前の近い所が割合がよい。そこで奥の者は積みあげぬ内から一人が捲立に走り出て順番札をかけるので、順次我がちにまだ積み終らぬ内から一人が走り出し札をかける。それが紛争の種であって、威勢のよい先山は鶴嘴を引下げて函とりに出て来て、喧嘩腰で横取りする。それを一方の先山がききつけて出て来る。ヨキ（鉞）を振りあげたり大声あげての罵倒、殴り合いの絶える事はなかった。

尤も延先等の特技坑夫、今の掘進夫や仕繰夫などにはガジと称して何時でも順番札などかけずに函をとる権利が与えてあった。又余り多くもとらぬからでもある。それをボスめいた採炭夫は、そのガジを応用してとっているので喧嘩になるのであった。中には当時入坑時間はあらかじめきめてあるのに、カンテラさげて何時でも入坑できる自由さもあったので、意地の悪い坑夫は夜中人の就寝中に入坑して、二番方の積み残りのネバリバコ（空函）を五函でも六函でも自分が一日積む分だけとって、カネカタの広い所に横倒しにし、夕方までかかって一函ずつ起して積む。それがために余裕のない炭函を永く休ませるので、ヤマ全体にそれが響いてハコナグレをさせる。他の者が貸せとか分けてくれとか言うても中々きかない。こんな無法者もおった。こんな自己主義者は採鉱係が行って訳を言うても、俺は夜の目も寝ずに早出してとった函だ、只では分与されない、分与どころか貸す事もできぬと頑張る。リンチ制度のヤマと雖《いえど》も、この種の坑夫には控えていたのである。無論、取締員とは兄弟の様にしている一種のヤマのダニでもある。

この函の分配法で毎日坑内にイザコザが絶えず心臓の強い、つまり向ういきの強い者が早く多く積みあげる。正直者は遅くまでおって当然とれる函もとれないという惨めな状態下に曝されていた。当時のヤマ人の殺伐性、その性格をそのまま露骨に発揮していたのである。かかるが故に真面目な亭主を持った後山の女房は泣き叫んで自分の函にしがみついて離れぬので、ガジではないガイ（無茶）で横どりしておった。

少年の後山など無理に横取りされて残念さにワイ〳〵大声で泣き乍ら函の中に入って出ない者もおって、それは〳〵当時の坑内の配函は野獣のいがみ合いの様相を現わしていたのである。

　このいまわしき配函騒動の連続も明治三十七年頃より日露戦争のせいもあったのか、和協の精神を表現し配函規制も改正され、従来の順番札は廃止して総て頭割で配函し、不用の人は流して入用の時権利の分だけとる事にきめ、余剰のできた際は手拭で鬮《くじ》を引いて割合う様になり至極温和裡に配函がなされる様になって、函喧嘩も皆無となり紛争も消滅して、平和なヤマの雰囲気へと変化した。この配函方法は現今の中小ヤマでも採用しておるのである。但し特別に多く積む人達は最後の注文函で予定通り配函して貰い、遅くまでおって積んでおるのは昔今を通じて変らない。

勘引

　ヤマの採炭夫が炭塵と汗にまみれて積んだ坑内の暗黒、マキタテ（捲立）より本線坑道の捲機によって坑外に捲き揚げると、当時は撰炭機も洗炭機もなく、坑外の桟橋よりマンゴク（大塊と粉炭を区別するもの）にかけており、粉炭はマンゴクの下にあるし、又人手による撰炭はできないが塊炭だけは混入硬や岩の小塊を撰っていた。

　坑外の撰炭婦は大形の先の尖った四つ又のガンヅメとエブでそれを運炭函に積込んでおった。桟橋ぎわには検炭係員（当時はそれを勘量とよんでいた）がおって、荷積みの悪いのや硬の混入に応じて罰則的に勘引をしておった。麻生系統のヤマは上三緒坑、山内坑ともに同じであり、実函の中に先山の氏名を記入した縦五寸、横一寸四分位のカマボコ板の様なものに麻の紐をつけて、一函毎に下げていた。つまり石炭の中に詰め込んでいた。外にかけると札をかけ替える不埒者が当時は多かったからである。そうして二人で四、五函も積んでその日の夕刻頃勘量室に自分の炭札を受取りに行く。その札を受取って当日の出炭数も明確に判るが、硬勘、入勘引の印が白ボクで炭札に記してある。つまり硬引は×印の上部の一棒が一合、一割引で二、三と横筋をつける。入れ不足の勘引は○印の中に数字を記入して、勘引をしておった。その勘引が一函に対する一合位なれば我慢もできるが、毎日如何に精撰しても二合以上引かれるのが恒例となっており、時には一函当り三合も引かれる事がある。その場合は二人組の者は三分の一も勘量から引かれるので、勘量係と三人モヤイの作業であるとこぼしておる人もおった。

　当時はヤマの人達も今の様な八時間制ではなく十二時間以上も働いていた。その汗と重働、血の滲む様な稼賃高から三割以上も天引されるので、現今の敗戦後の勤労収得税より幾倍残酷であったか。誰を怨まん。勿論経営者を怨んでいたと共に、坊主が憎けりゃ袈裟《けさ》までのたとえ通り勘量係を蛇蝎《だかつ》の如く憎んだものである。当時の麻生系統の採炭夫は天を仰いで嘆息《たんそく》し、且つヤマの幹部に対する怨憎《おんぞう》の声、忿懣《ふんまん》の心理は何に例え様もなかった。それは実際に硬が多量に混入しており積荷が軽いから勘引されるのは諒解もできるが、麻生系統の両坑は炭層内に多量の硬は含んでおらず、三尺層のカヤリ硬は炭と一緒には落ちず、若し落ちても白色の塊りであるから絶対石炭の中には混入されないのであった。それのみならず積荷でも炭函の縁よりも一尺高く盛り上げていたのである。何故そんなに高く盛積みしていたか。それは塊炭でなければ金にならない時代の事とて、塊炭掘奨励の為か函の縁にタテグレ（塊炭）を立て並べて、その中に切込炭を山の如く盛っていたのである。切羽の条件が悪く、立てぐれができない時は、坊主積み或いは丸積みをする。それは初めから二合引であった。右の如く函の縁よりも一尺以上積みあげておるが、時には坑外まであがる途中で、余りにもガブラレて幾分減っておる事がある。それに入れ勘を引くから採炭夫の憤怒はつのるばかりであった。つまりこの勘引は計画的で、必ず天引二割以上と規格をきめ予算に入れてあったと思われる。当時（明治末期）の採炭夫の一日の稼高は普通で七、八十銭、特別の好条件切羽でも一円以下であるのに、天から二割又は三割引かれるから、働く坑夫は堪らない。否、哀れと言う外はない。それがため坑夫の思想は悪化するばかりで、只何となく憂鬱となって勘量を怨み呪うていたのである。

この勘引は現今の中小ヤマでも実施しておる。それは炭層に多量の硬を含んでおるヤマは罰則となっており硬の混入を防止する一つの施策にもなっておる。よってヤマのある限りこの絶滅はできまい。或る程度の勘引もせねばヤマの経営に直接関係する所もあるので、一概に排斥もされない。今は余りきかないが、昔は往々にして故意に硬を下部に積込んだり、又は大岩を函内に転し込んだりして、野蛮なイタズラをする輩もおったのである。無論、平素の勘引による不満と不平のやり場がないところからそんないやがらせをしたともいえるが。

以上の如くしてヤマによっては全然勘引が廃止されない所もある。之は致し方もないが、要は引き方の程度である。現今の位登炭坑の様に多量のシャモットを含んでおるヤマは、撰別出炭の程度によってヤマの死活問題に関わるが、当時の上三緒、山内両坑の炭層には全部打込んでも硬は二又は三%位しかないのであった。三尺の六寸の上に一寸程含んでいたが、之とても全部打込んでも三、四%位で、二〇%も三〇%も勘引するのは、之ぞ勤労者の上バネをする悪質のユスリと同じであった。

それればかりか見込勘を引いていたのである。何故に見込勘にしていたか。それは前記の如く坑内から捲きあげると、直接桟橋に惰力で流し込む。それを次々に万斛の上にカヤスから一函一函の検炭は細密、明確にやりにくい。それが為に予定の二割見当又はそれ以上の勘引を遂行せぬ事には自己の役目が不実行になり無責任の表現になるから、凡その見当で炭札に白ボクをベタ〳〵と塗りつける。それは姓名が記してあるから、勘量係員もその人物を見て手加減をする。つまり、坑内でガイ函（無茶な函取り）でもとる様な少し生意気なヤマのアンチャンなどの炭札には白ボクを塗る事を控えめにし、一方ヤマの中でも好人物の温和な人には、成可くベタ〳〵と白ボクを塗る習慣がついていた。

それは人の噂ばかりでなく実際に実行していたのである。明治四十二年頃、私が十八歳の時今の飯塚市山内坑のシシバにヤマも移動していたが、未だ生柔い腕によって採炭夫の先山をしておった。その頃、兄の五郎も二十一歳で別に先山をしておった。それは、兄夫婦と共稼ぎであった。兄と私は同じ所に切羽を並べて作業をしておる事が多かった。兄は私の様な好人物ではなく喧嘩もする、バクチも打つ、何でも道楽の限りを尽す男であって、採炭をしても面倒だと黒色の硬は石炭の中に叩き込むと言うやり方であった。それに引きかえ馬鹿正直の私は持って生れた潔癖さもあって、小さい硬でも石炭に混入できぬ性質であって、細心の注意で採炭して積上げておったのである。それになんぞや、勘量室に炭札を受取りに行くと、お人好しの私の札には白ボクがベタ〳〵と塗られ二合平均も勘引されており、小やかましい兄の炭札には白ボクはついておれども、一合平均位しか引かれておらない。これには私も流石に憤怒の血が沸いたけれども、兄は俺より硬を多く入れておるとも言えず、泣き寝入りをして、見込勘引が甚しいと詰問だけはしたが、勘量係はどうしても私の方が硬が多かったと弁明するので、水かけ論で裁決はつかなかった。

こんな関係は昔も今も変らない。真面目な人は損多しと言うのであり、生意気であれば威圧による収穫があった訳で、いわゆるトンピン、ヤクザ形の坑夫が自然に発生していたのであり、事業主やヤマの幹部連は野《や》卑《ひ》陋劣《ろうれつ》性の人物を養成していた恰好になっていた。

この勘引、つまり坑夫の賃金のウワバネをかすめる悪辣手段によって、坑夫と勘量係との口論的紛争が毎日続いておった。坑夫は今日の石炭には硬は入れておらぬと主張する。勘量係は入っていたから勘引したと言い張る。或いは山盛積みしたのに何故入れ勘をくわせるかと叫ぶ者もあり、夕方の勘量室の前は騒々しくて賑やかな事であった。これが為に会社側も勘引は廃止されないが、見込勘引を予防する為と坑夫の心理を一変させる為か、ブリキ製の炭札を作って番号（数字記入）で毎日一先に何枚か必要数以上を渡して、当日は誰の函か判らぬ様に改正され、その余り札は昇坑の際労務係室に返納し、一枚紛失すれば金五銭也引かれていた。それは大正の始めであった。大手筋のヤマは明治末期に番号入りの炭札であった。

之によって人による勘引は消滅したが、勘引は依然として実行しておったのである。

乗廻しと信号

明治三十二年頃の上三緒坑の主要本線（本部）捲機は十二吋位の蒸気捲機であって、シリンダー内でピストンを一回動かした排蒸気は、捲小屋の後に屋根より高く出ているエキゾースパイプからその白色の湯煙を碧空高くボッポ〳〵と吐きあげていた。

飯塚より見える傾斜坑口だけは急二十度、下部十七度位の傾斜があり径一吋《インチ》又は八分の七位のロープで八百斤余を積載した炭函を九台位ずつ捲きあげておった。猶硬函の重量は石炭函の一倍半と決めてあった。それを加減して捲かぬ事には途中で捲きあげ得ずオーライ（炭函を停止すること）する事がある。それは現今の電気捲機でも電圧が低いと、予定の函数を捲きあげ得ぬのと同じで、蒸気捲きは汽罐の圧力がさがるとてきめんに機械は停止するのである。それが為に運搬係は良質炭をボイラーの燃料に廻して、高度に蒸気をあげる事に努めるが、前記の如く良質炭を余り多くボイラーに使うと忽《たちま》ち営利にヒビが入り大々的の収入問題になるからこの点痛し痒しであった。良炭をやらねば捲機が栄養不良で停止する。つまり予定函数があがらないし、かと言うて良炭を焚けばヤマの会計上資源を刻々と削る形になるのであった。

このスチーム捲機は明治十四、五年頃、目尾《しやかのお》炭坑にあって、筑豊のヤマで機械を使用した最初のヤマであるとの噂が高かったが、私はそれから三十二年後に初めて上三緒坑で見た。その運転の模様を見て飽く事を知らず、学校より帰ると日課の如く窓外を見るのを楽しみにしておった。又珍しい機械の動きに見とれていたのである。ピストンロットの間隙、それとつながるコンネクチングロットによってクランクを廻すのは人間が左右の腕で車を廻す様でもあり、ケーシング内より出入りする小スピンドルは、エクセントリック二個となり、二個左右四個のシープがクランクシャフトによって踊っておる様である。それは上下真鍮で中硝子のリュープリケーターが真上に取付けてあるから特に目立つのであり、その中間にあるリーバー巻さしに応じてハンドルであげたりさげたりする。それはシープよりも一層踊っておるのが面白い。クランクの小歯車がドラムの大歯車と噛合うてガラ〳〵鳴って回転する様にワイヤロープが規律よく左右に何回捲いてもドラムに捲きつく様相など、初心の私は興味を以て眺めたのである。

又、さす（さげる）時はクラッチを切ってドラムだけ回転させクランクは停止しており、ただドラムの側をブレーキで調整しておるが、捲きあげる時は総てのロットが動くとともにエキゾースの排スチームの吐き出す音律が機械に調子をつけておる様にもききとれており、一段高い所に腰かけてスチームストップのハンドルを握り、足にブレーキを踏む準備をして運転する。捲き方の意の如く機械は動いておる。この捲機は、坑内の棹取の信号、合図によって始めて動くのである。当時の信号は電鈴《ベル》のない時代とてそれは〳〵原始的な幼稚な仕掛けであった。先ずその模様を左記しておこう。

それは木製棚の上に厚さ四分、幅二吋《インチ》の平鉄全長四呎位を中より平目にして九十度に枉《ま》げてあり、曲り目に孔があり、台つきのメタルにピンを通して縫うてある。一方に鉄製のキネがつけてあり、棚に口を付けておる。一方の先尖にも孔があって、それにワイヤ（八番線）又は小型のアエンロープが結びつけてあって、それが坑内に続いておる。尤も杵の首もとにも小孔があって、オモリの古鉄などさげてある。

坑内には片盤棹取と言い炭函を繰り合せる人夫がおって、そのワイヤロープを引っ張り捲場の杵を浮かし緩めて、キネが棚板をゴトンと打つ仕かけになっておったが、そのワイヤーを一寸引いた位では捲場の杵は中々頭を持ちあげない。つまり両手でワイヤーを摑み全身の重量によってぶらさがらないと杵が動かぬのである。

上三緒坑の坑内は初めは左又卸しがあったが、それは明治の末頃廃止され右又卸しが深くさがっていた。

右又卸しは余り遠いので途中に中継所があって、卸し底から曳く信号を中継しておった。下部終点や中継所には大型の鉄製ハンドルがあって、それに全身を投げかけて曳いていた。この合図によって炭函の捲き差しを自由自在にあやつるのであるが、此の点捲き方がこの信号を聞き違えたりすると意外な災害を惹起する事がある。この信号符牒も現今と同じく、一ツはオーライ停止で、二ツは捲きあげであり、三ツはさげるのであり、四ツは緩くまけであり、五ツは緩くさせである。其の他片盤合図があるが、それは各ヤマ〳〵で決めており、別に規定はない。

斯《こ》うして毎回上に下に捲き差しするコース函にはヤマの棹取の花形、乗廻しが常時乗っておる。上三緒坑は捲場の横、南方が桟橋であり、坑内から捲きあげた実函は惰力によって桟橋まで流し込まねばならぬのであった。よって捲きあげるや否や、捲場の前で瞬間に高ピンを切る（早くピンを抜く）ので、そのピン抜きには一つの技術がいった。それは乗廻しがコース函に乗った儘《まま》捲場の前でピンを抜く。傍に坑外棹取がコース鉤を持って立っており、そのコースを車輪に噛まれぬ様に刎《は》ね除ける。その機敏な動作は素人にはできない業であった。まして棹取夫の中でも花形であるこの乗廻しは、ヤマの運搬夫としては№1のはでな仕事であり、且又色男が多く、お洒落気も多分にあったが、その服装からしても見事であった。粋な姿の伊達男と言うところであるが、大体が作業服であるから芝居の様なはで柄の模様入りと言う着物ではないが、一寸見栄えのする扮装であった。

頭は当時流行のハイカラ髪であるのに白木綿のサラシで後ろ鉢巻を目の釣る如くにシッカと結び、その結び余りの五寸位の二筋は昔の海兵帽の如くヒラ〳〵と後頭部にはためき、新調のズボンに注文造りの紺の脚絆、紺の足袋にはあつらえの草鞋を履き、燃えるが如き紅の胴巻きをはめ、美々しいケバケバしいズボン釣り、シャツも白色の新調もの、白の手袋をキチンと嵌《は》め、右手には光燦めく真鍮製のカンテラに大型のテラシ（反射鏡）をつけてコース函に乗っておる姿勢は、各人画家の描いた絵の如く麗々しい粋な男、見惚れてヨダレを流す程であった。

この人形の如き扮装男が前記の様に捲揚げ前でコースのピンを抜く。すると坑口の近くで待っておる坑外の棹取りは空函を連絡して坑口に押しさげてくる。待機していた乗廻しはこの走り込み二十度の急傾斜を疾風の様にさがってくる函に飛鳥より早くそのコースもとにのり移る。それと同時に、捲きあげる際坑口に置いていたカンテラを右手に掴み、左手はコース函にかけておる。そのすばやい動作は電光石火か稲妻か、速く鮮かなその妙技、その熟練、之を眺めてあっと驚嘆し思わず声を出す程であり、手に汗を握らせる。如何に冷血漢でも暫《しば》しは恍惚《こうこつ》となり、溜息をつかせ唸らせるのである。

之のヤマの乙女たちが眺めて全身の血を沸かせることも多く、ヤマの花形男乗廻しは色男の代表者の如くヤマのジョウモン（娘）たちからもてはやされて、ヤイノ〳〵のあまい恋路に曳きずり込まれる事が多かった事は勿論である。しかし余りにも人気が太すぎて、恋に身を破る者も多く、或いは最後にはフテクサレの浮気娘とチチクリ合うて余り芳しくない女を妻にしておる場合もあった。つまり評判倒れの傾向もあったのである。とにかくヤマのジョウモンを悩殺させていたのは事実である。つまり浮気な娘をのー。

この乗廻しは毎日数十回函に乗って上下する。昔は捲き函も差し函も必ずコース函に乗っていたが、現今は中途に乗っておる所もある。それは何故か。それは極く小ヤマで坑内に片盤棹取りがおらぬから、コース函に乗っていては一本剣の転換や流し込みの都合が悪いので差し函合乗りは最も危険とされておるが、小ヤマではその危険な合間乗りを実行しておるのである。又スラセのある所は捲き函のコースもとは危険である。それはコース函がスラセに曳きつける事があるからで、乗廻しは大概コースもとには乗らない。猶捲き函は合乗りしていても危険は少ない。それはロープ切断や結鎖切れ、或いはドロバー、つまり引鉄の切断等による函の逆走の場合は捲揚中、その切断の瞬間、一時函が停止するので油断さえなくば飛び降りる隙があるからである。

このスラセは大概のヤマが作っておる。それは広範囲のヤマでは別に坑口を開さくすると資金が嵩むので、枝坑道をつける為である。スラセと一口に言うても大規模もあれば小曲りもある。中小ヤマは木材を使いスラセの摩擦面だけ小型のレールを使うておるが、大手筋になると全部鉄製の所もある。実例は私が昭和十四年の夏、日鉄稲築坑で製作したスラセは九十度に曲り二米《メートル》間隔で柱数が十九本、五吋×八吋のエッチ型アイオンに六十ポンドのレールを摺《スラ》瀬《セ》金《ガネ》にして、方杖材もスリッパ材も六十ポンドのレールを、5／3鋲でカシメ付けた。尤もレールは五分ボルト四本ずつで押さえる様にして、柱と柱の間は三吋のスクエヤアイオンを上下にして柱ぎわに立車ボールベヤリング付を二個取付けるのであって、その立車（スラセ車）は当時でも一個五十円程かかるのであった。一寸触れてもグル〱廻る軽快な車である。

排気卸し

排気卸し、之は上三緒坑に限らず現今でも通用しておるが、昔は鉄管卸し又は蒸気卸しと言うていた。尤も大正中期頃より電化して、蒸気の代わりにケーブル線が登場した。しかし之は後の話。

上三緒坑の排気卸しは三尺層の坑道で、初めの内はスチーム管の余熱で温度が最高部でも三十度以下であったが、ヤマが古くなると周囲の炭柱を払うので、取残された僅かの保安炭柱では強度の重圧に堪えきれず、十年位になると、自然に天井が低下してくる。それは上三緒坑は天井盤石が硬質頁岩《けつがん》であって、容易に落盤しないからである。重圧が激しくなるに従って全面的に盤膨れが激しく壁の崩壊も多くなるのである。

捲卸し坑道やカネカタ（片盤）などは始終盤打してクジリさげていたが、排気卸しの盤打はとても困難であった。それは盤膨れのために、各所にスチーム管の接続部フランチのワッシャ部からスチームが漏れ出、否猛烈に吹出しておるからであった。その為に随所に硬落もできて、その補修作業は遅れ勝ちであり、又中々困難であって思う如くに仕繰りが捗《はかど》らぬのであった。明治の末期頃には愈々《いよいよ》温度も加わり、上部になる程高く、四十度又はそれ以上の所もあった。それがため排気の要をなさず下部の方は別に排気風道を開さくしたが、上部の方は経費と作業困難で其の儘であったから、つまり高熱の部分だけは何うしても補修せねばならないのであった。

勿論仕繰中は下部の一方の扉（門戸）を開放して冷風を誘吸しておるけれども、四十度からの高熱で焦げつく程の暑さであった。この仕繰夫もヤマで評判する程の豪傑形の健康体の男女が之に当るが、如何に精鋭を誇る仕繰夫でも三十分きばれば三十分憩むと言う。それも後には休憩時間の方が永くなるのであった。それでも之に当たる人達は、毎日相当の栄養食をとらねば体軀が続かぬのであった。かと言うて、科学的のエネルギーとかカロリーとかをとるのではなく、別に強壮剤や滋養薬を服む訳でもない。つまり優等の日本酒を少量飲み、脂肪に富んだ新鮮青肴の生きのよいのを生造りで喰う位であって、それを実行せねば翌日必然的に作業不能に陥るのであって、排気卸しの仕繰方は特別の技術と特別の強体の持主でなければできない芸当であり、又専門的にやっているから金も儲かるけれども、相当、資金（食費）が嵩むとこぼしておった。

斯《こ》うして排気坑道の仕繰りは遅れ乍らも補修工事を進めていたが、至る所に吹出しておるスチーム補修が困難であって、中々手が届かない。それは蒸気止めをして、ワッシャ替えをする。其の間何十分かかかる。鉄管が幾分冷却する。それに蒸気を送るから、従来少し吹いておるのが太くなって、一部を直すと他に一部も二部も吹く箇所が増加する。かとて補修せぬ事には益々吹く箇所は多くなり激しくなるばかりであった。それで余り大量に漏出する所は補修を続けておるが、前記の如く都合よくいっても大を小に喰い止める程度であった。このスチームの漏出は、フランジのワッシャの吹き出しならば割合簡単に取替える事も出来るが、厄介なのはフランジのカシメ付根より漏出する場合で、パイプを取替えねば完全にならぬので、之は問題であった。之こそ長時間かかるので、愈々パイプは極度に冷却して全部のワッシャを吹き切る虞《おそ》れがあるからであった。

之が為に坑外のボイラーは最大の努力で高圧にあげておれども坑底に届くスチームは僅かで、最下部のポンプは何時も栄養失調的の運転を続けており、一進一退の排水の心細い事限りなく、ヤマの幹部たちの頭痛の種であった。それがため十三片のポンプは水没の危険に曝されていた。

この排気卸しのパイプ補修は、蒸気管はどうしてもスチームを止めねばできないから作業中も幾分冷却するが、押揚管（配水管とも言う）が故障の際（パイプ破損又はワッシャ切れ）はスチームを止めるから、暑熱地獄であった。下部の門戸を開放して冷風を送り込むと雖《いえど》も、握るスパナーが火傷する位に熱いので堪らない。その上にスチーム管と異り、締めたボールトが腐れついておるからスパナーでは全然ナットがとれない。しゃにむにタガネで叩き切るより外に術がない。一ケ所に六本は取付けてある。之を二人交代で六人位おって暫時作業を進めていくが、初めは三十分、やがて二十分、十分と永続せぬ様になる。一回毎に滝の如く流れる汗、鼻汁、涎水、涙。風道口に横たわって生気を取戻す事に努めておるが、後には汗も出尽して極度に疲れてくる。それでも早く完成させねば、排水に影響してヤマの死活にかかわるので、悲壮な決心でかかるのであった。修繕方、又は常一番、所によっては修補工、昔は坑内鍛冶など色とり〲に呼んでいたが、この機械方は熟練者を撰抜してかからせるが、ヤマの作業中一大苦難事であって、皆ヘトヘトになっていた。とにかく上三緒坑の排気卸しの暑さは筑豊のヤマでも類例のない程の暑さであって、排気卸しを横断するだけでも火焔の中を抜ける様に、露出部がピリッとする程であった。

又闇黒の中に漏出するスチームを安全灯の余光で眺めると、恰《あたか》も青白い火を吹き出しておる様に見えるのであった。それが何ケ所も物凄い程の音をジュウ〱と立てておるので、迂闊《うかつ》に踏み込むとそのスチームにやられる危惧があったのである。この暑熱地獄の排気卸しは坑外に強力な扇風機があったので、相当の熱風を吸いあげていたのである。それで途中の門戸を開放すれば、冷風は多量に吸込まれていたのである。

嗚呼、大正四年七月七日の午前十一時頃であった。上三緒坑の扇風機の排風塔の横より排気卸しに抜ける豆坑道があって、傾斜は三十度もかやっており約三十間位の卸しであり、それに門（扉）が二重にある。下部の門戸は排気通りより八番線で引き開ける様にしてあった。当日、坑内大工が二人でその門戸の修繕をしておった。ところが前記の頃にそのワイヤーを下から引張る者がある。大工二人は不審に思うた。普通、人の行く所ではない。いぶかり乍ら、二個の門を開放して冷風を入れつつさがって見た。ところが意外にも採鉱主任の鈴木氏が虫の息で横たわっている。手にはワイヤーをしっかと握っておる。さあ大変である。早速人々は駆けつけて鈴木主任を収容した。鈴木氏は、朦朧《もうろう》たる意識の中から熊井君がおると言うのであった。古参現場の熊井氏が排気卸しに倒れておる事が判った。私は当時機械夫でなく、仕繰夫の後山を当分やっておる時であったから、熊井氏の捜査隊に加わった。

この二人の現場員が遭難した排気卸しは上三緒坑で一番暑熱激して四十度以上の所であった。この坑道の専属仕繰夫長谷部義雄、三十五、六歳、他の仕繰夫山口勝太郎、その後に私が続いた。私の後にも二、三人やって来た。右又卸しの左部四片口から門戸を一部開放して冷風を入れつつ一大難所の排気坑道に乗りこんだ。勿論馴れた長谷部が先頭であって、漏れ出るスチームに触れれば火傷する。パイプや落硬をあちらにくぐり、こちらに抜けつつ約五十間ほど登った。上部に行く程熱度はあがってくる。ぽつ〱鼻汁、目汁、涎が流汗と共にボト〱と落ち始める。先進の長谷部は登る途中で非常手段として途中の板張り壁に指を差し、まさかの時は之を破れと命令しておった。やがて先頭の長谷部はもう行けないと断言した。私より五、六間先である。そこには昔の門の跡があって扉はなかった。それに顔を突込んだ時、顔が焼ける程熱く、その内に踏込む事は馴れた長谷部もできぬのであった。私も二十四歳の元気盛りであったが、そこに一人で入り込む勇気はないから、残念ながら熊井氏の収容もできず引返したのである。その時は十名位おった。

斯《こ》うなると、最後の手段として蒸気止めをしてその上部を探すより外に術はなく、早速蒸気止めをして大袈裟《おおげさ》な捜査にかかった。ところが熊井氏はその古門の場より約四、五間の所に倒れていたのである。暑熱地獄と雖も蒸気を止め、全部の扉を開放すれば流石《さすが》に温度は半分位にさがっていたが、それでも天井から落ちる熱水は一滴でも落ちかかるとアッと叫ぶ程、否火傷する程熱かった。

熊井氏の死体は発見と同時に坑外に収容したが、その惨状は皆目をそむける程の姿であった。顔や手等露出した部分は全部焼け爛《ただ》れて皮はオバイケをハゼラかした様になっており、剝けた後も赤黒く糜爛《びらん》して物凄く、如何なる鬼神でも涙なくしては正視できない屍であった。

一方、鈴木氏は熊井氏より幾分軽傷と雖《いえど》も重体であって、所長相羽虎雄氏の邸宅にて療養されていたが、十六日の午後十一時養生叶わず黄泉《よみ》の客、白玉楼中《はくぎょくろうちゅう》の人となられた。

ああ悲しむべきこの二人の尊き犠牲、この遺霊を全ヤマの人たちは深く嘆き、衷心より哀悼の意を捧げたのである。ヤマの鬼と化せられた鈴木、熊井の両氏は二人とも三十四、五歳の分別盛りであり、ヤマの柱石でもあった。まことに惜しき人物を二人も冥土に送った事は、上三緒坑の為にも一大不幸であった。それにしても生前鈴木氏にはボウランと言う綽名がついていたが、私はその意味は知らず、只大男であって髪は西洋人の如く赤らんでいた。熊井氏も痩型であったが、有力な採鉱係で主任補位であった。

之を想う時、上三緒坑の排気卸しは如何に暑熱地獄であったかが伺えるのである。まして筑豊のヤマが数多くある中でも上三緒坑の鉄管卸しは有名な難所とされていた。

明治の末期には、ボイラーもドイツ釜と言い、内地では製作出来ない物を欧州より洋上を浮かせて運搬したという。そのボイラーを六台も据え、他に和製の優秀なボイラーが二基もあって、全八台の内一基は塩叩手入を順次行うので、七基の釜に六人の火夫が三交代八時間制で当り、総勢十八人おった。当時でも、火夫は八時間制である。それが最大努力で焚いても焚いても前記の如く、鉄管パイプの漏洩《ろうえい》スチームが多い故に、プレッシャーゲージの指針は上昇しない。元釜には責任火夫がおって、何本でも連続的にデレッキを突込んで圧力をあげる。その責任者がスコップで調子よく下部の鉄板をガタ〳〵と鳴らして、まぜ方止めの合図をする。その間に滓取り人夫は釜がすを函に掬い込むのである。その釜かすが八時間に三十函位も出るから、如何に蒸気が堅いかが判る。

かかるが為に冬は火扱いで堪え得るが、夏季には昏倒する者さえある。それは七基のボイラーを六人で焚くから中間は二人で三基担当である。これ程の重労働は他にないのであった。一つは釜炭が粗悪炭であったからである。二号炭又は錆炭で、半分硬の燃料が多いので特に火夫の労力を尨大ならしめておった。これはヤマ人の燃料の所でも記した通りである。良質石炭は売品にする営利主義のヤマでは致し方ない環境であった。筑豊で蒸気の堅いヤマは上三緒坑か住友忠隈炭坑かとの噂が高かった。

石炭の運送

上三緒坑では前述の通り坑内から捲きあげると、其の儘桟橋に炭函を走り込ませて万斛《マンゴク》にカヤし塊炭と粉炭の二種に撰別して塊炭だけ混入硬（ボタ）を撰炭しておった。その石炭を坑内の炭函と同形の軽製運炭函に積んで、芳雄（渡場とも言うていた）まで馬に牽かせていた。レールの上とは言え一頭の馬に七函三噸《トン》を、約三キロの線路を毎日五、六回数頭で運んでおったのである。馬車馬の如くに酷使すると言う文句通り腹ばかり膨れし痩馬の尻を叩いて、雨の日も風の日も、こげつく暑夏も、凍てつく寒冬の日も、四季を通して月に一回の休日以外は遑《いとま》なく、サシ〳〵、ドウ〳〵の呶声《どせい》の下に黒ダイヤの輸送にこれ努めていた。

明治三十二年頃、上三緒坑とは坑主は違えども、山野炭坑も始まって嘉麻川を渡り、芳雄にある鉄道の貨車積込場まで馬車で運送していた。三井と麻生氏の妥協の上で上三緒坑・芳雄間の線路は共同線であった。

この馬力による石炭運搬は明治三十五年、鉄道が山野炭坑まで枝を延ばしたので上三緒坑も山野坑も馬鉄は廃止したが、上三緒坑の姉妹坑である山内坑は鉄道の引込みが困難でもあり、又それ程大規模のヤマでもなく依然として馬車で曳き出しておった。そうして日本に類例のない鉄道を横断線路で芳雄の積込場まで運んでおった。この馬車の請負主は大隈の新野氏であった。大正時代有名な大阪朝日新聞の新野飛行士の父である。

山内坑の運炭は大正九年頃、旋条機ロープ（エンドレス）によって運送する様になり、之又《これまた》馬車は廃止になった。その頃は旧山内坑は廃坑になり、明治二十九年頃廃坑になっていた獅子場の山内坑と変っていて、径一吋《インチ》のワイヤーロープ一万呎《フィート》以上を要するのであった。よって山内坑から芳雄まで五千呎余である勘定である。それと同時に鉄道を十字形に横切っていたのも変更して、少し離れた南方のガードの下をくぐる事になった。これによって運送も機械化して、馬の失業者が数頭できた。何れ馬肉になりトランクになったのもあろう。最近は昭和二、三年頃より電池牽引車で運送しておる様である。

右の様にして原始的働作、人力や馬力による石炭運送は、次々に鉄道の延長によって剝ぎとられていった。大正二年八月には漆生《うるしお》線も開通し、途中に赤坂、鴨生《かもお》の駅もでき同九年九月より人を運ぶ汽動車の運転も始まった。大正十五年には入水トンネルも貫通し赤坂より田川郡船尾より後藤寺まで連絡した。麻生氏の事業により七月十二日に千八百尺の入水トンネルが開通祝いをしたのである。

扨《さ》て石炭の運送に就ては、汽車（オカジョウキ）が至る所に手を延ばす以前は筑豊のヤマは総て遠賀川の流れを利用した川舟輸送であった。つまり石炭ばかりでなく総ての資材又は製品の運送も川舟であったが、明治の中期頃は石炭運送の全盛期であった。それが為に雨後のツクシの様に船頭の数も増え、板子一枚下は地獄の流れ水、喧嘩早いが川筋男と気も荒く、従って荒金儲けもしていたが、月に叢雲《むらくも》、花に風、ここに大きな嵐、否大々台風が襲来した。それは前記の汽車である。明治二十二年に始めて九州に列車が動き始め、同年に筑豊興業鉄道株式会社の手で若松より直方まで鉄道が開通した。之によってボツボツ船頭の職域を狭めて来た。同二十八年には飯塚より碓井まで枝を延ばした。それより先も遑《いとま》なく延長工事が進捗しつつあった。この鉄道の発展は国の文化の歩みで公益のため洵《まこと》に慶すべき事業であるが「利器が動けば手があまり」の標語通り、川舟運送で生活しておる多くの船頭は忽《たちま》ち響く飯の種、我が職場を喰い荒されるのは猛獣の襲来より恐ろしく、さや愈々《いよいよ》俺達はオカジョウキの為に飯食い茶碗を叩き落される時が来たと、寄るとたかるとその評議に神経も過敏になり、天を仰いで嘆息する者もあり憎っくき汽車にレールとあると、怨恨の情に燃え、直接間接あらゆる手段を講じて線路工事の妨害をしたと言う伝記が残っているが、私は之を直接調べておらぬから細説は省く。

明治三十年四月より前記の会社は九州鉄道株式会社と改称して、三十一年には大隈まで延長した。こうなると転職もせず川舟にかじりついていた多数の船頭も、舟を枕に昼寝する状態下に曝された。勿論気の早い人や好都合の仕事を捉えた人は二、三年前から見限って転職したり、商人になったりしていたが、大抵の者は百姓するには田畑はなし、商業には資本なし又経験もなしと言う環境下で背に腹は変えられず、おっとり早い手近い所のヤマに入り込む者が多かった。「船頭多くして、舟、ヤマに乗りあげる」の譬え通りであった。つまり「汽車走って船頭ヤマに逃げる」などと洒落ておる人もおった。

右の様に汽車に梶も竿も奪われた形の船頭は明治時代の豪華な生活、一攫千金の石炭運送、一回、若松、主に芦屋に船を流せば十五円位になり、父は舟子弟子を二人もおいていたと言うから、一週間位で三十円又は五十円近い金を儲けていたのである。米一升四銭の時であったらしい。又小ヤマの坑主は紙幣の束を積重ねて自己の石炭を運送させる事に競争して船頭の買収に努めていたと言う。それが為小は一円、五円、十円の札が五月蝿い程あったと、母は昔を追想して私たちに話した事がある。

〽遠賀土手行きゃ雪が降りかかる
　帰りゃ妻子が泣きかかる
〽遠賀下れば山部で泊る
　泊る筈だよ　花だもの

こんな船頭歌もあったそうだが、私の父が唄うのは聞かなかった。「舟は帆まかせ、帆は風まかせ、一度流せば金の山」こんな荒金儲けをした父は相当の貯えもあったらしいが、二、三年間失業下にあって、子供は私共五人もいて喰潰すので、座して喰えば山をも空しで、前記の如く近くの上三緒坑に流れこんだのである。

それはヤマには永くおるまい、子供の手足を伸ばすまでだと、心に誓いし父であったと言うが、一度泥沼に足を踏みこめば容易に抜きとる事あたわず、我たちも意気地なくヤマで一生を終らんとしておる。親譲りの素寒貧《すかんぴん》の儘で。

話は脱線した。扨《さ》てヤマに流れこんだ父始め多くの川舟船頭はいわゆる川筋男で気も荒く腕力も強いし、つまり胆力にも物を言わせて馴れざる地下の仕事と雖《いえど》も須臾《しゅゆ》にしてヤマの熟練坑夫になるのも早かった。

一朝にして青雲天井の水上生活者が、生きるがために地下の闇黒のスミドリ坑夫と変転した、夢幻の如き世の中である。

序《つい》でに鉄道の事を記しておく。鉄道は日に月に延長を続けていた。明治三十一年には大隈まで、三十四年には現在でも終点の上山田まで枝を張った。一方明治三十四年には飯塚駅より天道を経て長尾（今の桂川駅）まで延長した。其の他は前記の通りである。列車に関する起原や歴史をかけば際限がなく、又それは日本鉄道史にもあろうから省くが、明治時代の汽車の形相や外観を記す。当時の機関車は極く小型で細い二尺位の煙突、真鍮製の坊主型、ストンガップが中央に一個あるオモチャの様な姿であり、石炭車も八瓲《トン》積又六瓲積で、勾配部底は鉄板であるが上部の立板は木製が多く、それを十四、五台も牽いて飯塚駅から嘉麻川の鉄橋に至る緩い坂を登る際など、ポッポ、ガタンコ〳〵〳〵とそれは〳〵遠望すると気の毒な程の進行振りであった。その他旅客列車も側面から扉をあけて各戸に入るゴザ敷の腰掛けであった。これは大正時代まで筑豊線にあった。現今の阿蘇や雲仙、霧島などの急行列車と比べると、横綱力士と赤ん坊程の差がある。

蛇足ながら筑豊線の桂川駅より延長が開始され、大正十五年四月には難関冷水トンネルが起工、昭和三年五月には内野まで、十二月には一万二百尺が完成して原田まで開通した。

坑内服装（男坑夫）

明治中期頃のヤマの坑夫の入坑姿を述べると、男先山は坑内の仕事をするので安全帽のない時代ではあり、頭髪を短く刈る事を嫌うていた。それは低い坑内で頭を天井に打つからである。その長目の頭髪に和手拭で額の横にねじり鉢巻をしめ、着古しの短いボロ衣をまとい、肩にツルバシを五、六梃位担げ、腰にはトンコツと言うブリキ製の莨《たばこ》入れとキセルを差し、其の他用心深い人はブリキ作りのマッチ入れをトンコツと一緒にさげておる者もおった。片手にはブリキ製のカンテラに合油（石油と種油を半分ずつ入れたもの）、それにヒヤカシボウと言う鉤型の取《ニギ》り手ガネを提げており、切羽では跣《はだし》であるが、昇降道中はワラジを履いておった。

朝自宅を出る時必ずカマドの燃え墨、カガリを指先で額にナスリつけておった。それは三宝荒神にその日の安全を祈願するのであったと思われる。危険な坑内作業であり、神々に無事をお祈りする心理は純潔であり、神の力を借りる護符の代りにカマドの墨を戴いていたのは迷信でもあり狂気じみておるけれども当時の人達はヤマの人ばかりでなく、総てが神様のお加護に縋っていたのは想像以上であった。しかし朝の門出に我が身体を神様が保護しておられる、守っておられると言う安心感が湧いて心強く気がかりなく作業のできるのは精神的にもよい事である。まして当時のヤマの人達は額にクドの墨をつけぬ人でも、金襴の袋にお守様を封じ込んで首にかけたり、又は肩から斜めにかけておる人が多く、敬神か迷神か妄神か、神様依存の建前から八百万の神々から種々のお守様をお享けしておった。中でも成田の不動様の木札のお守り、之は一代守りで一度だけ身代りになって一命をお救い下さると言う肩書と伝説がついていた。その木札が割れた場合は完全に身代りに立たれた証拠であると言うていた。其の他不動様のお守りに紙袋のお利《り》剣《けん》があって、小型の錦の布に包んである。手の腹にのせると、その薄紙の長さ一寸余りの利剣が独りで切先を擡《もた》げる。運の悪い人はその利剣が微動もせぬと言う事である。このお利剣は塩谷神社のお守りにもあった。

扨《さ》て身の安全、神への祈りは之位《このくらい》でやめておき、先山さんの話に移る。先山は切羽につくと裸になって鉢巻と褌だけで其の他は何も身につけない。褌は総て小サラシ白木綿の小幅六尺もの又は五尺ものを締めており、パンツや越中褌ではない。切羽は単丁切羽で木喰虫の様に掘り進んでいくのであり、炭層面の上中下の内一番柔い所からスカシ抉り掘りをして、切羽全面二尺以上も気永くスカして、少し浮いた所を打落し、打上げするのである。それには金矢と言う鉄製で先が尖り柄穴のない長さ五寸位のクサビを両頭で叩き込み打落す事もあった。

昭和の初め頃より改良ヅルと言うて鶴嘴《つるはし》の穂先だけ取替える様になって、親ヅルが一梃あれば、後は穂先だけ何梃でも持参できる様になり便利になった。しかし昔はそんな利器はなかったので、五梃も六梃も担げて入坑し、中で後山が坑外に焼直しにあがる事もあった。しかし昔は無理な腕力掘りであったから現今の改良ヅルでは上炭や底炭を打落したり打上げたりすると角穴が直ぐ太くなって、本当の作業はできなかったかも知れぬ。改良ヅルはスカしたり、無理な捏ね掘りをせぬ採炭には好適である。又、中々便利でもある。しかし現今は文化利器或いはマイトの多量使用によって、鶴嘴を振う事は少なく、改良ヅルが最も好適の時代となった。

極く小さい狸掘りのヤマは別として、一ケ月千砘《トン》以上の出炭ヤマでも、電力を用うれば、ドリルを使用してマイト孔を穿つことができ、ダイナマイトもふんだんに使用できるのである。大手筋では圧風機による鑿岩機《さくがんき》で孔を穿ち、カネカタまでの送炭もチェーンコンベヤ、ベルトコンベヤを使い、コールカッタ（岩掘機）等も使用されていた。大正時代にはセーカーコンベヤ、水流しトラフもあったが、今は姿を見せない。其の後、ストリッピング、スクレーバーなどが使われた。これはカネカタまで石炭を掻き落すのがあるが、岩丈の低いヤマ以外は使用しておらない。其の他カッペ式払い切羽など鉄柱を移動して、天井落盤を完全に予防しておる大ヤマもあるが、之も至って数が少ない。マイトのピス（雷管）も電気による発破が多い。之等の外にも多数の利器はあり文化採炭法を実施しておると雖《いえど》も、災害の点では昔に比し減っておらない。この災害防止の件は後で語るので省く。

話は脱線したが、昔の先山さんは相当の技術がいったものである。只無闇矢鱈《ただむやみやたら》に体力ばかりで鶴嘴を打振っても石炭は掘れず、徒《いたず》らに疲れるのみで、いわゆる粉炭先山となり、切羽はイモガマの様に丸くなって何処が切羽面か判らぬ様にネブリつけて炭層は愈々シカめ、堅い石炭は一層堅くなるのである。之を玄人が掘ると理屈詰めで切羽を四角にとり、一方を切落して板目を出し下部や中部、ある時は上部でもスカシ掘りして打上げ打落しするので、比較的労せずして多量の石炭を採掘するのである。又、只石炭を掘り出すばかりではなく天井の悪い、落ち易い切羽では支柱、入枠、荷なわせ、打柱、ハネナリ等で巧く支えねばならぬ。之も玄人でないと完全な仕繰りができず、怪我をする事が多い。又素人は不完全な支柱をするばかりか、時間も多く費すので能率もあがらない。

坑内服装（女坑夫）

女は流石に裸で作業するのは余っ程暑い所であって、それでも上衣を脱ぐ位であった。上衣も半袖で丈も短く、前は臍《へそ》の所まで位で後は二、三寸長く腰の辺までのシャツであり、ユモジヘコも短く前は股の中部まで、後は膝の上位であり、何れも白木綿のスコギを締めて肚力の桁にしており、頭には汗ふき手拭とは別に新しい手拭を被っておるが、それはアネサン被りではなくて、中央のイチョウカエシやモモワレ髪をまいて、全髪を包んでおらず、前髪などは現われていた。又天井に触れても直ぐには落ちぬように括っており、針などでとめている様であった。尤も先山のように直接、炭塵にまみれぬのでその割りに埃りを被らぬから、全髪を包まずに頭の尖端だけを蔽うていたのであろう。又、ユモジも短いにも拘らず、ズロースやパンツも嵌《は》めておらず、昇り切羽などあがる時などはかがんでいくので立鳥帽子を露骨に現わす事が往々あった。

入坑の際は先山と二人分の弁当、スラ曳き用のカルイ、炭函の札数枚、それにカンテラ位で若い乙女でもメカシ道具など持参する者はおらなかった。けれども色気盛りの娘になると、お洒落と言う訳でもあるまいが、粉炭による汚れ位は立派に洗い、又は拭き落して昇坑しておる様であった。尚《なお》当時の弁当はクラガイ又はガガとも言う大竹で作ったもので縦二寸五分、横二寸五分、長さ五寸位の楕円型で底は杉の薄板で上下被る様にしてある。それに上下二人分飯を詰め（四、五合飯）、菜は別に小型のガガに詰め、風呂敷又は網に包んである。之等のクラガイを上下に詰める後山は、夫婦か父娘か兄妹かであるが、中には共稼ぎでない女坑夫は他人先山と組んで一先となって働くが、それも都合よき先山男がおらない時は女乍らも自分一人でキリダシ（採炭する）て男以上の能率をあげ得る勇婦もおった。

とにかく昔の女坑夫は惨めなものであり可哀相でもあった。亭主と共稼ぎでまっ黒になってあがるや否や、食事の仕度、炊事方であり、それも前記の様に飲料水も乏しく不自由であり、まして乳児のある主婦になると預児院のない頃とて他人に預けたり、自宅の留守据飼人にまかせておるので、途中坑内から昇坑して乳を与えておる者もあった。

男は昇坑すると直ちに入浴し、刺青を出して胡座《あぐら》かき、両肱張ってアガリ酒を飲んでおる。それをヤマの下罪人の建前としておって、昇坑して妻の炊事の手伝いなどする男はおらず、いわゆる現今の愛妻家はヤマにはおらなかった。愛妻処《どころ》か女房が不平でも言うと殴る位の見識を持っていた。当時のヤマ人は、愛妻家であればヤマの評判になる位の鼻毛長男と言われる程であって、人から後指をさされるのであった。尤も前述した如く、昔の先山は腕力本位の採炭法であるから、その労働は後山の幾倍かに相当もするので、昇坑して炊事の手伝いもする余力もなかったかも知れぬが、女もそれを当然と考えておる様でもあった。

明治時代の女は人の妻になると必ず歯を黒く染めていた。オハグロとかカネとか言うてフシと言う植物の実の黄粉で、小筆で毎月一、二回染めていたが、ヤマの女はその暇がないのか白歯の人妻が多かった。余っ程年増《としま》でない限り。

現今の機械化したヤマには女坑夫は無理であるが、昔の小ヤマの後山は女坑夫の方が適当であった。第一、坑道が浅い。入坑時間があらかじめ決めてはあっても、カンテラ提げて自由勝手に入坑も昇坑もできるし、先山亭主は何時間か先に入坑して採炭しておる。妻は家事の後始末を済ませて入坑し、昇坑の際も一足先にあがるという便利さもあって、女房の働ける家庭は日常生活に怯やかされる憂いは少なかった。否家計の補助此の上ないのであったが、病弱な女や子供の多い女は働くにも働けず、その日その日の生活に追われる家庭が多く、つまり女の働ける者は幸福な家庭であり羨望される傾向もあったが、女も多忙であった。

それが為に自然に子供に無理がいき、未だ十歳にも満たぬ少年を坑内にさげて、後山代用に働かせておる者もあって、例の、

〽七ツ八ツからカンテラさげて
　坑内さがるも親の罰

この文句通りに実行して、いとけない少年を闇黒の地下数百尺に追込んでいるのである。それが原因で学校は長期欠席、否、全然出校せぬ児童も多く、中には入坑させずとも、長欠させて自宅で留守番兼子守りをさせて主婦は働くと言う家庭も多かった。

又、当時は封建思想の濃いかった時代とは言い乍ら学校の事には余り関心は持っておらず、貧乏人児童はとても筆で飯を食う人間にはなれないと、断然諦めてもおった。いくら踠《もが》いても学者には絶対なれない、上級学校にいく資力もなく、其の日暮らしの環境がそんな思想にでっちあげていた。それでなくとも当時はヤマ以外のプロレタリヤは「学校するよりカクゴせよ」「セキバン買うより、シバン買え」などと唱えて、敢えて学校を厭悪する様であった。だから児童がいくら学校をサボっても、学校の成績が良かろうと悪かろうと甲乙丙など無頓着であり、何等の痛痒《つうよう》も感ぜぬ無神経振りであって、そよ吹く風の夕景色程も気に留めておらない様であった。

扨《さ》て女坑夫は、後の事ではあるが昭和六年十二月に法令を以て坑内作業を禁止された。之は全国のヤマは総てであると私は想うていた。恰《あたか》も私は日鉄稲築坑におったので、ヤマの不景気の最中ではあり、この女坑夫全廃と共に男坑夫も若干馘首された。之によって女は地獄の淵瀬より浮びあがったが、その反面男の一人働きとなって、家計の苦しみは深刻となったのである。それは言わずもがな、従来の男女共稼ぎが男一人となっても賃金が増額されない以上、生活が苦しくなるのは当然である。これが為に一時賜金によって馘首された女坑夫は悲喜交々であった。

それから九年後、昭和十五年の九月に私は田川郡の猪位金村《いいかねむら》位登《いとう》長尾坑業所に移転したところが、私を驚かせたのは女坑夫である。長尾坑ばかりではない、近くの小ヤマは総て女が入坑していて、十年前のヤマと少しも異らない。只女坑夫のおらないのは独身寮、大納屋の飯場だけであって、世帯持は皆女が働いておる。採炭、掘進、仕繰り、日役夫それ〴〵坑内被りの手拭を頭にしてガスカンテラを提げ、女々しく入坑しておる。之は日支事変によって男は次々に応召され、ヤマの手不足からでた女坑夫の採用と思われたが、それ以来大東亜戦争の終るまで女坑夫は働いておった。この女坑夫が小ヤマで入坑廃止になったのは昭和二十一年の秋である。それと同時に大納屋も廃止され、労働組合が発生した。

これによって、小ヤマの世帯持ち坑夫は十五年も遅れてここに又亭主一人働きの苦しい生活をたどるのであった。坑外の仕事も少しはあるが至って少なく賃金も少ないのに、坑内作業に馴れし人は坑外の作業は苦手でもあり、自然に生活苦に追いこまれるのであった。しかし男坑夫も八時間制になって従来の十二時間、それ以上の長時間勤務も改変して肉体的には楽になったが、生活苦は戦前の数倍である。毎日を生きる為に喘いでおる哀れな姿である。ヤマの不況のしわよせは主婦に直接かぶさってくる。それも老坑夫ほど風当りが激しい。

広島坑夫

明治三十二年頃の上三緒坑には、募集坑夫とも言われていたが、広島県から多数の人が移住してスミドリ（採炭夫）になっていた。私は子供の事で正確な人数は知らないが三十名位はおったと思う。夫婦づれ又は親子づれが主で、足手まといの子供や老人はおらぬ様であった。それは、大体の目的がヤマに永住するのではなく、二、三年か或いは一年位の出稼ぎで相当の貯蓄をして故郷に錦を飾る趣旨で来ておる人達であった。つまり半身不随の我が家を蘇生させるがための遠征で悲壮な決意で上三緒坑の坑夫になっておるのであった。その堅い鉄意の出稼者だけあって、それは〳〵言葉や筆では表現できないほどの勤勉振りで、極度の節約を励行し、いわゆる一文銭でも割って使う様な日常生活であり、其の行動は想像もできぬ程人間離れした活動振りであり、当時のヤマの下罪人を驚かせていたと言う。この広島の人達のお国訛りでもあるが、極度の方言による珍無類の言葉が現今までも上三緒坑初め他のヤマにも残っておる。これは広島の人同士が談話しておるのを、聞いた儘に記すものである。

「ナンジャーハー。米ノメシニャーサァー（菜）ハ、インサランケーノー」

之は米の飯を食うには、菜《サイ》（おかず）を添える事はいらないと言う事であるが、この言葉が専らヤマの人達の間に流行しておった。又米の飯にお菜を添えるのは勿体ないと言うばかりか、魚類などは絶対買わない。売勘場より沢庵漬を一本一銭位で求めそれをスリッパ形に切って二切れ、三切れおかずにするだけで贅沢どころか当然の食事もとらない。坑内作業でも玄人坑夫の様に能率はあげ得ぬけれども、時間は無制限であるから、長時間稼ぎ、つまりネバリと根気で頑張り通し、遅くあがって余裕があると藁を求めて草鞋を作り一足一銭五厘で売るやら、自分で使用するやらしておった。アゴの多いヤマのおかみさん連の中には、よくもあれで体力が続くものじゃと気を揉んでおるひまな人もおった。本当に人間業では実行できない活動振りであるから、非常識なヤマの人達でも舌を巻いて感心しておった。

この奮闘、この努力、この節度、これを永続すれば、或いは栄養失調で倒れるかも知れぬが、本人たちはヤマの人達が心配する程の心痛はないのであった。それは郷里にあっても粗食に馴れておるし、且又《かつまた》一銭でも多く蓄財を築き一日も早く帰国する事を願望して、山をもゆさぶる大きな潜在力、夢幻の力を発揮しておりその希望の魂魄が溢れておるからであった。

何だ二、三年間の短い苦難だ——郷里の陋屋《ろうおく》を再興させるか、其の儘朽ち倒すかの土壇場だと切歯《せっし》扼腕《やくわん》、最大の努力、その報酬が現われて二、三年後には相当の蓄財を持って故郷に錦を飾った人もおった。しかしそれは全員ではなく半数位の人であって、あとの人達は何れも初めの希望も目的もイスカのハシと喰違い、怪我や病魔に魅入られて不幸続出、鉄石の如き鋭鉾心もくじけて其の儘ヤマに座り込む、つまり真のヤマ人に居直るのであった。中には貯金どころか、逆にサカ（借金）しておる様な不幸せな人もおった。又重傷の果てかたわになっておる人もおったのである。これは老定不障、人生の運命とでも言うのであろうか。天命なりと諒解するのが至当であろうか。それはこの広島人ばかりでなく誰にとってもある浮世の習いである。但し勤怠の精神は別として、「三度炊く飯さえ固し軟らかし思うままにはならぬ世の中」と言う昔の狂句がある。げにその通りである。

この広島の人たちのナンセンス型の方言が一、二あるから記しておく。

「ヤマのヒートはハー、サルサルいんサルときらいんサル」当時のヤマ人は猿という言葉を極度に嫌うており、迂闊《うかつ》に発言すると子供でも叱られ又は叩かれる位であった。猿は腰縄をかけられており、サル、つまり消えサルを意味するからであろう。

次は坑内での出来事であった。当時は採鉱係員のことを坑内係又は小頭、普通は頭領と言うていた。或る日、その頭領が広島坑夫の切羽を巡視した時の話である。

広島人は頭領に向って、「トウロウサン、トウロウサン、切羽の向うから火がデヤンスが、なんぞハー、人にワザはシンサルメカノー」と言うた。頭領は之を聞いて自分をなぶっておると思うたので、むっとして、このフーケ（フヌケ）がそんな事があるかと言うた。処が広島人は、「フケジャガンセン、カ、カ、カータデガンス」と弁明した。これを聞いて、愈々《いよいよ》頭領はあいた口が塞がらず苦笑した。

これは、上三緒坑の切羽には時々大小はあるが松岩が炭層の中に出る。鉄より固い松岩に鶴嘴の穂先が当ると火花が散る。その火花を心配して、係員に問うたのである。その岩が切羽の高い方肩に出ており、害もないので係員がフヌケと言うのを方言で「フーケ」と言うて叱ったのに対し、肩であると弁明したのである。

この松岩事件の笑話劇は実際あった事か私は子供で知らないが、専らヤマの笑話となって賑わしておった。これはあるいは頓智のよい人が広島言葉を利用して滑稽的に創ったのではあるまいか。しかしカケダシの広島の人のこと、純粋の素人であったからこの位のことも全然なかったとは断言できないのである。

坑内歌

〽いやな人繰り邪険な勘場　情け知らずの納屋頭　ゴットン

この坑内歌は明治時代には鼓膜に響く事はなかった。それは誰でも唄わぬからである。ヤマの坑内歌を昭和三十年以後に作るなれば何百歌詞も出来るし、うまいと唸る様な名句もある。

私が今書いておる歌詞は現在、昔のヤマ人が唄っていた文句だけである。よって其の数も少ない。残念な事には社会に発表されない歌詞が沢山ある。つまり下卑《げひ》陋劣《ろうれつ》、淫猥《いんわい》きわまる歌文が多い。委《くわ》しくいえば男女の生殖器に直接言葉が触れた歌ばかりと言うても憚らない。白紙に書き表わせるのは、そのふるい洩れで誠に僅かである。

前記情け知らずの納屋頭などの歌は大正後に作ったものであろう。明治時代にはこんな歌はたとえあっても堂々と歌いきる様な心臓の強い勇気のあるものはおらない。それ程納屋頭とか人繰りは顔もきけており、ボスでもありゴロツキの標本的な人物揃いであるから、面と向ってどころか陰でも唄わぬ、唄われぬ。迂闊《うかつ》に聞かれるとドヤされる。しかし発表のできない坑内歌は人を笑わせる文句ばかりであるから、坑内でそれを唄えば坑内全域が朗らかになり笑いのどよめきが起る様であった。

ヤマ人たちが函ナグレ（炭車の故障其の他）で何時までも廻って来ぬ時、捲立（差込口）で大勢函持ちをする。そのときなど淫猥きわまる坑内歌が一番賑わい朗らかになる。

ヤマ人は、歌以外では喧嘩と博奕の話に花を咲かせる事もあるが、これは凄惨な話に変化する事もあるから、興味もないでもないが愛嬌が少ない。何より歌と恋愛関係のもつれなどの話が賑わうのであった。まして女坑夫の歌声は坑内では美声にきこえる。

坑内歌は別に記しておるが明治、大正時代に流行したもの、つまり発表できるものだけを左に書いておく。

〽卸し底から　吹いてくる風は　サマちゃん恋しと吹いてくる
卸し底から　百斤カゴ荷なうて　ツヤでくるサマ　わしがサマ
唐津ド罪人の　スラ曳く姿　江戸の絵かきも　かきゃきらぬ
どうしょ　かいなの此の刺青は　どこのいれしゃが　入れたやら

あなた一番　わしゃ二番方　あがりさがりで　逢うばかり
七つ八つから　カンテラさげて　坑内下るも　親の罰
昇りゃ掘んなさんな　目に石が入る　卸しゃ掘んなさんな　水がつく
エブとガンヅメが　流れて下る　どこの切羽で　止まるやら
ひげをはやして　金の杖ついて　小頭さんといや　オイとぬかす
どうせ此のヤマ　シカイと見えて　卸し本カイドに　コロがない
わしがサマちゃん　函乗りまわし　まいてさしてオーライすりゃ　手間が損
言うちゃすまんが　うちのカカ手ぎき　夜具やフトンの丸洗い
娘喜こべ　今度の婿は　仕事嫌いで　女ずき
いしはチョンカンでも　時間さえたてば　あがりゃ　二合半が腕まくり
見てもぞーんとする　かなやたんのつつみ　サマちゃんが　オンプルプンと言うたつつみ
あなた正宗　わしゃ錆刀　あなた切れてもわしゃ切れぬ
ツルはカンコヅル　先山ねんき（若造）　あとむきゃテレゾウでいしゃ出らぬ
してもせんとこく　撰炭場の娘　今朝も二度した薄化粧
いざり勝五郎　車にのせて　曳けよ初花　箱根山
金のあるときゃ　親分児分　金がなくなりゃ知らぬ顔
親分たのむと　血刀提げて　町の警察に自訴《じそ》をする
女ながらも　滝夜叉姫は　七十五人力　蟇の術
女禁制　高野の山に　何《な》して女松がはえたやら
奥州仙台　伊達陸奥の守　なぜに高雄が　嫌うやら
昇り下りの　イシの目も知らず　先山さんとは　名がおかしい
なんと化けたか　三ッズのサイは　サイは五ん五、六　アイの島
あなた百まで　わしゃ九十九まで　ともにシラミが　こじるまで
いれておくれよ　キンタマの根まで　わしが仕たてた　モモヒキを
わしがわるくば　あやまりますが　さほどあやまるわけがない

以上が明治時代、嘉飯地区の坑内で唄いしもの、唄わざる坑内歌は別に百程ある。

ガスケ（ガスの爆発）

上三緒坑には社会を震駭《しんがい》させる様な大袈裟なガスの爆発事件はないが、一部の単丁切羽で爆発が起りヤマを時々騒がしておった。私達がヤマに入りこんだ明治三十二年頃には毎月一人又は二人位の爆傷者が発生して、ヤマの人達を恐怖のどん底に叩き込んでいた。且又《かつまた》嘆きの種にもなっていた。当時のヤマの人達は又ガスケが破裂したと言うて全身黒コゲの怪我人を収容する場面を日々予感しておった。ヤマの幹部から働く坑夫に至るまで、ガスに対する予防と智識が如何になかったかが伺える。しかも裸火のカンテラであるから、火を持って枯野に飛込むのと同じであって、何と乱暴な危い事、累卵《るいらん》の如しでもあった。

私たちが上三緒坑に来て二ケ月も経った八月末頃であった。棟違いの東隣りに光安真次郎と言う四十四、五歳の坑夫がおって、ヤマの仕事も玄人であり、頗《すこぶ》る熟練者でもあったらしい。その光安さんの長男菊次郎さん十八歳がガスケで爆傷した。つまり、殆《ほとん》ど全身の火傷である。重傷と雖《いえど》も当時は入院治療する様な医院は飯塚町にもなかったので、自宅療養であった。古参坑夫の特等納屋で六畳一間の家で、土間も少し

広く、普通の棟割九尺二間の四畳半よりは幾分は凌ぎよいとは言え、狭い窮屈な室内で表口と流しの窓、裏も押しあげ窓で、掃き落しではない。それに菊次郎は全身繃帯《ほうたい》をして横たわり毎日仰向いて碧空《へきくう》を眺めており、或る時は小鮒やシビンタなどを小壜に入れて、その泳ぐのを見て気を紛らしておるのであった。

しかし外傷だけで内部にガスを吸込んでおらず、火傷の程度も割合軽く命には別条なく、日に〳〵快方に赴いており、医者も温泉療法を勧めたので、やがて菊の花も早咲きは蕾を破る秋の初めに、菊次郎さんは釣タンカに乗って近所の人達に担がれ二日市の武蔵温泉に入湯療治に行かれた。斯の米山峠の昔の改造前の石骰路をヨイサ〳〵で担いで行った人達も一苦労であったろうが、乗っていた患者の菊次郎さんもさぞや疲れた事であろう。

扨《さ》て話は逆転する。この菊次郎さんがガスケでやけて坑内から炭函であげられ、自宅まで戸板で担がれ、大勢附添い医者も来た。その哀れな姿を見た私はヤマに出て未だ日も浅く、如何に少年でもヤマの坑内作業の危険である事は知っておるとは言え、まざ〳〵見せつけられて今更の如くヤマの仕事の恐ろしさを覚えたのであり、父が毎日入坑するので、学校に行っても怪我のない様にと、心に念じておるのであった。ヤマの負傷者は戦争の如くに多いと雖《いえど》も、中で一番怖いガスの爆発事故は現今でもヤマの一大厄病神であり、最悪の災禍であり、悪魔である。大ヤマの様に一度に大勢の火傷者を出さぬとは言え、時々、二人三人とこの負傷者がでていた。之程《これほど》ヤマ人の不幸があろうか。身の毛もよだつ思いである。

この災禍に罹《かか》り命を落し且又全快しても皮膚はひきつり、人相も変るので悲惨此の上もなく、あな恐ろしき事共かなと私は想うていた。又ヤマの災禍はある可《べ》き筈《はず》とも考えていた。そうしてこの災厄を遁れ得ぬ人は不幸な人であるとも考えていた。この災難を享ける人は何らかの前世からの悪因果、因縁とも子供心に考えたりしたものである。ヤマへの走《カケ》り込みの新参者の私達の事で「盲蛇におじず」式に無鉄砲な事を想像していたのであった。父は何と思うていたか知らないが、新参者であるが幸いにもカスリ傷も享けないのであった。このガス以外にも落盤、炭車事故其の他の災害は多かったが、その予防策はヤマの幹部や父達も考えていたかも知れぬ。しかし当時はヤマの災害防止に関する研究などあったか何《ど》うか疑問である。

この安全の話は後で書くから省くが、当時はガスの検定器などはなく、カンテラヤマの狸掘式が多かったので、僅かのメタンガスや炭酸ガスで一命をとられ、又は不具者になっていたのである。且又、ヤマの規則も現今の様に行届いておらず不完全、不完全づくめで、坑主は出炭にあせり坑夫は之又一函でも多く積んで稼働賃金の高額獲得のみに励んでいたからではあるまいか?

ガスは一度爆発すると或る程度通気のよい所まで火焰が吹出し更に一度帰ってくるそうである。しかし盤《シタ》ぎわ(際)四、五寸位は火はないらしい。尚一回爆発するとその後も強烈になるとの事。

メタンガスなど名称も知らず、只火に当れば爆発する危険物であり、空気より軽く高い所にある位の事は知っておる様であった。よって作業中は切羽でも絶対こもらない、昇坑後空気が穏やかになると切羽の高所にこもるとの事であった。

それから数日後に私達一家は百米《メートル》程離れた西方の藁葺の納屋に移転した。それは社よりの命令か父が希望したかは私は知らないが、父を上三緒坑に周旋した元川舟船頭の片山某が退職（飯塚駅通りで飲食店を開業した）した跡の空家で、棟割長屋の表裏の壁を除けた二間で六畳と三畳で土間が三畳敷分ある、当時の坑夫納屋では特大の家であった。前方には家もなく（傾斜面に畑が少しある。その北方の山が現在の貯水ダムのある所）、前は主要路にもなっていた。その裏の隣家のBさんが、又ガスケで火傷した。Bさんは四十歳位の男盛りであったが、何分全身の爆傷で一時は医者も頭を捻ったと言うが、奇蹟的にも其の後好転して生命はとりとめる域に達し、家内の者も近所の人もやや愁眉《しゅうび》をひらいて安堵し、只々早く恢復するのを神かけて念じておった。これも菊次郎さんと同じで外部の火傷の割には咽喉にガスを吸い込んでおらないから助かると近所の人は噂していたのである。

処がある夜の事である。秋の夜長に蟬の虫は、走り霜でも降り初めたか、細い憐れな声を鳴く。季節風は連日南方から吹いておる。温い様な冷い様な風であり空には星がまばらに見え、千切れ雲、積乱雲が時々現われて雲足速く北西方に急いで行く妖気な夜であった。昔で言うと子の刻、十二時頃であった。Bさんの表戸をもし〳〵トン〳〵と叩く者がある。Bさんの女房は連日の看護疲れもあってウツラ〳〵と眠っていたが、この音でふと目を覚し、誰でしょうかと応答した。表には大勢おってヤマの者じゃ、お医者さんもおる、と言うので女房はヤマの役人が昼は多忙故に夜中に見舞いに来たものと合点して表戸をあけた。ところが表におった大勢は狭い四畳半に鮨詰めになる程ゾロゾロとあがり込んだ。その数は十五、六人で正確には数えないが、中には幼児を抱いておる女も二、三人おったと言う。この夜の大勢の見舞客は種々とBさんの災禍、その不幸の悔を述べたりするので、女房はその親切にほだされ、只々感謝の涙に咽《むせ》んでおった。時にお医者さんはBさんの繃帯《ほうたい》を解いて丸裸にしてホー大変やられておる、僕が治療すれば迅速に癒ると言いつつ火傷で焼け爛れた皮を剝き始めた。この焼皮を取除かねば何時まで経っても癒る事はない。少し痛いけれども我慢しなさいと言いつつ、メリメリと皮を剝ぎとるのであった。Bさんはその都度、おー痛いと生歯を嚙み締めてギリ〳〵と鳴らして呻いておる。

斯《こ》うする事暫くで医者は之でよし、全快も早いであろうと言い渡して、元通りに繃帯をした。かれこれしておる内に時刻も大分過ぎたので、見舞客は一人減り二人立っていった。最後まで残っていた医者も、秋の夜長を幸い夜明けを待たず黎明前に引きあげた。後は台風通過後の様に静かになって、寝不足の瞼をとじたのである。

間もなく目を覚ました女房は、Bさんが余りにも静かであるので寝顔を眺めた。何うも顔色が当り前ではないので額に手を当てて見ると氷の様に冷えてBさんは息絶えておる。

之を直覚した女房は驚くまい事か、わっとばかりに金切り声をあげて哭きわめきたてた。ふいの泣き声に近所の人々も吃驚して皆駆けつけた。見ればBさんの急変死である。皆、容態が良好だと安心していたので、且つ驚き又落胆して、医者を呼ぶやら人事係に届けるやら大騒ぎをした。医者は直ぐ来てBさんの繃帯の模様が全然変っており、丁度子供の巻いた様な繃帯の仕方であるのでいぶかった。怪しんで、誰か繃帯を解いたかと女房に訊《き》いた。女房の返事も待たず医者はBさんの繃帯を全部取除けて今度は医者が驚いた。Bさんの全身がピカ〳〵と光る位に焼け皮膚を剝ぎむしっておる。こんな残酷なる事は人間のできる事ではない。何故患者をこんな惨めな目に逢わせたか、誰がこんな無茶なる事をしてBさんを死なせたかと医者は怒気を含んで女房を叱った。

斯《こ》うなると涙乍らに女房は昨夜大勢の見舞客があり、その中の医者が繃帯を解いて治療した事など一部始終を物語った。之を聞いて、医者を始め近所の人達はそれはてっきり野狐の仕業であると感づいた。医者もそれを信用した。勿論人間の常識では考えられない芸当であり惨事であるし、野獣でない限りこんな変事を起す筈もないからである。

「ガスの爆傷を狐によってむしり殺される」の診断をしたかどうかは私は知らない。

さあ大変である。狐如きにむしり殺された事が判然すると女房の嘆きは殊更激しく、ああ神も仏もないものか、あろう事かあるまい事か、野獣のために殺されるとは何たる前世の悪因果か。私がぼんやりしていた為に畜生如きに魅入られ、目の前でおめ〳〵むしり殺されるとは。何うしたら此の胸が……ああ無念残念口惜しいと、あたりかまわず狂うが如くの愁嘆《しゅうたん》であった。

なみいる近所の人たちもこの場の状態に貰い泣きせぬ人こそおらず、涙の少ない人々でも皆瞼をしば叩いておった。中には憎っくき野狐奴、八裂きにしても飽き足らぬと、山に登って叩き殺さでおく可きかと山を睨んで悲憤する人もおったが、何分平素は人に姿を見せぬ風の様な狐の事で発見も容易でなく、只地団駄踏んで無念の歯嚙みをするのみであった。

斯《か》くてあるべきにあらねばとて泪乍らに野辺の送りも坑葬で済ませたが、こんな眉に唾をつけて聞く様な事件が、明治も三十二年の秋の末、上三緒坑の坑夫住宅のどまん中で発生したのである。

抑《さ》も狐は火傷の皮膚又は天然痘患者のトガサなどが一番の好物であり、且又之を喰えば千年寿命が延び、神通力が増進するとか。それが為に前記の様な冒険をしておめ〳〵と人家に大勢揃うて侵入し皮を剝喰いするのであった。狐も余っ程大胆に出たものである。

西欧は正に十九世紀も終り、二十世紀の文明を唱え誇ると言う時世において、東亜の一角、花形の大日本帝国のヤマの住家のまん中で、こんな怪談めいたお伽噺《とぎばなし》の様な事件があったので、不可思議至極の気にもなるのであった。尤もBさんは元気な男であったが、妻は年はもいかぬのに視力が薄く或いは近視であったか知らぬが、何時も瞼は唐鳩の尻の様に赤ばんでおったし、泪を平素でも流しておる女であったし、それに四歳位の女児が一人おった。その上にBさんの弟が一人同居していたが之は生れつきかは知らねども腐《シオ》鯛の目の様に両眼共白けて完全な盲人であり、年は二十歳位であったが、之も足手まといとなる位であった。

だからBさん一家は狐の祟りをうけぬでも、不幸な哀れな家庭であった。それに家は四畳半で狭く、黒く煤けておるのに、安物ランプで薄暗い室内ではあるし、狐奴もこの弱点を狙うたのであろう。

このBさん方は私方の裏隣りであって、壁一重であった。尤も中に三尺の土間があって床続きではなかったが、私方は御簾で天井を張っていたのであるけれど、壁一重隣りに狐が大勢入り込んで患者を殺すなどとは、当時を偲ぶといいまいましく、残念である。

私は少年の事で熟睡して何事も知らず翌朝女の泣声や近所の人達が騒ぐので知った位で、母から聴いたり近所の人から聞いたのである。私の母は壁一重の事ではあり、隣りに来客があるのか夜中に言葉は判らないが、こそこそと話が聞こえていたと言うておられた。

ああ上三緒坑のガスの爆発によって多数の犠牲者も出たが、こんな妖怪談を生み出したる一件までがあったのである。私はヤマに出て一年あまりで、こんな災害や悲劇をまざ〳〵と見せつけられたのである。ましてその頃は狐狸の多かった事も現今人の想像する以上であって、野山の至る所狐狸の遊び場所と言うてもよい位であった。上三緒坑も冒頭に述べた如く周囲は野山であって、狐は随分多かったのである。

明治の三十六年頃ヤマに狐とりの名人がおって、毎日の様に一匹ずつ罠で獲っていた。それを想うと如何に狐が跋扈《ばっこ》していたかがうかがえる。この狐に絡まる話は夥しくあるが後述する予定。一先ず筆をおく。

マイト爆発と西田君の死

地下の暗黒世界で働くヤマの人達はあらゆる点で注意周到、万全の防災に努めておるとは言え、ヤマが古くなる程災害が増しておる。ガスの爆発、落盤事故、鉱車、火薬、其の他自己の不調法による小怪我、つまり不注意事故による小負傷等である。ヤマの災害にも不可抗力による災禍もあるが、後の調査や自己の追想でも、あれを斯うしておけば無事であったがうっかりしていたとか、或いは連絡方法の不徹底から意外の事故を惹起する事がある。前おきはこれ位で止めて本文にかかる。

大正七年一月二十六日の朝まだき、前日来から降りつづきし雪は、珍しく十センチ以上も積もり、野山を白化させた。寒冷肌を刺す午前八時頃であった。私は山内坑の機械工場の鍛冶工であったので、工場で火造仕業中であった。大変だ―二坑のササベヤでマイトがなって（ハレツして）、全滅（皆死んだ）と叫ぶ声がした。私始めヤマの人達は忽《たちま》ち駆けつけ、二坑の坑口を埋める程集まった。二坑の坑内詰所は坑口から百間余の所にあって、表は本卸し（捲卸し坑道に近く）裏は排気坑道に貫ぜるも、其の間に煉瓦、壁には鉄製扉が二重にしめており、そこから少量の風を放散していた。その詰所に於て当日使用のダイナマイト二百本余及び雷管百余個が誘発爆発したので、即死九名、重軽傷十名という事故が一瞬にして発生した。坑内現場員ばかりではなく、詰所の前が安全灯掃除や煙草を喫する火番所となっていた。そこに函待ちの坑夫が数人おったので、その坑夫も二、三人即死した。中でも私の親友、二十八歳の西田卯吉君は、主任補現場員であった関係上、マイトの最も傍におったので其の惨状目もあてられず、全身黒じんで顔面は形なきまでにむしりとられ、腹は破れて全腸を露出し、右手は肱の所よりもぎとられて影もなく、両股は膝の所まで太く裂けていた。

余りの無残な屍に涙もでぬ程であった。其の他の人も死体は黒こげになり、誰であるのか見別けもつかぬ程であり、詰所の木材は総て木葉微塵となってササラの如くなっていたと言う。また、坑内主任の麻生広氏は当日、公用のため入坑時間が遅れていたので、この難をのがれておられた。命冥加な人であったと思われる。

麻生系統のヤマでも山内坑は殊に災害の少ないのを誇りとする程のヤマであったのに、麻生坑開始以来の重大事故を起したのは誠に遺憾であった。何故にこの大災害を惹起したか、その原因を私は直接調査したのではないが、坑内夫の語るには左の通りであった。当時、サクラ、又は紅梅ダイナマイトはとても質が固く寒中などは特に凍結しておるので、雷管を装填するのに困難であった。それが為に軟かくする様、全員の安全灯を裸火にして、マイトをボール箱の儘サントロを組んで中をすかし、それに火を差入れ温めていたと言う。それは連日やっていたらしい。それが二十六日の朝、特に寒気強く固結《こけつ》も甚しいので、温め方が甚しいのではなかったか、火薬に火、これが大惨事の原因であった。

ああ、西田君は頭脳明晰な男であり精悍此の上なしの快男児であった。小学校卒業後上三緒坑の坑内現場見習に入り精励一到成功して、二年程前から山内坑に転勤し主任補大廻りまで出世していた。嘗《かつ》て軍隊では明治四十五年兵で小倉歩兵十四聯隊に入営し、二年後には伍長勤務上等兵になった位の機敏な男であった。そんな万事ぬかりのない男が何故に斯くの如き失態を起したか。

それを思う時、私はこう推察した。かねて剛胆者であった西田君は、十年以上の採鉱係でマイトの取扱いには馴れておるし、危険物である事は充分に認識してい乍ら自然の内に舐めていたのではなかろうか。つまり舐め過ごしていたのであろう。何だ、雷管でないマイトは少し温めた位では爆発はせぬと、絶対信用していたのであろう。他の場合なればしまったがきくが、火薬はああしまったと言う時は全滅、何も彼も破壊するから致し方がない。

西田君の爆死体は、腹部はドンゴロスで巻きしめ全身を真綿と白木綿で包みまかれて納棺の上、自宅に安置してお通夜をした。その夜七十歳位になられていた西田君の父の涙乍らの物語に、卯吉は私の一番スソ（オト）子であるが、学校もよくできて頭もよかった。何人も子供がおる中でこればかりをたよりにしておったのに、何たる因果か此の始末。私も若い時上三緒坑の附近の河童淵で魚をとるのにマイトを投込む際手の中で破裂したので、この通り指を三本吹きとばし、一生どれ位難儀をした事やら、それにまた倅の卯吉までがマイトのために絶命するとは何たる因果であろうかと悲嘆の中の物語、聴く私達朋友四、五人も、只涙に咽ぶのみで何の慰めの言葉も出ない位であった。順逆のあやまりで親より先だった西田君の事なれば、これまでの寿（天）命なり、諦めてお父上までが落胆の余り健康を害ねては大変ですから、あなたは西田君の分も余計永生きして西田君の弔いをして下さいと言うより外に言葉もなかった。

翌日、二坑の入口の旧ボタステの広場において盛大な坑葬が営まれた。僧侶も八人、麻生太吉氏の弔詞もあり、其の他有志会葬者の弔文などヤマ全員の焼香もして、又、涙を新たにした。麻生氏は弔詞終りて語られるには、我がヤマ始めて以来の大災禍であって、多くの人を死に至らしめ洵《まこと》に申し訳もなき次第と申されていた。

これを偲ぶ時一つ年若の私は今年六十三歳（昭和二十九年）で未だ坑内、長屋で火薬を扱っておる。此の危険物を扱う時は注意おさおさ怠りなく神経質になっておるが、火薬を見れば古き昔の西田の俤《おもかげ》が瞼に浮かぶのである。ああ危いかな火薬の取扱い。

「火薬類ナメてかかると命とる」火薬の災害は現今も絶えない。人智も勝れ、人は悧巧になったと雖《いえど》も、火薬使用量も夥しく、一度粗雑に取扱えば立腹したが最期、智恵も力も根本より破壊するからである。火薬の前には度胸も威権も効力はない。この災禍を未然に予防する道は、つまり細心の注意、神経過敏にならねばならない。何だ気の小さい男だ、用心ばかりしてけつかる等と嘲《あざ》ける勿《なか》れ。こればかりは気の小さい男になって取扱わねば大事変を惹起する因となる。火薬事故を、一々拾い上げると際限もないが、小ヤマで一番多いのは残留マイト穴にノミ先を繰りあてて顔面や上半身を吹きとばされ失明する人が多い。其の他導火線の不良による点火の遅れにより、先つけのマイトが避難前に爆発してやられる。次は発破の警戒の不完全、或いは小型目抜の警戒人のおらざる場所より、突然発破現場に踏込んで途端にやられるもの、其の他不発マイトに鶴嘴を強度に打ちつけて爆発させ、やられる事もある。また、一本鳴らないので大かた火がつかずにいたに違いないと、慌てて現場に入りこんで吹きとばされた実例もある。

　私は雷管使用をした事がないが、中流以上のヤマは雷管が多い。これも人の話によると、随分事故が多い様である。主として連絡の不徹底が因をなして、結線最中に送電スイッチを入れたり、ミチビ発破の様に一つ二つと数える事ができず、これがために不発が不明で迂闊《うかつ》に近づき、吹かれる事もあり、残留マイトに繰り当てる事も至って多い。或いは運搬中に信号線の裸ワイヤーに触れて発破させたり、又は運搬中に転倒して雷管に強度の衝撃を与えて爆発し、無残な死を遂げる人もあった。山内炭坑、筑紫炭坑、稲築坑等私の知っておる範囲でも昭和時代にあった。

　又、昭和十五年の春頃、田川郡猪位金村下位登の村中で、宵、家を吹倒し死者二人を出した事件が起きた。日支事変中で村の人達は支那の飛行機が爆弾を投下したと思うて吃驚したと言う。それは石灰山の発破係がダイナマイトの古物（屑《くず》）を多量に集めており、それを鉄鍋に入れてトロ火で温め、練り直して固める積りであったとか。饅頭か餅のあんの如くにやっていたのが、突然爆発したらしい。何と非常識きわまる乱暴な事をやったものであろうか。これは練り直して密売でもする積りであったろうというのが人の噂であった。私はその年の秋に位登炭坑に引越したが、ヤマの傍ではあり専ら評判が高かった。

「度胸で押されぬ火薬の力」できるだけ丁寧に扱わねばならぬ。

ヤマの救済法

　上三緒坑に限らず当時の筑豊のヤマには之と言う確定した福祉施設もなく、また救済法もなかった。昭和元年に発生した健康保険、同十七年に芽生えた厚生保険、終戦後の失業保険或いは傷害保険など夢にも見られず、又想像もしておらなかったのである。昔のヤマ人が不幸にして公傷や公死をした場合は事業主によって或る程度の負担もしておった。つまり治療費及び葬祭費位は社費によって容易に施していたのであるが、その他の扶助金や遺家族の生活保障の救済金など、何百日分とか何級とかの規則も規格もあるでなし、余っ程理解のある事業主でない限り僅か乍らでも救済金を出すヤマはなかった。

　上三緒坑もその例に洩れず搾取主義の圧制ヤマであったので、こんな場合にはほんの申し訳の扶助金を出していたのである。尤も当時は労働規約など断固たる基準法があるではなし働く人は牛馬の如く稼ぐばかりで、それを当然とも思うており、之も自分の不運、不幸せな一生であると自から諦め、我と我が身を慰めていたのであろう。否それが社会のしきたりと考えていたのである。之を思う時その心理、その純潔、哀れと言うの外はない。

　一例をとると、当時は一人当り女子供である限り一日十銭位で最低の生活ができた時代である。それに戸主が公死してもその家族の半年分の生活費も与える坑主は先ず最高であって、大方はそれ以下の金額を与えているだけであった。如何に封建的な時代とはいえ、血も涙もないヤマの人情であった。

この公死傷者は、僅か乍らも此の様に救済されていたが、ここに困るのは私傷病者であった。之には一銭の救済方法もないのであって、一家の大黒柱が一度倒れたが最後、ピタッと止まる生活の道、まして永病にでも罹ると病人もさる事乍ら家族の者の惨めさは言語に絶する苦悩であった。それでなくとも家族の多い家庭は平素から生活に追われておるので、貯蓄など一銭もなく、病気に悩むより貧乏に悩み二っちも三っちもいかず、二重三重の苦難である。入質するにも余剰の品は一品もなく、親は食わず辛抱しても幼い子供は空腹を訴える。主婦は寒さの折柄、皮を剝ぐ様な思いで毎晩使用する布団を担ぎ、夜ひそかに一里も離れた山野まで入質しに行き、その僅かな金で米を求めお粥を作って子供に与え、後は一枚の布団に大勢もぐり込んで寝る様な哀れな人もおった。

斯《こ》う言う家ができるとヤマの顔役、つまり有志家たちは見るに忍びず、立ちあがって救済の方法をとっていた。いわゆる第一の方法は、会社より借金する事であるが、之は例をひくので容易に出さない。一つは、働く人で平素から会社に借金しておる者が多いので、会社側もそう無闇には出金しない。ここに於て一般大衆より義捐金《ぎえんきん》を募集するより他に術がなく、その方法は先ず奉加帳《ほうがちょう》を廻すやら当時流行の紋引（福引）紙を利用、何十種と描きある紋画の一枚紙で、その内隠し絵が三点位ある。それを開いて同じ絵が当りで、当籤者には粗品を贈り一口十銭以上で売りつけ、四、五円の金を作るのである。其の他祭文、当時はウカレ節（今の浪花節）を開演して、その花金を集めたり、或いは本人はかけない頼母子講を作ったりして、あらゆる方策をして義金を募り之らの不幸な人を救済していたのである。

この種の同情愛はヤマの人に限らず貧民窟でなければ体験できない人情美であり、長屋住いの共同生活者の華でもあった。時は日露戦争中ではあり、国民挙って国難に殉じ、愛国の赤誠と怨敵打倒の精神に燃えていた。これはその真の和協心の発露でもあったと思われた。

丁度その頃である。ヤマの人達の頭も進歩して文化的に傾いていた事は言うまでもない。従って会社よりの指定、指令でもあったが、ヤマの住宅にも各々十戸、又は二十戸という具合に組合ができて、組長をそれ〴〵選定して置く事になった。主として共同生活衛生法の実施であって、大小便所及び下水道の掃除など当番札を廻して順番に行なう様に定めたり、組長は長屋中の冠婚葬祭は勿論、あらゆる出来事の斡旋から種々の面倒まで見る事になり、中でも夫婦の痴話喧嘩までも仲裁するのであった。

此の頃より殺伐なヤマにも漸く統制がとれ、取締員のリンチ制裁なども滅多に見られぬ程になっていた。しかし、リンチは全然絶えていたのではない。極悪非道の坑夫には相当のミセシメもしておった様である。

話は脱線したが、この衛生組長の発生で、ヤマの住宅は総ての清潔掃除も行き届き、ヤマの生活に一途の光明を輝かせ、見ちがえる様にヤマの容相と雰囲気も変化したが、前記の如く困窮者の救済規則は依然として実施されないのであった。之は当時としては労働組合もなく、いわゆる坑主委せであるから、坑主の出費に関わる事は頬被りでやり過ごしていたのである事は言うまでもない。

前記の様に家族の多い一家の戸主が倒れると同情愛の義金救済より他に方法もなく、お互いがその日暮しの素寒貧揃いであるから、私財を投じて一個の力で救済する事はできないのであった。それが為に、前記ヤマの女坑夫のところで述べし如く、自然の内に子供に無理がいき、いとけなき少年を賃仕事に出したりして家計の補助にしていた。これは何とも可哀相でもあった。この点は現今の健康保険の有難さ、どれだけ不幸な人を救うておる事か、昔のヤマ人を思うとき慄然とするのである。

私の父も中年後にヤマに出て、毎年春秋、二、八月には持病の癪と言う激腹痛が起って永い間呻いておったが、母の辛苦は病人よりも酷であったと思われる。私たちは幼くして一銭の稼ぎもできず、只大食遊戯に耽る日課であったし、互助的組合もない非文明の昔を追想して、涙で溢れるのである。

切符

ヤマの切符制度は上三緒坑ばかりではなく、筑豊のヤマの全域に亘《わた》って行なわれていた。何れも名目は炭券であって一斤が一厘の割合であり、麻生系統の切符は最小五厘、一銭、二銭、五銭、十銭、二十銭、五十銭、千斤、一円が最大であり、千円切符は現今（昭和三十年）の小型百円紙幣位の型であって、五厘切符は縦一寸、横二寸位で他はそれに準ずる太さで、それ〴〵太さが違うており、紙質も頗《すこぶ》る良く、何れのヤマの切符もそれ〴〵事業主の定紋を中央に現わし、思い〳〵の模様が凝らしてあった。この切符制度は坑主に有益であったのに反し、ヤマの勤労者達が日常、如何に困難したものか、想像もつかぬ程であった。封建時代とは言い乍ら、ヤマ以外には通用せぬ紙片の炭券の事であり、ヤマ以外に突然出向く時など間に合わず、ましてヤマには遠国者が多く、故郷の親の危篤電報など来た際は、昼なれば何とかなるが夜などはトチメンボウ（コマッタ）を踏むのであった。

此の切符を現金と一時取替えて、目の飛び出る様な目銭をとって暴利を貪る悪辣な人が上三緒坑近くの部落にいた。小金を持って内職的にやっておるのが多かった。その高い目銭をとられるのは承知の上で、背に腹はかえられず、夜に叩き起して恰《あたか》も只で貰う様にヒエツキ、アワツキ、バッタの様に頭を何回もさげ、その上に三割以上の目銭をとられて現金と取替えて貰うのであった。中でも当時庄内村の仁保《にほ》炭坑は坑主は誰か知らねども強欲非道の最たるもので、且又《かつまた》その切符の価値が不渡り手形と同じで、五割以上の目銭を出さねば正金と取替えてくれず、火急の場合は八割も十割も出していたと言う。それが為に眼球の太い人を捉えて「仁保切符」と言うていた。目を引けばなくからである。

この仁保切符が不人気であったのに対し穂波村忠隈（住友）炭坑の切符の威勢のよい事は豪華版であった。外来商人なども政府発行の紙幣よりもその切符を喜んでとっていたのである。飯塚町や天道などにも羽根が生えて飛ぶ様に通用したものである。斯の菱井形の炭券のハバの効く事は威大であった。その他、二瀬村の相田炭坑の切符も飯塚町に通用するとの噂であった。麻生系統の二つ角のチガイ合の切符は前述の様に坑所外には顔のきけぬ炭券であった事は勿論である。

しかし現今でもヤマの貧困者に金を貸して、一ケ月又は半月に一割又はそれに近い高利暴利をとって膏血《こうけつ》を搾っている鬼畜がおる様に、昔のヤマの近くにはこの切符の替え銭、当時目銭に高率にとって、私腹を肥やす吸血鬼がおったのである。いわゆる持てる者は座して蓄え、持たざる人は汗して空し素寒貧の生活で、年中借金と高利に尻を追われる状態であった。

交換日（サンニョウ日）

ヤマの交換日とは切符と正金とを取替えるからつけた名称であり、勘定日でもあった。昔は一ケ月に一日しか公休日もないのでこの日を交換日と言うていたし、その一日も何日とか何曜日とかに定まっておらず、主として月末の様であった。よって日曜日なども学校の休日が来て、ハハァ今日は日曜であるなと思う位であった。

しかし交換日であるから必ず支払金も正金であるかと思えば、然にあらず、支払いは依然として切符であった。この交換日に取替える者は、前記の高額目銭で取替えた部落の金持が旨く取込んで多額の切符を替える位で、ヤマの人は正金と替える程の切符持参者は殆どないと思うてもよい位であった。中には勘定袋だけ前借（見合）をして、サカ（借金）になる様な人もおった。又当日多量の切符を持っていても突然差出したら一時に取替えてくれず、前以って申込んでも限度がきまっていた。この不自由さは圧制時代の事とて皆諦めてはいたものの切符から切符で、ヤマの売店、つまり事業主経営の売勘場か坑所内の指定商店以外で物品を購入する事はできぬ様に仕組んであった。社営なれども物品は安価でなく強制販売であって、ヤマ人の哀れさは惨めであった。この切符の悩みも大正六年の頃になって全国的に憲法を以って廃止され、正金制となり、炭券の苦難も解消したのである。

　ヤマの交換日は現今で言う勘定日、つまり給料支払日であるが、昔のヤマの交換日は請負箇所の清算、延先又は枠入、仕繰り、あらゆる当日賃金の採炭夫を除く掘進箇所や仕繰箇所のアトケン（跡間）の清算であるから、途中で見合借（前借）をしていても幾分か過剰ができるので、たまさかの一ケ月ぶりの公休日ではあるし各々我好きな道楽をする。何度も述べる様に他に何等の娯楽もないから酒好きは大酒する、バクチ打ちは半公然と打つ。そうして大酔の果て酔狂ゲンカをおっぱじめるので、交換日には出血を見らねば納まらないのであった。

　交換日の総計算で不足する様な事は滅多にないが、箇所の悪条件などで予定の狂う事があって、前借金にも満たない様な事がある。それはサカと言うていた。つまり借金の事を総てサカと呼んでいたのである。その反対、黒字の過剰はジョウと言うていたから現代語の高等言葉を使うていたと思われる。ヤマの人達は別世界の様なヤマ言葉を方言的に発言していたが、この過剰だけは当然すぎる当用語を使うていたのである。

　この交換日は一ケ月に一回であり、公休日であるから其の間無休で皆働いていたのではないらしい。如何に昔の人が強健でも一ケ月位は続いても鉄石にあらざる生身の人間は何日か毎に休んでいたのであるが、それが現今の様に日曜日公休でないから我勝ちのでたらめの自由休みであった。それでヤマの人事係（取締り）や大納屋の人繰りは入坑者の少ない日は無理な繰込みを断行し、おれの顔を潰すかと得意の暴力を振って病人でも叩き下げていたらしい。

　ああ、このヤマの交換日、年に十二回のこの日はヤマの坑夫の楽天日であったのである。さりとて何等の楽しみもない当時、賭博、飲酒がはずむのも当然であり、大酔すればケンカ、女にからまる淫猥《いんわい》事件、バクチの勝負のいきさつからのケンカ、これがヤマの名物でもあった。頭を割られて全身血ダルマになって走っていく姿を幼年時何回見たかも覚えない程である。それはヤマの交換日が多かった。

売勘場

　ヤマの売店は、昔上三緒坑では売勘場と言うていた。現今は販売店、分配所、購買会、配給所などと我勝ちに種々と名称しておる。大概のヤマが社営である。そして大手筋になる程安価販売で良質優秀品を売っておる。

　昔の麻生系統の売勘場は会社直営であったけれども、物品は決して安価ではなかった。品物は粗悪であるだけに却って市価よりも高かったかも知れぬ。それは売品からも相当の収益をあげる事に努めていたからである。それのみならず、米穀、酒、醤油、味噌、塩、油、石鹸、砂糖、煙草、ワラジ、ガンヅメ、エブ、ツルの柄、カンテラなど主要必需品は売勘場以外での販売は厳禁されていた。それでも上三緒坑は坑所外に部落の店もあって幾らか余裕もついたが、山間の山内坑の如きヤマ以外は山ばかりで、あたりに人家もなく三キロも離れた飯塚町まで出ぬ事には何も求める事はできず、又切符で売ってもくれず、遮二《しゃに》無二《むに》売勘場で買求めるより他に術もなく、高い安いの批評もできず、定価通りの言い出し値段であった。その上に四季を通じて午後八時になれば酒類は全然売らないという規則があって、宵の八時の汽笛とともに厳守されていた。夜の上戸左党は一しお哀れであった。それは夜多量に飲酒して翌日ナグレぬ様、強制的に束縛していたのである。之が為、宵の来客には酒を飲ませる事は絶対できぬのであった。之も圧制下のヤマの事で、蔭でブツ〳〵言うばかりであった。

次は米の量り売りである。叺《かます》のまま一俵も一遍に買う様な元気な人はヤマの稼働者にはおらず、又おっても俵売りはしなかったらしい。つまり其の日暮しのこととて、一升桝や五合の量り買いである。

この米量りの番頭には特技を有する専門がおって、誠に手鮮やかな量り方をする。一種の妙技をもっており、目の前で一升や五合桝に掬うてトカキをかけて量ってやるが、自宅に帰って量ると多くても九合五勺、少ない時は九合二勺位しかない。何うしてそんなに少ないか、零細な世帯を司る主婦たちは愚痴をこぼしておれども、目の前で桝一杯入れて渡すのであるから咎める隙がない。文句の持込み様がない。余りにも不思議である。万更手品を使うのではあるまいかと疑心を起す人もおったが、そうでもない。又、証拠のないのに句言を吐くと販売を禁止するぞと言わぬばかりの権幕でもあった。かかるが故に泣く子と地頭には勝てぬ心理で、これ又泣寝入りで済ませておった。しかし熟練つまり練磨の効果は威大であって、この米量りの名人が米を量るときは、一升桝で掬うて袋に入れるまで、桝の中で六万四千八百二十七余粒の米が皆踊っておると言うことである。それ故に、米と米との間に空隙ができて袋や器物に入った時には五勺以上、或いは一合も不足するのであるらしい。

母が語るには番頭が桝に米を入れて移すのも早い。その瞬間でも米は桝の縁より大分低いと言うていた。それはトカキを烈しく引くからであるらしい。

これによってこの妙技を有する番頭が珍重されることは勿論で、いわゆる売勘場の宝物である。多量の販売米の約一割を公然と掠めとる腕前を持っておるから重宝されるのも道理である。それ故に他の番頭も暇さえあれば、この米量りの練習に余念がない。名人になれば何より出世である。成功の捷径《しょうけい》でもあるし、それは〳〵死に物狂いで稽古をやっておる。そうしてヤマの坑夫達に一粒でも白米を少なくやることに之専念努めて自己の出世を焦っておるのであった。

その他、酒も一日何樽も売れるので水神様の応援が多く、醤油も塩辛いばかりで酒と同じく水臭いのであった。煙草も当時は民営であった。村井兄弟の製品、ヒーロー十本入吸口別付十本入、今のバット型で、一個三銭五厘であって比較的高価であり、他にルーナ、サンライズ、忠勇などあったがヤマには姿を見せなかった。刻み煙草は国分があり、四匁目、二銭位で他に天狗煙草もあった。私の父は煙草を吸わぬので詳しく覚えない。後には福寿草、白梅、サツキ、アヤメ、ハギ、ナデシコ、モミヂ等が出て明治三十七年頃より官製となり専売局と名称しておった。

右の売店の禁制品である醤油の密売者がヤマに入り込んで人事係に追われ、或る時は捕えられて油をとられておる事が時々あった。現今の密造酒検挙の様にそれでも中々絶滅せぬ様であった。

大納屋

ヤマの稼働坑夫の編成は上三緒坑始め総てが大納屋制度であって、大納屋以外に会社直属の坑夫が若干おるヤマもあって、上三緒坑の如きは取締員の管轄となり直轄坑夫と言うていて、つまり天下直参の坑夫と言う形であったが、役人の直接折衝で万事融通がきかぬので、大納屋の配下の小納屋になる者が多い様であった。

大納屋は頭を納屋頭領と言うていた。この頭領は自分の周旋した坑夫の担当責任を持つので、世帯持ちは小納屋と称して各戸に世帯を持たせ、独身者は飯場と言うて自宅に合宿させ、これ等の坑夫の稼ぎ高賃金の十％位を斤先と言う名目で事業主から取っていた。噂によると上三緒坑では十％以下であるとの事であった。この斤先は坑夫の賃金から直接ピンをハネておらないから、表面何等の痛痒《つうよう》を坑夫に与えておらないけれども、実際は会社が納屋頭の斤先も出炭稼働賃金に折込んでおるのであるから、坑夫の上バネをカスメておるのは同じであった。この点はうまく坑夫の頭を胡麻化していたのである。当時の商人が数万円の懸賞付で大安売をするのと同じであった。

しかし納屋頭は流石に人の頭のピンをハネて生きる人物だけあって、何れも相当のボスであり、男気もあって睨みのきく太っ肚の貫禄もある、つまり利け者であった。又その種の遊び人の無頼漢でなければできぬ芸当でもあった。当時のヤマ人を手足の如く使うのには、である。

納屋頭の配下には人繰りがおり秘書に似た会計係兼務の勘場と言うのがおって、何れも頭領の股肱《ここう》であり、頭領のためなら一命を投げうつと言う親分児分の因縁深き輩であり、之又相当のよた者揃いである。何れもバクチとケンカ、邪恋に身を持ちくずしたたか者であり、前記の取締りに劣らぬ暴力主義の残酷性の持主であった。いわゆる筑豊方言のトンピンである。煽動者があれば猛火の中でも無意味に飛込むといった野蛮な男たちである。その人繰りは朝は二時頃から起きて、前日入坑伝票を配布した担当小納屋を起して入坑を督励する。ヤマ言葉で繰込むのである。その際、体の調子が悪い者ができて、今日は休ませて下さいと申立てる。それをおおそうか、病気なれば致し方ない、今日はゆっくり休んで養生せよと言うのが至当であるが、そんなやさしい言葉は持っているか、又持っておらぬか、決して出さない。何だ貴様は、朝になって仮病をして俺を胡麻化すか、この横着者と罵《ののし》って殴って追いさげるのであった。このやり方は取締員と協力して追い下げていたのである。

この事件に就て人繰りが自滅した事がある。それは左の様な病人が朝の繰込中に発生した。見れば万更偽病ではない。真の激痛である。現今の様なモヒ注射もない頃とて余りにも可哀相と仏心を出して、それを休ませた。それを納屋頭や取締長が聴いて、貴様は近頃頭がボヤけておる。そんな生やさしい事をすれば、ヤマの坑夫は皆甘えてスカブラ（働かぬ）する様になってしまうぞ、この馬鹿野郎と罵倒された上にドヤされる、殴られる。こんな羽目に陥った人繰りは涙を呑んで夜逃げをすると言う時世であった。

話はもとに戻る。朝の繰込みに立てぬ程の病人でも入坑せねばリンチを受けるので、歯を喰いしめてよろめき乍らに入坑はするが、とても重労働の採炭作業はできないから、ノソンする、仕事をせずに昇坑する。それを人繰りや取締員は採鉱係に文句を持ち込む。俺達が折角繰込んだ坑夫を何故仕事もありつけずにノソン（昇坑）させるのかと詰責《きつせき》する。坑内係は入坑しても作業のできぬ病人を何故さげるかと、この種の押し問答が毎日の如きに繰返される。之は病気ばかりではなく、怪我人もこの例が多かった。全癒せぬ内から繰込むので入坑してノソンする。それは人繰りや取締りは一人でも休ませず入坑させれば自己の役目の遂行ができ、上級幹部への矜《ほこ》りとなり吾が名誉となるからである。坑内の方も無意味にノソンさせると頭のなさが表現される。無責任の如く思われるので、折角《せっかく》入坑すれば必ず作業をさせるのであるが、前記の如き重病人や手足の動きもせぬ不治の傷者を強制的に仕事もさせられず、両方共自己の顔前を否責任のぬすり合いをして、職務上のいがみ合いが絶えなかった。それは取締長と坑内主任の捏ねくり合いとなり、恰《あたか》も国会で政治家が政敵、反対党に応ずる如き職権争いが何処のヤマにも発生していたのである。しかし一言しておくが、この人事係長と坑内主任が入坑坑夫の件で職務上、責任上敵の様になるヤマは発展性のあるヤマであった。何故か、それはどちらも職務に精魂を打込んでおる実証であるからである。一方は一人でも入坑させる、一方は入坑した者は必ず仕事をさせると言う、職務精励の表現であるからである。

右の様な時世であったから、人情厚い人では当時の人繰りや取締りは勤まらないのがヤマの環境であって、つまり野獣性地獄の赤鬼の如き性格の男でなければヤマの人を使う価値がなかったかも知れぬ。全部ではないが働く坑夫の中にもしたたか者が多かったので、お人好しでは逆に舐められて押しがきかぬ様になるので、鬼が金棒を持って死んだ亡者を地獄の方に追いやる様に、棒を振わねば役目の遂行ができぬ世の中、否ヤマであった。

当時の坑内歌に、

〽いやな人繰り　邪険な勘場　情け知らずの納屋頭　ゴットン〳〵

というのがあった。実にその通りで、アテコト（風刺）を主とする炭坑歌であったからである。しかしこの歌はヤマでは余り公然と唄われなかった。若し直接きかれると油をとられるから、肚の太い男なら之を微笑で聴き流すが、上三緒坑の人達は遠慮してか余り唄わぬ様であった。

扨《さ》てヤマの大納屋は大概一戸だけの建物で二、三十坪位はあった。先ず門口を入ると中庭、土間になっており障子などの建具のある比較的小綺麗な部屋には頭領やその家族がおり、前の間には人繰りや勘場がおって、それ以外に食客のゴロツキが用心棒然として転がっておる事もある。一方建具もないガラン堂の様な広間には、独身者の飯場と言うのがウヨウヨ蠢《うごめ》いておる。独身者と言えば如何にも若年揃いの様に思われるがそうではない。相当の年輩のオッサンも混っておる。何れもヤマからヤマを、あちこちと渡り歩いて食い潰しておる股旅者の如きドマグレ男揃いであって、いわゆる雲助の様な風来坊が多く、第一外出用の着物も持たぬ輩ばかりで、汚れ垢のついて虱のわいた肌着一枚に夜具の布団を肩から引っかけて、据炉（イロリ）の傍に胡座《あぐら》を組み徳利酒を茶碗であおっておる者もおり、蓑虫の様に布団にくるまって横たわり楽寝しておる人もおる。他に何等の娯楽のない当時の事とて、何等の希望もなく他愛のない日常を生きぬいておるだけである。

之等の人達は、若年の折から郷里の親元から飛出して、一度はある目標を立てて一途の望みを抱いていたのであろうが、知らず〳〵の内にさすらいの身の様に旅先を転々と彷徨《さまよ》うた揚句、総て願望は挫折し、自暴自棄の精神になって、つまり奈落《ならく》のどん底に叩き込まれ、生きた屍の如く只命をつないでおる四肢の動物に等しい生活である。渡り鳥なれば、時季に応じて我が故里に帰ると雖《いえど》も此の人達は親が死んでも都合によっては帰らぬ様なアフレ者もおった。又幼い時から親の建てた便所に糞をたれない兄さんだと自慢をし、それを誇っておるのであった。

中には五十歳に近い年輩のおやじがおるが、飯場係のノンキ生活で、世帯を持って家計に苦しむ人を見て嗤《わろ》うていたかも知れぬ。又一方世帯持ちは、いつまでも独身でおる人を哀れと思うておるのであった。愈々《いよいよ》おいぼれて何うして生きるかと――。ところが独身のおっさんの言う事が面白い。俺はのんきな極楽男、三月十日で百人口だ。先立つ者は脛一本に体一本だ。影法師は飯を喰わんからのーと言うておった。その上に仕事を休んでも、大酒を飲んでも小言の言い手もなく叱る妻もなくのんきだねーとうそぶいておった。しかしヤマの人達はお互いがその日暮しの人ばかりであるから、〽明日ありと思う心のあすか川、今日の流れは明日の瀬となる式の気分で、将来の事どもを考える余裕もなく、将来どころか明日は何うなるかの儚い生活を続けていたのである。

これは、のんきな独身のおっさんばかりではなく当時のヤマの人達全体の心理状態でもあったので、否現今でもその思想はあって、一度ヤマに踏込めば泥沼に足が嵌《は》まったと同じであって、生きていくだけで一生ウダツはあがらない、ヤマの人の泡の如きたよりない生活、何と憐れの極みである。今から千百余年前の昔、名僧空海は地下に宝物がある、将来これを掘出すであろうと予言した。又それを掘り出す者は此の世の余り者が掘り出すであろうと予言したと言う。流石は弘法大師だけあって、よくも〳〵先見明瞭に確言、適中したものである。実にその通りで、その社会の余剰人員がヤマに流れ込んで、黒い固い石炭を噛って生き延びておるのである。

それに何ぞや、昭和二十九年度のデフレ政策によりヤマの不景気は深刻さを加え、廃坑の続出、賃金不払い、解職、免職、人手減らしで十一月現在でも九州だけでもヤマの失業者が二万名以上と言う。働いても食えない環境のヤマの人達が死の地獄に放り出されておる、哀れ悲しい世相となった。敗戦のアフリが、昨年の七月二十六日朝鮮動乱停戦後やって来たのである。それがヤマの人達だけに来たのだから堪らない。

それでなくとも、日に月に人口は増しておる。僅か四つの小さい島に八千五百万余人が蠢いておる。その上に十六秒に一人生れ四十二秒に一人死に、差引二十六秒に一人増えておる。産制のできる現在において毎年百万人余の人が増しておる。後には二合七勺の配給米も食えなくなるぞ、外国米の輸入でつないでおる現在である。（之は後半で又述べる予定である）

扨《さ》て大納屋に就て余談がある。それは明治三十二年の秋頃であったか、否春であったか、私達がヤマに出たのが同年の初夏であったから、初秋の頃である。私方の東北方二十米《メートル》程離れた所に大島納屋と言う大納屋があった。大島さんは流石に当時の納屋頭だけあって年は三十五、六歳であったが、中肉中背の好男児で苦味の走った粋な面貌《めんぼう》の男であり、納屋頭の貫禄は十二分に備わっておった。その精悍そうな素振りは私達子供でも見えておった。その大島納屋の座敷から、初秋の頃から毎日の様に午後も五時頃になると三味線の音がするのであった。現今でもラジオ以外にヤマの住宅から三味線の音がすれば珍しいのに、当時の如き何等の娯楽のない、只あるものは、バクチとケンカだけの殺伐なヤマの中でピン〳〵チャンと響く三味の韻は、しびれの切れる様な淋しい上三緒坑の住宅街では干魃時の慈雨の様にヤマ人を喜ばせたものである。又寂寥此の上もない上三緒坑の人々を浮きたたせ朗らかな気分にそそり立てる一つの刺戟剤にもなって、精神の慰安を直接間接に与えた事は甚大であった。当時としてはこの三味の余韻は上三緒坑のためには、いわゆる万緑叢中紅《ばんりよくそうちゆうこう》一点的な、一異彩を放った快事であった。

私達少年は、この三味の音を聞くと直ちに大島納屋の横の広場に集まって、体裁のよい格子窓から中を覗くのを毎日の日課として楽しんでおった。中には四十がらみの媼さんが座敷の隅に座って三味線を弾いて歌を唄うておる。前には十八歳位の娘のお雪さん、十六歳位の妹のおサヨさんが美しく化粧もし、軽装で踊っておる。勿論、お媼さんは母であり娘二人はその子であると私達は思うておった。そのお雪さんはとてもジョーモン（別嬪）であった。難かしい言葉で言うと解語《かいご》の花、小説家に言わせると花顔《かがん》玉の如く、窈窕《ようちょう》姿柳の如く、御玉の膚は輝くようで、水晶の匂を薄羽二重で包んだと譬《たと》うるも及ばない程の美人、すなわち照手の姫か楊貴妃か、何れにせよ我々の筆では全然かき現わせない程のジョーモンであった。妹のおサヨさんもお雪さんよりは少し劣るが、之も美人の方であった。この姉妹がナヨ〳〵と母の歌絃の調子に合せて踊るのであるから、色気のない私等少年でも涎《よだれ》を流して見ていたのである。

歌の文句は毎晩の事で今でも覚えておるが、当時から大正時代にかけて全国に大流行の手踊り、要するにカッポレ式の踊りで華々しい平ばんな踊りである。何と言う名の節か知らないが、クド〳〵しい乍ら歌詞を二、三記しておこう。

〽御所のお庭に左近の桜や　右近の橘　緋の袴をはいたー　官女やらー　ツンテン〳〵ツンテンツンテンチャン

という調子であって、その他雪はチラ〳〵や豊年や万作や羅紗門の綱のかぶとなどの踊りであった。時にはお雪さん一人で踊っておる事もあったが、種々の奇形の面を被って踊るカッポレもあった。或る時は額に瘤のある面を冠って、

〽あまりあわててうわずって　こけて倒れてそのはずみ　柱で頭をゴツ〳〵と　こんな見事な玉もろうた　これが本当の　よろ瘤じゃー

と、私どもを喜ばせる踊りもあったが、このお雪さんが豆絞りの手拭を頭に被り、その両端をぐる〳〵捻って鼻の下に一寸結び、着物もはでな男作りで一本刀を差し、裾を七三分にからげて出てくる。姥さんの三味線に合せて三十四ケ所の刀傷、これも誰故、お富ゆえと節調子よく唄うと、お雪さんは金玉を転が

すような声を男の声に似せて左の手を乙に裡に入れ、胸の所にからませ、いやさ、お富、お前の為の刀傷、吹っかけられし焼酎が毒薬変じて薬となり、今じゃ切られの与三郎とちったぁ人に知られる男になったと、横櫛お富に対して啖呵《たんか》を切る姿は何ともいえぬ粋な美しい震いつく様な姿であった。私たち少年でも思わず見惚れて、ぼんやりする位であった。これを助平男が正面から見るなれば、或いは失神するかも知れぬ。失神せずとも相当に麻痺させる電力は持っていたお雪さんであった。

それにしても大島さんは立派な男であるが女房のお嫗さんは、年も四つ五つ上の様でもあり色もあさ黒く、デブ形で大島さんの美男に比すると余りにも釣合いのとれぬ夫婦であり、又娘のお雪さんも、大島の実子とすれば年の計算がとれぬので、ヤマの人達はよるとたかると井戸端会議ならぬ下馬評をして、腹の痛まぬ程度の心配をしておったのである。ところが幸いにも、この大島さん夫婦の経歴を詳しく知っておる人がヤマにおったので、その人の説明によって、井戸端会議の会員のおカミさん達や皆の人達も安心でき、心配も解消したのである。その人の話は左の通りであった。それは大島さんが四、五年程前豊前の方面のあるヤマにおる時の事であった。このお嫗さん親子三人は旅芸人であって、あらゆる旅から旅とさすらいの身の根の切れたる浮草の様に、いずこをあてと定めなく、水のまに〳〵流れては流れ、かろうじて生きのびていたのである。この哀れな親子を大島さんが拾いあげ、そのお嫗さんを妻として大納屋のおカミさんに納めたのであるとの事で、皆ハアンとうなずいたのである。何はともあれこのお嫗さんは特に別嬪と言う顔ではないが、さんぐ〳〵苦労をし抜いた女だけあって捌《さば》けた女であり、三味線も頗《すこぶ》る上手であり、歌も美声でうまかった。（毎夕の三味は芸の練習もあり、一つは永い苦労のしこりを打払うはけ口と自らの精神の慰安のために弾じていたのかも知れぬ）

扨てこの大島納屋は突然上三緒坑を退坑した。それは翌年の春頃である。ヤマを退く理由は私は子供で知る由もなく、又訊ねる必要もなかった。後で聞くと、大島さん一家は佐賀県の方に移ったとの事であるが、後の上三緒坑は火の消えた様に淋しいヤマになった。ピンともチャンとも言わない様になったからである。それから後の話である。その年の冬も押詰った十二月頃噂話にきくと、お雪さんは人から斬り殺されたとの事であった。それを聴いてヤマの人達は可哀相だと言わぬ者はない位であったが、委《くわ》しい事情を知る人もなく、唯余りにも別嬪《べっぴん》であったから美人短命で早死されたのであろう。それにしても人から殺されるとは、三角関係の邪恋の為か四角関係の為かは知らねども不愍《ふびん》なる事である、と同情の涙にくれる主婦の人もおった。

上三緒坑には大島納屋盛んな頃、二百米《メートル》程離れた東方の果てに石井納屋があった。その石井さんは四十歳位の太い男であって、矢っ張り納屋頭にふさわしいタイプの快男児であった。表太の白ジャモのある頭髪は芝居の石川五右衛門の千日かつらの様な恰好で、一見して粋なスタイルであった。又女房のおかみさんも粋な気の立った女であった。人の噂にきくと石井さんは剣術の達人で士族であると言うていた。そういえば芝居の千菊丸によく似ていたので、私は剣術使いである事を信用しておった。又以前は田川郡の後藤寺で剣道の指南をし道場主でもあったと言う事であった。人繰り兼務に猪首の政やんと言う四十がらみの男がおった。その男は昔、田川郡の後藤寺で大喧嘩があった際、敵と斬合うていたところを後から来た敵方の一人に首を斬りつけられ大傷をうけて、その傷のため皮が曳きつって右の方に首は傾き、動かぬ様になったと言う。首を動かす時は胴と共に動かさねばならぬ、猪首の政やんであった。

私には石井さんのおかみさんの弟で藤吉と言う同級生（明治三十三年当時、尋常三年）がおったので、毎晩の様に泊りに行って藤吉と二人で寝ていた。三十三年のある夜、丁度梅雨頃であった。夜中に突然表戸を叩く者がある。猪首の政やんが早速起きて対応しておる。何か細い声でグロ〳〵言うておる。使いは直ぐ帰った様である。ところが間もなく石井さんも起きた。私は寝たまま薄目で見ておると、喧嘩支度をして長い刀を二人共背に結びつけ、羽織を着てそれを蔽い隠して出ていった。後でおかみさんが忠隈炭坑の二番納屋で喧嘩がありその応援に行くのであると言うておられた。私は荒木又右衛門の三十六番斬りの如きすばらしい喧嘩を予想して、その夜はまんじりともしなかったが、夜明け頃二人共無事に帰って来た。争いが本物にならず、穏便に片づいていたとの事で、血を見ずに済んだと喜んでおられた。

この石井さんには人の知らない珍しい妙技が一つあった。否外にもあったか知らぬが、私はその一つを公開されてその妙技に感心したのである。それは当時多かった一厘銭を一枚、人の目前で手に握って瞬間に隠すワザであった。何十枚でも数えてわし攫みにする。それをポイと畳に投出す調子で一枚だけ行方不明になる。皆不思議に思うておると、それは中指の後の中節のシワを一厘銭の角穴に都合よく嵌《は》めておるのであった。それにしてもポイと手を拡げる瞬間にあんな難しい芸当ができるとは、流石は剣道の達人だけあると皆舌を巻いたのである。おかみさんも大島納屋のおかみさんの様に三味線こそ毎晩弾かないが、素人女でなく、昔はバチも持った女であるとの噂であり何処となく垢抜けのしたキリリとした女であった。

その外、部落の附近に天草納屋があったが、離れてはおるし関係もなくその人の行状をも知らない。それから数年後明治の末頃には、大納屋の数もヤマが太るにつれ多くなった。坂田納屋でも二軒はあった。山内坑の大納屋は後で記す事とする。

麻生系統以外のヤマの大納屋では穂波村の住友忠隈炭坑（明治三十三、四年頃）では大納屋から稼業賃の前貸し、つまり融通金の替りに米券を出して、指定の特約米穀店から白米を購入しておった。現在のヤマ人が前借する見合金と同等である。しかし当時のヤマ人は貧乏と雖《いえど》も現今の様に二合七勺に対し麦や外米の混入米ではなく、購入量は無制限であり純粋の白米で、腕白盛りの私たちは充分に満腹できる生活であった。

次に明治の末期頃の古河下山田炭坑の大納屋は販売店兼務であって、坑夫の斤先と物品の売上げ利益で二重の儲けをしておった。そして配下坑夫の稼働賃金は自分が直接受下げ、当日の生活量の品物を与えて余る者には金を渡したり、又は預かったりしており、物品を出して不足の分は極度に粗末な食糧を少量与えて、サカ（借金）になしており余りサカが嵩むと品物を渡さぬから、怠惰坑夫は困っていたのである。

古文にある「鶏口となるも、牛後となる勿れ」の人物、ヤマの納屋頭は当時の搾取事業主と重労働者である坑夫の中間にあって、あらゆる斡旋をとりつつ、直接間接に勤労者の膏血《こうけつ》を搾っていた様である。

リンチ（ミセシメ）

米国の言葉で私刑をリンチと言うから私もリンチで記すが、昔のヤマでは私刑の事をミセシメと称しておった。いわゆる拷問であって、上三緒坑でも坑口にある開坑場と言う人事係のおる室内で、このリンチにかかる人が多かった。之はヤマだけの独裁圧制であって、社会とは全然かけ離れた別世界の犯罪者のリンチ裁判所でもあった。今はこの人事係を労務係とか勤労課員とか言うておるが、明治時代は取締りと言うていた。この取締員によって暴力制裁を実行していたのである。

明治三十二年頃、上三緒坑には坑長に田中某氏、坑内主任（監督）に入江某氏、麻生系統の大取締長に野中三太郎がおった。野中氏は当時川筋で大親分であり高名でもあった。有名な瓜生長右衛門氏の右腕であったと思われる。流石は大ボスだけあってタイプもがっちりした、貫禄もあり度胸もある、充分睨みの効く男であった事は申すまでもない。背は余り高い方ではなく普通の男であったが、体格と面貌は人並み以上の持主であって、私達少年はたまに路で会うても縮みあがる程の勢力家であって、当時のヤマの無頼漢を威圧するに足る見識は充分に備えられている様であった。

児分にも有名な大ボスがおった。宮柱喜代太、吉野勝太郎など後には親分になった人ばかりである。又舎弟に卯之助と言う人がおったが、相当のヤクザでもあり又、肌白で刺青の美しいのも評判であった。

扨《さ》て上三緒坑の取締長は福沢と言う有髭の中肉中背の美男子であったが、リンチだけは鬼畜の如くやっていた。坑口の坑夫繰込場、取締員の詰所である開坑場と言う所がリンチ場であって、この室内には捕縛用の麻縄と殴打用の桜の杖が備えてある。又この両品がよく使用されていたのであって、他坑に劣らぬ圧制ヤマであった。尤もこのヤマのリンチは上三緒坑ばかりではなく、当時のヤマは筑豊全域に実行していたのである。それは大人共が噂話だけでなく実際であったらしい。ヤマの私警察所、弾圧によるリンチ場であり、悪鬼つまり赤鬼の集合所、地獄の裁断所で、身の毛もよだつ笞の鉄鞭《てつべん》、生血を絞るが如き残酷性にとんだ人達のやる常套手段であった。

このリンチ制裁にかかる者は勿論不逞《ふてい》の輩にきまっておるが、時には冤罪《えんざい》によってシモト（笞）をうけておる人もおったのである。主として作業を無意味に怠けたり、坑内でウワ目をくったり、人の積んだ炭札をスリ替えたり、つまりコソ泥、窃盗、平素賭博常習者、喧嘩、姦通、ケツワリ（逃走者）、坑夫引出し、ユスリ恐喝など無限にあるが、何れも警察に突出しても有罪となる犯罪者であった。よってヤマの取締員は一つは懲戒リンチの意味で有難く思えと言わんばかりに殴っていたのかも知れぬ。否ヤマの規則となっていたのである。時の官憲も之を黙認していたのであろう。如何に別世界のヤマとは雖《いえど》も公然とこのリンチを実行していたのであるから。

私たち少年は、おーい今日も開坑場でサガリ蜘蛛があるぞーと、大勢揃うて見物に行ったものである。やがて開坑場に近づくと、人事係の配下の若いアンチャンが桜の杖の太いのを持って出てくる。そして大声でそのステッキを振りあげて子供はあちらに行け、見世物ではないぞーと、追い払うのであった。つまり叱り怒号するからワァーと喚声をあげて逃げ散るけれども、追われる程に見たいので又近づく。近づくと又追い払われる。恰《あたか》も飯の上の蠅の様に執拗に喰いさがるから、後にはアンチャンの方が草臥《くたび》れて出てこぬ様になる。それ幸いに少し離れてまざ〳〵とリンチの実況を見る事は私たちの楽しみの一つであった。それは自分たちがいたずらをして母親から折檻されるのと同等に考えて、この残酷なミセシメを眺めていたからである。

先ず硝子障子の中を覗くと、犯人は頑丈な細引で高手小手と言うてガンジガラメに後手に括《くく》りあげられ、胸のあたりにも二重位にまわし残り綱を天井の梁に引っかけて足が地面を離れる位までに釣りあげ、太い桜の杖で無暗矢鱈《むやみやたら》に殴りつけているのである。この取締りの赤鬼の如き拷問ぶりを、私達少年は何の分別もなく只面白半分に視ていたが、今それを思うと何と野蛮な原始的な暴圧であった事か、肌に粟を生じる程である。

当時はヤマの人達も之を当然の処置と考えていたのであろうか。私達少年は無邪気とは言い乍らそれを社会の常識であり、至当のミセシメと思うていたのである。殴られる本人は、釣りあげられた縄は身に喰い入り、叩かれし箇所はミミズ腫れして悲鳴もあげ得ぬ程に苦悶しておる。それを真正面の椅子にかけている取締長は心地よげに眺めて、オイこの野郎は図太い奴だ、も少し手荒くやれと配下の者を督励しておる。時には自分も直接立ちあがって殴っておる事もあった。時によると犯人は沈黙を破って、悪うございました、お勘弁下さい、お助け下さいと哀願する者もおったが、こんな口をきく者は余計に叩かれておる様であった。この野郎は芝居が旨いぞ、あごで胡麻化す横着者だー、こんな生意気な奴はうんと取っちめてやれと、一層残酷なリンチを加えておるのであった。

この血も涙もない暴行によって叩かれる者は、自然の内にかすかな呻吟《しんぎん》とともに気絶する事がある。それでも哀れとは思うておらない様で、この野郎奴死んだふりをしてケツカルと一応土間に引きずりおろして横臥させ顔に水をぶっかけて、本人が少しでも恢復すると又々釣りあげて、所嫌わず叩きつけると言う野獣の如きやり方であった。

このリンチの中でも前記の坑夫引き出し（他のヤマから知人を理由に熟練坑夫を引き抜きにくること）にくる者を捉えた時、之に対するミセシメ拷問は特に激しく、側の見る目も正視できぬ程の残酷な笞を加えていたのである。これで殴り殺された者が何人かあった。それは上三緒坑ではないが、近くのヤマで噂に聞く事は珍しい話ではなかったのである。

右の様な現今の人達には想像もできぬ様なヤマのリンチ、私警察によるあらゆる暴圧制裁は当時の上三緒坑は勿論の事乍ら筑豊の各ヤマで多少の差はあれども悉《ことごと》くが実演していたのである。中でも遠く離れた肥前の松島や高島のリンチは、筑豊のヤマより数倍残酷であるとの評判であって、当時それを実見した人の実話を聴いた儘《まま》記しておく。前以って述べておくが、当時上三緒坑、否筑豊のヤマ人達の口癖として、ヤイこの野郎《ガキ》生意気な事をぬかすと高島の提灯まげにするぞと言う言葉が流行しておった。その高島の提灯まげと言う拷問は私も見た事はないが、唐津下罪人であったというヤマのおっさんからよく聴かされたもので、高島から遠く離れた筑豊全山のヤマ人の荒肝を麻痺させる程の威力を持っていたからその残虐振りが想像される。この高島の提灯まげは、以上の如く当時ヤマ人の肝を寒からしめる力莫大であった。

先ずヤマのリンチで最も人道はずれた責め方、拷問の種類に次の如きがあった。一、高島の提灯まげ　二、砂袋責め　三、逆釣火焙り　四、さがり蜘蛛　五、キナコなどが主なる筈で、その他は細引を二重に折り曲げて一尺余りの長さにして面部を殴る位のリンチで、他に名称のない懲戒リンチは無限にあるがそれは別記するまでもない。参考までに前記の五つについて説明をしておく。

提灯まげの拷問は二説あった。甲の人の話と乙の人の話とあったので、私は聞いた儘二説を記しておく。一説は両手を後で縛り、両足首を縛って頭の後ドンノクボの所にやって、足と頭の間に樫の角棒を横から通す。それでなくても骨が折れる程であるから伊勢蝦の様に曲ったドンノクボと両足首に角棒が喰込み、塗炭の苦しみをする。二説は、二寸角位、長さ二尺位の樫の木を二本下に敷いて座らせ、丁度一本は向う脛に当る所に置く。勿論、足首と腿も縛ってあり両手も後で括りあげ、頭を膝と膝の間に突込ませて、首の後にも角棒を嵌《は》め、膝下の角木と結び合せて頭をあげさせぬ様にする。どちらが本当か私は知らぬ儘、当時のヤマのおっさんから聴いた儘を書残すのである。

砂袋責めは、昔の芝居にある佐倉宗五郎の算盤責めを真似た拷問であって、荒目の洗濯板ではないが、前記の様な長さ二尺の二寸角の棒を二本膝下に置いて座らせ、つまり大石の代りに五十キロ以上の重量がある砂袋を膝の上にのせるのである。勿論、両手は後に足も自由に立てぬ様縛ってある。最も剛情、強力な者にはその砂袋を二個位重ねると言う酷なもの。

火焙り、之は文字通り拷問中最高に残虐を極めたもので、鬼畜ならでは正視できなかった程のリンチであったのである。それは犯人を裸にして褌一つになし、両手は後手に縛り足首も縛って、天井の高い土間に逆に釣下げて地上一尺余離して宙ぶらりんとなし、その頭の部分に焔や煙がかかる様に火を燃すのである。この拷問は余りに酷いので、絶命する者が多かったと言う話であった。

以上三つの極く悪質のリンチは高島や松島の専用リンチでもあったらしく、筑豊のヤマでは採用しておらないとの事であった。筑豊の各ヤマのリンチは、前記の四と五の二種であったと言う。それも参考の為に記しておこう。

サガリ蜘蛛は前述の通り逆釣りでなく天井から足が地を離れる位釣りあげて殴る。キナコは両手両足を縛って土間に座らせた儘頭から水をかける。それが為に縛縄が締って身に喰い入り、死ぬ程の苦しみをする。それを情け容赦もなく棒で叩くのである。犯人は余りにも苦しいので、地上にもだえて悲鳴とともに転げまわる。それが為に叩かれた部分はミミズ腫れする。濡れておるので土間の土埃は全身にこばり付き、恰《あたか》もキナコの様になるのであった。

話は前後になるが、高島のリンチの中で姦通して発見された時は男は火焙りの極刑に会い、女は一糸もまとわぬ裸にされて、最も人通りの多い路傍にキの字形の柱を建てて大の字に括りつけ、その傍に二尺位のムチが置いてあり鬼の如き人事係の番人が見張っておる。この道は主要路であるから必らず通らねばならぬ。通る者は事の如何に拘わらずそのムチをとって女の局部を殴らねばならぬのであった。時には余りにも不愍《ふびん》であると手心して優しく叩く人がおる。それを番人が見ると直ぐ咎める。そんなやさしい事ではいかん、こうして叩けと自ら局部を一回叩いて、又叩き直させるのであった。それが為に折角の仏心が却って仇になり三回も殴ると言う不条理なこともあった。

ああ、この様なヤマの悪辣なリンチ、思い出しても身の毛のよだつこの暴力制裁は明治時代が最も旺盛であったが、大正から昭和の初め頃までは全然絶滅していなかった。中以上のヤマには駐在巡査の配置もあって表面的なリンチは消滅していたが、楽屋のリンチは依然として続いておった。つまり監獄部屋や蛸部屋等ヤマだけの私警察はあったのである。このリンチが根本より絶滅したのは昭和二十一年つまり終戦後労働組合が成立し、大納屋制度が撤廃されてからである。

刺青《ガマン》（イレズミ）

〽どうしょ　かいな（腕）の此の刺青は　何処のいれしゃが　入れたやら　ドッコイ〱

と言う坑内歌があった。右の腕《カイナ》は昇り竜、左の腕は降り竜、背に地雷也蟇の術、粋な姿のヤマ男などと。口から出まかせの歌でもない。標語的な言葉がヤマの人達のお喋りの種になっていた明治時代のヤマの坑夫で、多少なりともこの刺青を入れておらぬ男はないと言うてもよい程であった。この刺青をいれておらない純白の体軀を持った人は、田舎から突然出て来たカケダシの新参坑夫位の者であった。それがために、刺青のない坑夫は新米であり素人坑夫であり、何をさせても一人前に出来ない不具者の様に思われて軽蔑され頭から腰抜けと言われて舐められていたのである。それ故に老年坑夫は堪え得るけれども若い人達はたとえ仕事は一人前にできないでも、早目に刺青をいれたものである。斯《こ》う言う訳でヤマの中で無疵の男は私の父位であって、何れも身体に墨を染み込ませておる、模様入りの男ばかりであった。

刺青は前記の様に両腕は竜が多いが、たまには妖術使いや山賊等の人絵をほっており、背中は地雷也、大蛇丸、滝夜叉姫《たきやしゃひめ》、鬼若丸、其の他大江山の鬼賊退治に絡まる源頼光を始め家来の四天王、対手蘆屋道満《あしやどうまん》を始め相馬太郎良門、酒呑童子、市の鬼童丸などの絵が多く、法華宗や真宗の題目をほっておるものもおり、お墓の石碑に幽霊、お岩の亡魂などほりし変り者もおった。この刺青もクリカラモン〱色白の小肥りの男は朱まじりで美しく見栄えもするが、色黒の痩男は余りにも見苦しかった。中には筋ぼりだけで中止しておる未完成の無精男もおったが、是など最も見にくかった。従ってヤマの大納屋などにはこの刺青師が永く食客として逗留しておる事があるので、我勝ちに入れておるし、まして独身者などは、これによって願望成就した満足感と優越感にかられていた事は申すまでもない。刺青師は注文通りの絵を描いて数本並べて束ねし針で墨を付け添えてチク〱と刺しておる。若い人は顔にシワをよせ、歯を喰いしめて耐えておる。これでガマン（我慢）とも言うのであるそうな。尤も刺青は始めの筋ぼりの方が遙かに痛いそうである。筋ぼりが済んで数日後、ボカシぼりをする時は多量の墨を刺し込む割には痛まないと言うていた。何にしても全身の皮膚を数本の鉄針でチクチクと突き刺すのであるから疼痛するのは当然であろう。中でも腹部の刺青は特に激痛するそうである。人によっては数日間発熱して寝こむものもおったと言う。

何故に斯うまで痛さをこらえて立派な体軀に墨を注ぎ込み、あえて印をせねばならぬのか、現今の人が考えると理解に苦しむであろうが、当時のヤマ人は前記の如く刺青なくば男に非ずの観があり、又伝統を誇る侠客肌の男の表看板でもあり、いわゆるボスのレッテルであったのである。だからこそスワ喧嘩と言う場合には、寒い時でも裸になって、わざ〱刺青を露出させ見せ現わして啖呵《たんか》を切ったり、長刀抜いて走ったりしたものである。

このヤマの人達は喧嘩になると直ぐ裸になるが、下には六尺の白木綿で兵児（褌）をしめており、たまには別に木綿で腹巻をしている男もおった。何れも刺青を活かすのは此の際なりと着物を脱ぐが、本人は裸の方が動作がしよいと言うておるけれども、斬られた時は傷が太くなるから、大変であるとも思われる。この刺青は粋な姿を見せるため殆どの男坑夫がいれておったが、これを女坑夫もいれておる者がおった。尤もそれは至って小数の人ではあり、つまり男勝りの鬼神のオマツ型の、乗るにのられぬ火の車式の女でなければいれておらず、又男の様に全身にいれておるのでもなかった。一方の腕に桜の花とか牡丹の花とかいう女らしく妖艶な刺青ばかりであって、男の様に乳の上に生首を描いて鮮血淋漓《りんり》としたたる様な物凄い絵はいれておらない様であった。それから男の中には手首の丸骨を利用して桃の実を刺青をし、又は大力と腕にいれておる者も多かった。

昔は刺青を江戸ッ児の花とも唱え、倶梨伽羅モン〳〵とも言うていたらしい。外にホリモノ、ガマン、ニクボリ、ニク絵、肌飾りなどと、それ〴〵勝手に名称していたのである。

倶梨伽羅モン〳〵は、剣に竜が巻きつき所々に火焔が燃えておる図柄である。

昔のヤマの人々

ヤマで働く人程純粋のプロレタリヤはあるまい。昔の下罪人と言われる坑夫のおっさんやあんちゃん達は、若年の時より親の家をとび出してあらゆる世間をあれかこれかと仕事選びをして数え切れぬ程の股旅《またたび》を重ね、右往左往した揚句、最後にはヤマに流れこんで来るもあり、或いは村におって不都合を生じ、俗に言う村八分を被せられて夜逃げ同様故郷を蹴って其の儘ヤマ人になるのもあり、まして家族の多い人は僅かの小作農では生活の方策がとれず、子供が多くなるに従って愈々《いよいよ》喰潰して、子供の手足を伸べるべくヤマに転落する人もおる。又は受作小農を見限って商業に就職せしも、失敗して資金造りと当座の生活の為にヤマに入りこんでおる者もおった。兇状持ちの流込みは別として。

中でも世帯持ちの人々はまず真面目な人が多い様であったが、飯場係の独身者、これが又相当の年配のおっさんもおるが暴れ者が多く、その他子供のおらない二人暮しで少しボス気分のある輩は、時時ヤマを賑わす喧嘩騒ぎを演出しておった。それでなくても地の底で何百尺、何億兆尺かの下で働くヤマ人達は危険な作業に明け暮れ、頁岩《けつがん》と石炭とに挑み、闇黒の世界で粉炭と煤煙、カンテラの篝《かがり》などで真っ黒になり、明日をも知れぬ命だと、おのずと気も荒み、

「永い浮世に短い生命、細く永く暮すより、太く短く生きるが本望だー。食いたいものを食い、飲みたい物を存分に飲めば死んでも色目がよいぞ」

と言うており、それを実行して宵越しの金は使わねーと、有金をあるだけ使うのを誇りとしておる傾向があった。この気分がある故に、夫婦共稼ぎの坑夫で他に据飼いのない者は貯金のできない筈もないのだが、少し金が溜ると大酒をのんだり博奕を打ったりで仕事を休むので、日ならずしてカラケツ素寒貧になり、明日の米代に追われる様になると又漸《ようや》く仕事を始める。入坑すれば、家族に差しかかりがないから相当の能率もあげ得るし高率賃金の獲得もできる。他人の羨望する程の金も儲けるが、前記の如き動作で幾ら儲けても瞬く間に使い果してしまう。

この種の坑夫も明治時代には多かった。それから怠惰者、これはいつも峠なしで作業を休む、小博奕を打つ、酒は好き嫌いがあるから皆とはいえないが、この怠惰者には下戸の方が多い様であった。明日の米代に追われていても、一回位の絶食も厭わず仕事を休むと言う型の坑夫もあった。それから独身ものもさる事乍ら、相当年まの世帯持ちであり乍ら尻の座らぬ人がおった。あちらのヤマに二ケ月、こちらのヤマに三ケ月という工合に、同じ所に半年と永居辛抱ができぬこの坑夫のことを羽釜坑夫と言うていた。何かしっかりした台がないと、グル〳〵尻が落ちつかぬからである。当時鉄鍋には底に三本足があったが、釜には足がないからである。

又、新参坑夫で、他のヤマに移転するとカタイレ銀という有付金を貸してくれる。貧弱な世帯道具一式を馬車荷一台も持っておれば、その前借金を当時の金で二、三ケ月の収入に比較する程度まで貸してくれる。明治時代でも多くは四、五十円以上、少なくとも二十円位で、荷物金が出る。あの手この手で坑夫を引きよせる。そしてその返済法は稼働賃金より毎月月賦で引去り、数年がかりで弁済させた。たまにはこの借金が何時までも払えず、泥沼に足を踏込んだ形になって何年も踠《もが》いておる坑夫もおった。この羽釜坑夫は別名雲助坑夫とも称していた。

それと前述した怠惰坑夫の中に二種あった。一は作業能率をあげ得る技術を持ち乍ら休みの多い者、二は余り仕事もできず入坑率は可成りであっても能率をあげ得ず、入坑しても切羽等の条件が少しでも悪いとすぐノソン（早昇坑）する。この種のスカブラ坑夫はつまり下る時は遅く、あがる時は早いのでウサギ坑夫の異名があった。ウサギは前足が短く上り坂を駆けるのが早いからであろう。

又、ヤマの坑夫のノラクラ者も、明治の中期頃は人事係、当時の取締りが否応なしに殴りさげていたのであるが、明治末期にはある程度緩和の傾向があった。とは言え、ヤマによっては昭和の時代まで暴力圧制で入坑を強制していた所があったと言う。いわゆる監獄部屋がひそかに実演されていた。

扨《さ》て右のスカブラ坑夫は、つまり意気地もない犬の如く生きるばかりの生活で、人の上位に立つなどの野心もなく、仕事は第二番で川に魚をとり山に果実をとり、山芋を掘るなどは好きであり、又名人巧者でもある。誠に他愛もなき輩で罪もないが。

一方、之と反対のボス的坑夫となるとやり方が悪辣である。仕事に出ては軽働多金を貪る事のみ考えて、採鉱係に無理な言い草をつけて何とか付日役定規（カク）以外の付増金を強要したり一間（ケン）、アトケン、又は切賃一枠何ボ銭かの請負賃金を法外な高価に要求したり、応ぜぬ時は採鉱係に難癖をつけて側面的な穴を探して山おろしを加えたり、荒肝をとって収穫大を誇る輩がおった。この手輩になると、坑外でも「鶏口となるも牛後となる勿れ」が意気に漲り、あわよくば、人のカスリ、ウワバネ、つまり人の頭のピンをハネて生きるボスになる事のみ念頭に持ち、平常男前を売出す事、顔やくになる事に之努めておる。それがために平素いさかいの多いヤマ人の仲裁にも買うて入ったり、或る時は自らダンビラを引っ提げて斬りもせぬのに振りまわしていた様である。従って斯《こ》う言う輩がおるので、坑夫同志の紛争でも平穏に納まる事件も大袈裟になす様な傾向があって、乙な所に力瘤が入っていた様でもあった。

其の他、ヤマには何等の福祉施設がないからでもあるが、よると必ずバクチを打つ。このバクチは女でも大かた打っていた。それから飲酒、これが又、始めは兄弟分などと言って睦まじくしんみりと朗かに飲んでおるが、終る頃に知人が来る。それから又一升、又人が来る。又一升、と言う風に追加され大酔の果て喧嘩となる。最大の昂奮剤を多量にあふるから起る出来事で、この酔魔（悪魔）に魅入られ、我一人日本一になるから起る頭の割りごっこである。アルコールの精分が頭に昇りつめておるから、頭に皿鉢を投げつけられると、少しの傷でも出血甚しく、全身血達磨になって走っていく姿を見る事も度々あった。

その次は姦通、マオトコ。野卑陋劣《やひろうれつ》な人が多いとはいい乍ら之又多かった。それは夫婦共稼ぎであっても年中女が入坑する訳でもないし、亭主が夜中に入坑する二番方なれば夜中すぎまで昇坑せぬので、坑外の邪恋はそれを利用する。坑内は当時は単丁切羽で二人組の採炭であり亭主の休んでおる女房は他人の男と一組になって一先となり、寂寥《せきりょう》たる闇黒の坑内で、之又不義の法悦《ほうえつ》に浮かるる男女が多く、これが露見して間男制裁の人殺しや、又は争いとなって顔立金をとって内密に納める事もあった（しかし之は淫乱の男女である）。姦通罪の厳しかった頃であるが、ヤマの人達の淫猥邪恋《いんわいじゃれん》は絶えなかった。まして若い男女の坑内での逢曳、それが高じて果ては二人お手々をとって駈落ちする。親はタマゲて探し求めて連帰り夫婦にすると言う有様であった。たまには其の恋を親、兄弟によって断念させるのもあったが、それは余っ程家柄の悪い人か、又は言うに言われざる理由がなければ生木を引裂く様な事は親たちもせぬ様であった。

斯ういう人の揃うているヤマの事とて、前記の一癖も二癖もある輩を使役する直接の責任者、取締員も、普通の者では舐められて反対に尻に巻かれてしまう。それが為に取締りや納屋頭、その配下の人繰りなどは、それを抑制でき得るボスでないとヤマは成立しないのであった。それでなくとも明治時代は何事にも拘わらず叩いて殴ってケリをつけていたのだから、ヤマの坑夫を殴って追い下げる位は当然の人情と考えていたかも知れぬ。当時は、国家の干城《かんじょう》たる陸海軍が新兵を太鼓の様に面白半分に叩いていたし、警察官も白状せぬ犯人は殴って吟味していたし、明治六年、嘉麻郡高倉山に祈り火を燃して雨乞いをしたという干魃、その不作による百姓一揆でさえ、その罪状は尻を叩いて処罰に代えたと言う。重罪は百回以上、罪の軽重によって殴打の数をきめたと言う。

母は我が子を折檻《せっかん》という名目で遠慮会釈もなく叩いていたし、亭主は女房を我が主張の通らぬ時酒に酔わぬでも叩いていたし、学校の教員は生徒を叩いて教えていたし、又罰も烈しかった。交替でも頭に瓦をのせたり、椅子に縛りつけたり、拍車用の竹ムチを手から離さず、この野郎は口で言うても駄目だ、と一言も発せず、冒頭から殴らねば性根が直らぬと、何もかもなく掃除の時の畳の様に叩いておった。

これを考えると慈悲と霊力を以てあまねく世上の人類を助け給うところの仏様、大日如来、あの優しい菩薩様が悪魔折伏《しゃくぶく》のためには不動明王となられ、見るも恐ろしき火焔の前に立ち、刃物を右手に左手には極悪邪を縛る絹縄を持っておられる。又、阿弥陀菩薩は仏の権化の代表であるが、之又悪魔退散に向うては大威徳明王と化身され、その様相は不動明王と余り変らず、火焔の前に立って利剣を持ち物凄い。次は霊空蔵菩薩、これも軍奈利明王となって一面八臂と言うから、手が八つもあってそれぐ〳〵武器を持ち火焔の前に立っておられる。外に隆三世明王、金剛夜叉明王など五大尊明王と称しておるが、本体は皆優しいお仏様ばかりである。この仏様と人間と同一に比較しては、或いはお罰を蒙るかも知れぬが、昔のヤマの取締りが裏は仏で表は鬼となってあらゆる弾圧でリンチを平易にやっていたのであるまいか。

しかし、仏様はたとえ抜刀しておられても人を斬られた話を聞かず、只悪鬼を膺懲《ようちょう》される為の狂相に異ならず、それに引きかえヤマの取締りや人繰りは血も情けもなく無闇矢鱈《むやみやたら》に叩き苛《いじ》めていたので堪らない。これとて人間だもの、情けも義理もわきまえておるに違いないが、それを出しては自己の役目が成立たず、やむなく可愛がりゃこそ一つも叩く、の心理で殴っていたのであろうか。殴られる坑夫も、それは当然と思うていたのではあるまいか。中には表面的に警察に訴えると犯罪になるのがあったからである。つまり賭博もだが、窃盗事件などもコソ泥位はヤマのリンチだけで追放（当時は放逐と言うていた）ということでケリをつけていたからである。

斯《こ》ういう風に書きたてると、如何にもヤマには悪人ばかりおる様であるが、中々そうばかりではない。中には立派な優良坑夫もおったのであるが、それかとて罰則はあっても賞のない当時のヤマは、却《かえ》って正直馬鹿の異名をあびせられる位であった。善行賞があるでもなし、永年勤続の表彰があるではなし、まして大正の中頃までは上三緒坑や山内坑には護山の神も祀ってない。年中何等の催しもない。遠く離れし飯塚西町の「養老館」、現在の筑豊劇場まで、たまに切符と現金と取りかえて貰うて観劇に行く位であって、町に行くと高級遊戯の撞球やスロット銃の煙草落し、その他同型の的を打つと模型芝居の一尺位の人形の俳優が順々に出て芝居となる人形打出しの遊びや、径一寸以上の木球を穴に転がしこむ玉ころがしなどの娯楽があったが、ヤマの中には何等の施設もお祭りもない。只牛馬の如く働くばかりなるがため、バクチ、サケノミ、マオトコ、ドロボウ、ケンカなりとせぬ事には、気の欝積《うっせき》を晴らすよすがなかった。

これを深考すれば、ヤマの人たちを只一途の如く野獣の様に貶《けな》すのも無理ではあるまいか。第一、作業場の坑内切羽では天井も坑木で支えておるだけで、何時一部の硬が落ちてくるかも知れず、切羽の換気も充分でなく汚れ果てたる空気であるし、汗と炭塵にまみれて墨を塗った様に穢れてヘト〳〵に草臥《くたび》れてあがる。アイガメの様な汚水の風呂に入って帰るや、上戸は水の様な酒を一、二合（アガリザケ）のんで寝み、明日への力を養う。女房も坑内から上ると世帯（スイジ）をして、子供のある者はその世話までする。昔のヤマの主婦は洵《まこと》に可哀相でもあった。（昔のヤマには婦人、主婦などということばすらなかった）

何かにつけて何の楽しみもない。子供の多い人は子供が太くなったならと、それのみ期待しておる位で実に果敢のない生活である。何等の張り合いもない。一生懸命に働いてただ生命を全うするだけの事で、何の為に生きておるか、命を的に地下であえぐのは何の目的か——それの答えは神様でも判るまい。生きる為に働き、働いて生きておる。明日の米代を獲得せんがために身を捧げて大資本家の財産を増殖しておるとは思わねども、結局はそれである。

前述した様に、ヤマで働く人で夫婦二人限りで共稼ぎなればある程度の貯蓄もでき一生地下の仕事をせずとも何とか生きる道はあるけれども中々残さない。ヤマで一番下級者の坑内ポンプ方（運転手）の中に比較的小金を貯えておる者が多かった。日給賃金は寡少《かしょう》と雖《いえど》も、たゆみなき精勤と極度の倹約をするからである。それと言うのも重労働でないからザウヨウ（生活費）も僅少で済むからであった。よってこのポンプ方の金持ちはヤマに二、三人位おらぬ所はない様であった。又、人並みの生活をしていてヤマで金を貯えることは無理であった。

右の如くに一々ヤマ人の性格と習慣を記すと際限もないが、ヤマの人達が貯金心のないのは右の様な精神的作用もあって、あってあるだけ飯食に貢いでいたのであるから、何時までも貧乏から貧乏で泥沼から足を引き抜く事ができず、何代もヤマにこびりついて粉炭飯を何時までも噛らねばならぬ。それは坑内仕事をしたものでないと判らない。生来余っ程の強健な体格の人でも、倹約生活を何年も続けておると倒れる危惧が濃厚にあるからである。よってある程度の栄養食は必ずとらねばならない。大体男子のカロリーは二千五百八十と言われておるが、ヤマの人達、坑内直接夫は三千カロリー位必要であるらしい。それ故にヤマの人は奢っておる（ゾラス）から、何ぼ働いても貯蓄はできぬと社会の人は貶《けな》しておるが、実際は栄養不足ではヤマの仕事は永続はできない。それでなくても珪肺《けいはい》病や貧血症で倒れる人が無数にあるのである。現今は、ヤマの仕事も町の娯楽も文化し、其の他巷に溢れるスポーツ熱、競馬、競輪、競艇、パチンコ、オートレース、映画にビンゴなど大人の遊ぶ場所はできたし、至れり尽せりの世の中となったが、前述の如くプロレタリヤの生活苦は何時の日に解消するかである。

昔のヤマの人たちは煙突目当てに行けば、米と飯のオテント（太陽）様はついて来ると呑気な事を言うていたが、それは事実であった。如何に不景気と雖《いえど》も米の飯を食いはずす憂いもなく、また失業しても八方塞がりと言う事もなく、何れの八方（仕事）かに取りつく事が容易であった。昔のヤマでは電化以前は蒸気力による煙突がヤマのレッテルになっていた。ヤマにも大小こそあれ、何れも鉄やレンガの煙突から黒煙を朦々と吐いて碧空をこがしておった。当時の坑内歌にも、

〽石はチョンカンでも　時間さえたてば　あがりゃ二合半が腕まくり　ゴットン〳〵

又は、

〽鶴はカンコヅル　先山ネンキ　後むきゃテレゾウで　石（炭）ゃ出らぬ　ゴットン〳〵

チョンカンは一函、二合半はアガリ酒、カンコヅルは痩せ細ったツルバシの事である。こんな呑気《のんき》歌を唄うておる位であって、苦しい中にも呑気な所があった。せちがらい世の中と言うても現今の様に年中賃金ベースやボーナスを巡るストからストという労資のいがみ合いもなく、真面目に働けばあえてリンチをうけることもなく暮しておった。然り、生活水準は今より低かったと雖《いえど》もそれは和服が洋服に代ったただけで食料の方は昔の方がよかったかも知れぬ。酒も税金を五十％も飲むでなし、魚類でも冷凍ものでないから味の変化もなく、鯨も近海ものが我々の胃袋まで満たしていたし、野菜類も造り手が多く買手が少ないのでタダの如く安価であるし、至る所の小溝を掬っても川魚はフンダンに獲れるし、川の水も今の様に水洗炭機の洗汁の黒水でないからアユやハエなど水中に泳いでおるし、暇人が川で釣りをしてもハゼ、カマズコなど面白い様にかかるのであった。其の他田にもボリソール等の毒薬を撒布せぬから、田の中にも

鰌《どじょう》や小鮒が溢れており、タニシや溝貝、ゴシナ、スズメ貝も豊富におった。比較的人が少なかったせいか、野や田の畦道にもツミ菜、食草があった。之等の楽しさは今の人達には体験できない。封建的と言う勿《なか》れ、昔は配給飯など夢にも思わなかった。それは外米もあり粗悪米も麻生系統のヤマにはお目見えしていたが、配給制でなかった。

扨《さ》て話は食物と変じたが、元に戻してヤマの人達が第一の娯楽としていた賭博について少し述べておく。昔のバクチは骰子《さいころ》二個を湯呑茶碗にふせて、二個の目の偶数が丁で奇数を半とする勝負の壺丁半である。それは全身に刺青の男が双肌ぬいで豆絞りの手拭で向う鉢巻をしっかと締め、壺方と言うて湯呑みと骰二個の責任者がおる。左手の二個の骰を持って皆の面前で右手の湯呑の中に刎《は》ねこみ手ぎわよく伏せる。大勢は丁々——半々——とそれ〲金を組合せる。おい勝負だと、ツボ方は湯呑みをとる。出た目が勝負で黒白が早い。つまり泣きと笑いが一瞬できまる。賭博のオヤジは勝負毎に寺銭を何ぼかとる。それと駒親と言うて竹箸の如きを現金で一時的に取りかえてやる。之も親駒と言うて何%かのカスリをとる。これは太いバクチ程嵩むのであった。

此のツボ丁半はヤマの人は余りやらない様で、ヤマ人は投丁半と言う骰を三個手の掌にいれて、上下に暫しゃくって盆ござの上に転がす。その三個の出た目で丁半を争うのであって、余り一方にばかり連続的に片よるとタンバ丁とかタンバ半とか言うて条件をつける事がある。それは三個合した目が十位以下で成立するとか、又は十以上で結成するかの安値を要求するのでバクチの中で最も騒々しいものである。その外三個の骰で三つずと言うのがある。之はビル、七、十二、十七、ハチ、三、八、十三、十八、シク、四、九、十四、ソート、五、十、十五で、六、十一、十六が成目であって、ナゲル親が総取りであり、之も投丁半と同じで廻り順に親になるがナルと連続的にやれる。この三つずは親とハチがつめ目が多く、又親は自分の自由（トクケン）で四個の内一個はキルと言うて人にハラセヌ権利がある。

サンヅキ、之はミカヅキとは違う。明治時代は寛永通宝の一厘や文久ロクの一厘半（一枚一厘、二枚三厘）などの魚孔錆銭を手に摑んで三枚ずつに並べ、サイゴ残り一、二、三の端数で勝敗をきめる簡単なバクチもあった。硬貨でできる。

その他インガと言うのがある。之は二個の骰で初めに目を決めて始め人の集まるつれづれにやる小バクチである。次に花札を使う山助がある。六百間とも言う。四十八枚で手八、場八、山二十八枚残る。之は詳しくかくと長くなる。知る人ぞ多いと思うから省く。同じく三人でくる手七枚、場六枚で残らぬベタ花又はナカツ花メクリもあり、その他豆札ともガジ札とも言うツン一から十までの四十枚の札でガジと言うのがあって五四六、五六十、一二三十などと呼んでおり、アゴの四は五になり曖昧の人をアゴの四と言うていた。四なり五なりであるからであろう。

女が多くしていたものに、ガジ札二人で目くりがある。手八枚場八枚三十六が基で一目何銭ときめていた。

このガジ札や花札は柳と楓を除いてヨシと言う三箇所にはらせ、二枚又は三枚で目を組み立てるのである。之はカブと言うて、九が最高で十は○となる。但しブタハリにすればカブに勝つ。八をヤイチョ、七をナナケン、六をロッポウ、五をゴスなどと称える。親は二枚で九と一が組合せになれば九むしと言うて総どりであり、八と二が成立すれば笑うと言うてボヤシ（やり直し）にする事ができる。

他にキンジ、ハチハチ等があるが、私は詳しく知らぬから話す力もなく、又バクチの事を余り明瞭に説明すると、賭博宣伝師と間違えられるからやめておく。

この天下お法度のバクチも、明治四十一年（桂内閣時代）の新刑法改正前は現行犯であったが、それ以来非現行犯となって数ケ月後でも発覚すれば罰される事になった。又、その現場の見物におった人はたとえバクチは打たないでも同罪と見做《みな》される様になって、総てのトバク犯は体刑とせず罰金刑になって、最低初犯で金二十円、最高五万円ときまった。これがためヤマと言わず全国の博奕打ちに一つの刺戟剤が与えられた。

しかし、当時はヤマだけでなく、正月などは農家など女までバクチをしておった。骸一個のチョン、一から六まで紙にかいて、骰一個を湯呑みでふせ、出た目勝負で当ったものは四倍になり、当らぬ者は一回毎にとられる。それとヤマの女は花札三人目くりをやっておる様であった。採炭休業日以外でも至る所にはずんでおった。

ヤマ人の忌み事

昔のヤマの人たちは縁起もとっておったし、一つは地下の危険な仕事でもある関係上、御幣《ごへい》担ぎ式の忌み嫌う事共が多数にあった。それを私が知っているだけ記してみよう。前記の逆柱、いわゆる狸柱やカミサシのない坊主柱も嫌うが、それ以外に無を有形にさせる人為の動作に就ての迷信的な忌み事があった。

一、坑内で笛を吹奏する事、口笛は特に悪し
二、拍手する事
三、頬被りをする事
四、下駄をはく事
五、花類を飾る事
六、入坑中自宅で炒りものする事
七、猿と言う事
八、アナ、マブと言う事
九、女の赤不浄
十、黒不浄、ホネガミ
十一、悪夢

右の忌み事の解釈と説明は洵《まこと》に他愛もなく童話的であり漫話染みてもおり、非文明きわまる妄説であるが、昔の人ばかりでなく、現今でも此の迷信的な事項を実行しておる人があるから致し方がない。

一、口笛を坑内で吹奏すること。大山祇命即ち護山神は音楽が大変好きであるらしい。別して吹笛が特に好きであるので、その笛の音にあこがれて恍惚となり給い、大切な落盤防止、否総ての災害を未然に防いでおられるのに隙ができて意外な珍事を引起すのであるらしい。よって坑内では断然口笛を吹かぬ事が現今でも鉄則となっておる。心の油断も出るからであろう。

二、拍手喝采など坑内でしないけれども、無心の人はかしわ手を坑内でするかも知れぬ。それは拍手する様な事はないが、おどけた人がおって神仏祈願の真似などしてかしわ手する様な事がある。昔のヤマ人は坑内で拍手すれば、山の神が何の祈願をしておるかと、之又ききとれてうっかり天井を支えし手を緩めるから、天井が落ちて怪我をするとぞ申しける。

又、パチ〳〵と音をさせると、重圧が来た時柱の上のカミサシの割れる音と聞き違えたり、又はそれが判らぬからである。昔のヤマ人は柱のカミサシがパチ〳〵となると、之を危険信号として退避していたのである。

三、頬かむり。昔は安全帽もないから頭から手拭を被っておれば、頭を打った時の予防策でもあるが、反面それは両耳を蔽うからヤマ人はこれを嫌うた。坑内で耳を塞いでおれば前記の如く重圧が来た時柱やカミサシの鳴る音がきこえず、又不幸にして坑内で変死した時、死体は坑外にあげても魂は坑内に残ると言うていた。それは何故か——昔は坑内の死体を坑外にあげる際は本人の名を大声で呼んで、今あがるぞーと代る替るに叫んでおったのである。その場合頬被りしておれば聞こえぬと言うていた。魂だけは坑内

に残ると。

四、下駄は人の使用する中で最下級の位置にあるし不浄物とされてもおるし、第一坑内で下駄など履いて歩むと危険である。完全な足拵えをしていても転倒して負傷する事もあるし、傾斜面の坑内であるから縁起ばかりではなく実際嫌われたものとも考えられる。

五、草木花、之もいわゆる縁起の御幣担ぎを極端に表わしたものである。花類は葬礼の際の仏事用ときめておるからであって、地下の作業場には不釣合いでもあり、お墓やお寺を連想させる悪念の原案になるからである。しかし護山の神に榊や柴をあげるのはあえて嫌わぬ様である。心なき人は坑内の詰所、ササ部屋などに生花などしておる人があるが、昔の人が見れば吃驚《びっくり》するであろう。

六、留守宅の炒りもの、之は糯とか餅のアラレとかの炒りもので、其の他の炒りものは余り嫌われていない。亭主の入坑中に炒りものをすると亭主が怪我をすると言い伝えておるが、之は何等の捉え所のない迷説である。何から取り出した理屈か知らぬが、現今でも之を守っておる人が多い様である。之は主人は坑内でまっ黒になって汗と炭塵にまみれて働いておるのに、如何に留守番がのんきでも暇潰しに炒りものなどして過していては神罰が当ると言う訳でもあるまいが、この留守中の炒りものの忌みの原理だけは不可解である。

七、ヤマの人は猿を嫌うばかりか、サルという言葉も嫌う。これは広島坑夫のところで概略述べておるが重複乍ら再記する。当時猿廻しがヤマにも巡回しておった。その猿は腰縄がつけてあって猿廻しはその綱を緊弛させて、我が意の如く踊らせておる。よってヤマの人の中でも博奕を打つ人が特に嫌うていたのである。巡査に捕縛され、其の上自由を束縛される瑞相ともなるし、又、サルは消え失せる代用語にもなるので怨敵の様に嫌われるのであった。又、顔や尻が赤いから嫌われていたのではあるまいか。

八、アナに違いはあるまいが、ヤマの人たちは坑口を指して穴と言うのを嫌うていた。穴の中の作業であり炭坑の坑の字もアナと読むのであるが、アナにはいると言う事は最も厭悪されていた。それはハカアナと語句が合うからではあるまいか。それから、穴の事をマブとも言うので、これもアナより嫌われていた。魔生又は間夫、マブと解釈した訳でもあるまいがアナとかマブとか言う事は厳禁されていた。

九、赤不浄、之は女坑夫の生理休みである。昔の人はドマグレが来たとか、ヨコイが来た、又はアカマ（赤間）行きなどと称して三日又は五日位休んでおった。七日も休む女は極く稀であった。たまには口さがないお洒落でもないが、日の丸とか天長節とか梅干しとか言う人もおって、坑内歌にも、

〽打ちも叩きも殴りもせぬに　おそそが血を吐くコリャ不思議　ゴットン〱

〽月に七日の不浄さえなけりゃ　サマチャンにせんずりはかかしゃせぬ　ゴットン〱

と言う猥褻な歌を唄うていた。女の月経及び出産の赤不浄も坑内の忌みものであった。それにしても、坑内で出産すればこよなくめでたい事と祝うていたのである。

十、黒不浄、之はヤマ人が唱えるホネガミ葬祭であるが、赤不浄よりも之を縁起上嫌うておるのであった。それでなくとも忌中の忌であるからである。しかし仮令《たとえ》親の葬祭でもプロレタリヤの悲しさ、一週間以上も休む人は少ない様であった。喪を守る心に変りはないが永休みすれば自らも仏になる。生き乍らの乾物ができるからである。

十一、悪夢、夢は五臓の患いと雖《いえど》も坑内で働く人は悪夢を見ると必ず休む傾向があった。之は現今でも実行しておる。但し夢見が悪いと言明して休みこそしないが頭や腹痛の仮病で休んでおるのである。何だ夢見が悪い位で休んで堪るかとたまには入坑する人もあるが、無神経でない限り何となく当日不気味であり不安であるらしい。作業終って始めて夢の如しと安心するのである。肉体及び精神の特に疲労しておる時には悪夢を見る様である。坑内作業をせぬ人でも余りとてつもない悪夢を見ると、気持の良いものでは

ないのである。此の他にも忌み事はあろうかと思うが、今は思い出せぬ儘に筆を擱《お》く。
死と出血を忌むので犬殺しがヤマに来ることも嫌う。昔は撲殺していたからであろう。其の他煙突の煙が二つに割れる事、朝のカラス鳴きも嫌う。

狸柱

明治三十二年の夏である。学校の夏休みに私は数え年八歳、二年生。学校嫌いの兄は十一歳で学生ではなかった。その永い四十日間の休みの事で、父と兄の坑内作業場に手伝いにさがったのである。当時のヤマはカンテラさげて我勝手に未成年でも少年でも入坑できた開放的なヤマで、貧乏人には得な点もあった。それは十一歳の兄一人では炭函を押出すのに無理がいくので、大柄を幸い私が応援の意味で入坑したのである。二人なれば、当時の実函でも軽々と動くので面白い位であった。

切羽は上三緒坑の右又卸し右二片の延先であって、坑口より約二百五十間余りあって、尤もカネカタが五十間位あったから本卸しは百三、四十間であったと思う。その延先に父と兄と三人で二番方（夜勤、乙方とも言う）の延先採炭夫（三尺層）として、午後三時すぎから入坑して夜中まで働くのである。その右二片には一番方の場合は数人の採炭夫や仕繰方が入坑して作業するのであるが、乙方は私たち親子三人だけであった。私の父は当時三十七歳の男盛りで、体格はよし腕力も強いのであったが、何分ヤマに出て未だ数ケ月の採炭夫であるから、どちらかと言えば素人臭みが立派にとれておらず、いわば新参坑夫の肩書があった。それで玄人坑夫の様に短時間で切りあげて昇坑する事もできず、又早昇坑しても人並みの稼ぎでは生活もできず、それで予定以上の時間おって他人より多額の能率をあげていたのかも知れぬ。どちらにしても、職員の薄給では生活が出来ず自ら重労働を希望したのであり、ヤマの仕事は余り上手でなく、只体力に物を言わせ人一倍働いて大家族、つまり六人暮しを保障していたので、自然に昇坑時間も遅くなるのであった。

私が入坑して二日目の夜である。坑内には時計はないので時間は正確に判らぬが、もう夜中の十二時をすぎておる事は確かであった。その真夜中になると如何に闇黒世界の坑内でも静寂になって、なんとなく陰気が身に迫ってくる。上下の瞼はベタついてくるし、父が打ちつける鶴嘴《つるはし》の穂先がコッコツンと炭層にあたって音を立てる。その韻が恰も妖魔を誘う合図の様にもきこえて、その寂寥《せきりよう》限りなく眠い瞼を開いてカンテラの火を眺めると、その焔もぼやけて見える。不気味な事、昔の講談師が常語としておる「水の流れも暫しは止まる」、「屋の棟も三寸さがる」丑《うし》三つ頃になると、坑外の深山よりも坑内の方が悽然《せいぜん》とする。つまり妖気漂う悪魔の世界に踏込んだ様に薄気味の悪い事である。丁度その刹那であった。遙か離れた上部一片の方に突然、トーントンと音がする。その音は遠くで先山が石炭を掘る音である。今まで父の鶴音より他に音ずるものは、自分たちのくしゃみか呼吸の韻より他に鼓膜に響くものはないのに、余りにも不思議である。私たち二人は不審がって父にその音を訊ねた。父は上の一片で誰か採炭しておると言うていた。

扨てその夜は摩訶不思議な音を聴いて心のしこりも解けぬままに仕事を終って、午前三時頃昇坑した。ところが翌晩である。私たち親子三人で採炭作業、例の如く、父は延先切羽から石炭を掘る。私ら二人はエビジョウケに四又のガンヅメで掻きこみ、炭函に積みあげる仕事である。やがてその夜も遅くなった。夜中とも思う頃、昨夜の如く上部の方で又々トーントンと音がする。その音は遠い様であって破れ太鼓を叩く様であり木板を槌で叩く様であって、人が石炭を掘る音よりもなんとなく弾力のない音であった。私達は坑内に狸がおって人を脅すと言う事は聞いていたので、狸のイタズラである事は知っていた。その夜もその音を聞いて昇坑した。

今度は三日目である。例の如く兄と二人で石炭を函に満載して、何回目かマキタテ（捲立）に押出した。私と兄とマキタテに出て、引返そうとしたところ、父は右手にツルハシを提げ左手にカンテラを持って血相かえて出て来た。そして私たちに言うには、お前たち二人が出ると直ぐ奥で函を押込んでくる音がする。函はもう押込まんでもよいし、又マキタテにはカラ函もないので変に思うて振りむいて二人の名を呼ぶと、音がパタと止まる。石炭を掘りかかると又轟々《ごうごう》と天盤も裂ける様な音がする。それを二、三回続けたので、流石物に動じぬ父も些《いささ》か昂奮してマキタテまで出て来たのであった。余り慌てぬ父が立腹した位だから、余程狸のイタズラもこって来たものと見える。結局父は狸から踊らされた形になって残念がっていた。

この狸が坑内で人を脅したり欺したりする事は上三緒坑ばかりでなく、当時の小ヤマには往々にしてあり勝ちで、この噂は高く少年時代でもそれ程怖いとは思わず、却って面白い事だと考えていた。それを実際に聞かされ体験したのであって、五十五年後（昭和二十九年）の今日までも私の耳底にその音はこびりついておる様である。

この狸が石炭を掘る音は、尻っぽで炭壁を叩いておるとの事であって、その音は落着いて聴くと遠くで襖《ふすま》を平手で叩く様な音であり、鶴嘴で掘る様に金属性の余韻がせぬ、つまりヒキヅルの音がなく弾力がないのであった。

又狸が坑内に常住していたか、或いは毎晩坑外の山間から通勤入坑していたかについてはそれを認めた人もなく、右の二説を判然と弁明し得る者もなく、又それを深く研究する必要もないので、ヤマの環境によっては二説ともあったのかも知れぬ。

一つは昔のヤマの採炭法が単丁切羽（一丁切羽）とも言う蜘蛛の巣型、つまり碁盤の目式の採掘で狸がひそむに好適な場所も多く、また狸と共に坑内に鼠も群棲して、うっかりしておると弁当を喰い荒される事も珍しくなかった。

坑内に於ける狸のいたずらに就《つい》ては当時上三緒坑におったMさんから体験談を聞いたので記しておく。Mさんは四十余りのデブ形で、どっしりした人好きのするおっさんであった。刺青も少しはあったが、余り喧嘩もせずヤマの人では温和しい方の男であった。Mさんは腰のブリキ製のトンコツから煙草をとり出しキセルに詰めて火をつけ、くわえ乍らにボツ〳〵狸の話を始めた。私たちは全身を耳にして聴きいった。これからがMさんの話である。

俺が三年程前に唐津の小ヤマで働いていたときである。或る夜二番方にさがった。二人組であったが、相手の一人は腹痛と言うてハソン（仕事をせず昇坑する）した。それで俺一人になった。山間の小山ではあり坑内に古洞もあって、他には一人もおらず淋しい事であったが、近頃何日も休んでおるからノソンする訳にもいかず、せっせとキリダシ、一人仕事で炭を掘っていた。

やがて三函程積んだので、後一、二函掘出す予定で夜中の十二時頃掘っておると、マキタテの方から函を押してくる音がする。これはおかしいと思うた。俺より外には鼠はおっても人のおる筈がない。俺はよく耳を傾けてその音を聴いた。その音はゴウ、ゴウと空函を押す様な音であるが、車輪がレールにこする音もせず、第一結鎖がチン〳〵と鳴る音もせぬ。ははーこれは噂にきく狸のいたずらだと俺は思った。

（昔は炭函に結鎖かけがなく、チリン〳〵と引きずっておった。仮令《たとい》あってもわざ〳〵引きずって狸の化音と判別ができる様に金属性の音をたてていた。狸は巧妙に人を欺すとは言っても、結鎖の音を出す神通力はなかったらしい。それでMさんの様に狸の化音を容易に看破する事ができるのであった）

俺は考えた。こんな場合には慌てると狸奴に踊らされるから、くそ度胸をきめて落着く事に努めた。それで如何に狸がオドケても俺は知らぬ顔の半兵衛をきめる事にした。それを知るや知らずや、只一人とあなどって小石を投げて天井の落ちる音をさせたり、人が大勢走って来る足音をさせたり、或いは函を押して来る音をさせたり、ありとあらゆる芸当の限りを尽して俺の荒肝をとらんとしておる。俺は振返りもせず、石炭を一生懸命に掘る恰好だけやっていた。流石の狸も俺が余りにも相手にならぬので或いは張合いが抜けたのか、パタと音がやんで、それは〳〵静かになった。ハハー狸奴、しびれを切らして退散したと見える。どれ〳〵早く積みあげて昇坑せねばと独り言を言いつつ石炭を函に掬い込まんとしたところが、俺の切羽のすぐ手前の昇切羽でトントンという音がする。今度は先山に化けたのである。野郎又始めやがったかと呟いたが、よく考えるとその切羽はあまり昇っておらず、一方口で抜け出る所がない。それで俺はしめたーと、思わず叫ぶのを自分で口を押えて止め、とる手遅しと左手にカンテラ、右手に鶴嘴を握ってその切羽に登った。ところが音も止み、何らの怪しい物も見えない。只目に映るものは、少量の碩と所々に柱が数本見えるだけである。しまった。あれ程落着いて踊らぬ様にしており乍ら矢張り欺されたか、残念至極であると落胆もし、俺の度胸が足らず耳の錯覚で誑《たぶら》かされたのだと諦めて切羽を出ようとしたところが、よく〳〵見ると四、五本柱がある中に一本だけ変てこな柱がある。その柱は何う判断しても不要な所に打ってあり、作業をすれば先ず一番邪魔になる場所でもある。まして天井のよい切羽であるから疑うた。それのみならず、松の木の根元が下になっておる逆柱である上に天井ぎわにカミサシ（楔）が打ってない、いわゆる逆柱の坊主柱である。ヤマ人が一番嫌う逆柱である。そして何となく建前も悪く、締りもなさそうな柱である。ハハー狸奴、柱に化けたなと勘づいた。狸奴が最後の土壇場になると柱に化けるということは、俺は人の噂で知っていた。

　この際尚更せいては仕損じる。俺は柱を見ぬふりをして右手の鶴嘴《つるはし》を握り直した。狸に限らず総ての妖怪は、下半身が正体で上半身が影である事は人の噂できいていたので、その柱の根元にはずみをつけて一撃加えた。柱はコロリと倒れた。否、コロリと倒れれば本当の坑木であるが、坑木でなかったから、コロリともゴットンとも音はせず、俺まで吃驚《びっくり》する様な呻きにも似たギャッと言う悲鳴があがった。実際は狸はクスン〳〵と泣いて一尺に足らぬと言うが、死の叫びにはクスンもハッスンもないものと見える。急所を打たれたのかその場に伸びてしもうた。さあ大手柄で仕事どころの騒ぎじゃない。小ヤマ乍らも全員集まって俺を称讃してくれた。俺は人を悩ます悪狸を退治した天下の豪傑と、講談めいた誇りと幸福感に酔った。

　叩き倒した狸は随分古狸であって、普通の狸より倍以上も太く、全身白毛も多く所々禿もあった。狸が柱に化けた時は、手や足は木の節になっておるのである。しかし、そのキンタマ（睾丸）が八畳敷あったかどうかは計らなかったので判らない。又、その皮を鍛冶屋のフイゴのパッキングにしたかも俺は知らない。

　ヤマにおける狸柱の由来、Mさんの話は之で終る。この狸柱の話は他にもあるが、諄々しくなるから省く。現今でも中小ヤマの古老坑夫はこの狸柱を嫌うのである。家の柱や電柱の様に根元が下になっておるのはヤマでいえば逆柱である。坑内では総ての柱、枠足は根元を天井（上）に使う。之は重圧を支えるためで、それがヤマの鉄則でもある。

ヤマの訪問者

　明治時代のヤマに姿を見せていた外来商人および旅芸人、神仏の行者等々私の目に映ったものだけを記すのであるが、この多数の中には現今まで実用しておる種目もある。又ヤマ以外の所に行脚していたのもあるが、大概は密集生活のヤマの住宅街を目標に踏みこんでいた事は勿論である。

　一、山伏　之は昔は宝満山にもおったと言うが、維新此の方絶えて当時は英彦山の修験者であった。あの芝居の勧進帳の弁慶の様な法衣を着て背に笈《おい》を担い、青や赤の紐、房のついた法螺貝を門口から入るや否やブゥー〳〵と頬を丸く膨らして吹鳴らす。その間に国家安穏、五穀豊穣、御願成就、家内安全、商売繁昌、家運幸福を祈り祭神の夫之忍穂耳命や神功皇后に祈誓をかける。此の法螺貝の音が赤ん坊の昼寝を起して主婦の眉にシワをよせさせる事もあり、又怠け者や夜勤人の昼寝の目を覚させて嫌われる事もあった。

この山伏は冬の小寒大寒の血も凍えつく頃に法螺貝を吹いて戸毎に廻りタゴ（担桶）一荷ずつの水を汲んで据えさせ、水が出揃うと褌一つの裸になって口に呪文を唱えつつ恰好よくその水を頸の所より全身に打ちかけて水浴びをする。之がいわゆる山伏の寒行の一課目である由。この行は厳寒の砌《みぎ》り動きもとれぬ様に綿入を重ねて火炉（イロリ）の傍で震えておる人の度肝を抜く力十分であった。井戸水は温いと言うが現今の様な鉄管水道であったらさぞこたえたであろう。

二、六部　六十六部とも称していた。昔とは言い乍らなんと大きな御仏壇を背負うて終日小鉦をチンチンと叩いて歩くので、その労力、その重労働は私たち子供でもなんと力の強い法印さんと思うていた。その大きな御仏壇には観音様が安置してあって、何本もの金色の手を拡げて座っておる。箱の高さは四本足二尺位あるから、六尺位の外黒塗で横は一尺余の角型で仏体は後を向いておる。六部さんは危ない商売であると、口さがないおっさんが言うていたのでその訳を聴いてみたところが、それは六部さんは前の臍のところに八寸位幅三寸位の板を提げ、その下部に径三寸位の鉦がついておる。それを歩む調子に合せて観音経か何か唱えつつコンコンチンチンと叩くのである。若し誤って叩き外すと睾丸を打つからであろう。六部さんは叩き外すとキンを打つ、玉手などと洒落ておった。又、背に担いし仏壇には径一尺位の鉦を携えておるのもあった。そうして六部と書くか六分と書くかロクブと書くか六九分と書くか私は知らない。何うして六分にしても六九分にしても百に足らず十にも足らぬ名称であった。

三、遍路さん　巡礼とも言うている。之は本場四国八十八ケ所、其の他三十三ケ所の霊場巡り等と称して、上黒、下白の衣にアジロ笠、金剛杖には仏鈴、白の手っ甲、足は脚絆に草鞋をはいていた。これは主として弘法大使の信者が多い様である。春の四月の桜花も蕾を綻ばす頃には、陽気の勢いも手伝うてうら若い乙女たちまでが萌える様な緋のイモジ、きばたつ柄の着物の裾をからげて、スゲ笠かぶって四国八十八ケ所、何処何区同行何人と記したのを頭にのせ、赤い紐で顎にかけ右手に鈴、左手に品よき金剛杖、玉を転がす様な凄艶《せいえん》な声をはりあげて、帰命頂礼遍照尊などと戸毎に数名立って唱えており、時には若き青年の血をたぎらせる情緒的な場面もあるが、糟屋郡の篠栗《ささぐり》新四国八十八ケ所の団体参り、各地方に班在祀置してある部落の霊所の千人参りなど、比較的運動不足の女性たちの体育にもなり、働く女性には一つの慰安にもなる形で、弘法大使は流石によき自然の療養発見者でもある。しかし女性ばかりでなく、男性も同様である。又、各霊所を参拝してオイヅルや白の上衣に、各所の朱肉印を押捺して、それを多く印したのを誇りにしておる様であった。ヤマに来る遍路さんは職業的の人もおった様であるが、中には相当の修業を積んだ修験行者も見うけられた。般若経とかクモン文経とか、其の他ウチワ太鼓を叩く法華の南無妙法蓮華経の声もきいた。

四、淡島様　明神であるが、朝倉郡の秋月に祭祀してあるのが有名である。この神様は女であって腰から下の病気を癒す専門とかで、婦人科か産科の方であろう。それにしても余りにも品物が多くブラさげてある。現今でも壁などに余り着物を多く掛けると淡島様の如しと言うが、それは本当である。それは病気の婦人が平癒の祈願をして霊験をうけ、その御願成就（ホドキ）に自分の髪飾りや頭髪などを寄進するからである。ヤマに来る淡島様は何れも乞食の女で五尺位の竹に淡島様の掛絵を吊りさげ、それに文字通り種々な女の装飾品が吊りさげてある。当時の女性が頭髪に結んでおったアテモノと言う布が多い様であった。其の他、櫛、簪《かんざし》など。

五、稲荷様　之は倉稲魂神ではない。白狐の造り物であった。つまり茶吉尼天《だきにてん》の管狐《くだぎつね》であろうか。身長二尺位で白の仮衣を着せ後に一尺位の管がありその中に数本の紐が通してある。それを引くと頸や口や目や手足が一本ずつ上下に動く様にカラクッてある。金属製のガラ〳〵となる六、七個、玉鈴のついたのを右手に握って上下に振るから、その音、幽玄に聞こえ、左手に小形の御幣を握っており、之又上下に左右交互に動かしておる。足も足踏も恰好にうごかしていた。この狐使いは背中に風呂敷を担うておる。貰うた米や自分の日用品であろう。その白狐の後の管を肩にあげて門口から入ると、自分は土間（庭）に立って狐を畳の上に立たせ稲荷大明神正一位、この稲荷の入りこんだ家は商売繁昌、仕事は無事故万（ヨロズ）幸運、宝の山に入る如し、病魔退散、勝負事には勝進む、ああ万《よろず》よし幸いなるかなと吉祥のよい事ばかり並べたてていた。

六、鍾馗《しょうき》大臣　之は正月十五日位まであって、藁縄で造ったシメ型の鉢巻を嵌《は》め、手には宝剣の代りのワラ棒を持って門口に立って屋内には入らない。右手の木棒で戸口の板や柱をカタ〳〵と叩いて気勢をあげ、やあー鍾馗が立った、此の内は悪魔は退散、福神は入来する、やあー福は来る、災神疫神は逃げ去った、とその声は至って太く元気に満ちた呶声《どせい》であって、いかにも疫病神は逃げそうである。縁起をかつぐヤマの人達は笑みを以って之を迎えていた。之は主としてお正月のオカチンを貰うている様であった。

七、春駒　昔はカブキ芝居の三番叟の様な姿で鼓を打ち正月に目出度いなーと唄うて来る五万才と言うのがあったらしいが、ヤマで見る事はできなかった。しかしその五万才の替りに春駒があった。それは楕円形のショケを伏せて中央に穴をあけ、それを股のつけ根のところまで肩から紐で釣りあげ、恰《あたか》も馬上の様に見せ馬首の造りものを前方に取りつけ、タヅナを頸にかけ右手に手鈴を握ってリン〳〵と鳴らし、後の藁スボ製の尻っぽを腰のさばきで頭と共に巧みに動かしてあぁー目出度いなー春駒や福の神が舞いこんだー駒が勇めば気も勇む、咲いた桜に何故駒つなぐ、駒が勇めば花が散るなどと唄い、之も本当に馬が積めぬ程仰山に正月餅を貰うのであった。（片手は休んでいるから）

八、お獅子廻し　之は神社の祭礼の時に笛や太鼓で囃したて二人組四本足で廻すあのお獅子廻しではない。ヤマに来るのは只一人であって正月に限らず時々姿を見せていた。戸毎に入りこんで、庭でつまり悪魔祓いのお獅子の舞いを極く簡単に廻って、米又は当時五厘位の賽銭を貰うておる前記の高等乞食であった。しかしこのお獅子様に嚙られる真似をして貰えば、小児の頭に腫物ができぬとかカサハチの小児は癒るとか言うて別に五厘位張込んであの大きな口の金歯にガク〳〵と嚙んで貰い、祓いをして貰うていた。

九、猿廻し　このおっさんは道中では背中の風呂敷包みを両肩にかけて胸のところで結んでおる。その包みの上に猿はチョコリンと片衣を着て赤い顔赤い尻で座っておる。やがて人家に入るとおっさんは土間に立って小太鼓を叩いて調子をつける。猿は畳の上で赤白段だらの棒や環を利用して色々の芸当をする。おっさんは、シッカリシャント〳〵〳〵磯の浜辺の蟹の横匍《よこば》い。お爺さん山行きゃ焚物とりかえなどとトコトン〳〵と小太鼓を叩いて猿の綱をあやしつつ踊らせる。そうして五厘又は一銭の金を貰う。之もヤマの子供はゾロ〳〵とお供をしておったがヤマのおっさんの中には此の猿を極度に嫌う人が多かった。それは前述した様に腰綱をつけられておるから博奕打など縁起を担ぐからであろう。総て、ヤマ人が猿を嫌う理由はこれであった。

十、易者　つまり巡回易者であって、人通りの多い街道傍に頑張って、人相手相を見るのではない。経木や算竹などは小形の提げカバンに収め、右手に天眼鏡を握り、周易、縁談、恋人、待ち人、運気の判断と調子よく触れて歩くのである。ある時は手相人相、悪運退散法、幸運迎誘法の早道、運は捉えねば直ちに逃亡する。悪魔は祓わずとも招かずとも来らんとするなど、雄弁に任せてヤマの人たちを舌先三寸でまるめ込んで、一人より見料十銭又は二十銭、手相なれば三銭から五銭で見ておった。若い者には恋人ができるとか、あなたに大層好き惚れておる女性がおるなどと口から出まかせを言うて語呂を合せておる。中には面白半分に見て貰う人もおったが、迷信深い当時のヤマ人を都合よく言いまぎって世を渡る易者もおった。

十一、辻占売り　之は黄昏から夜にかけての商売であって、主に貧家の児童か又は乞食同様の生活者が多かった。極く粗末な装袋に収めた書状には前記の易者の言葉の様な、あるいは現今の各神社のおミクジの如き文句が書き連ねてあった。それは毛筆の走り書きが多かった。運勢、縁談、旅立、恋人、待人、失物、病気、移転、造作、商業、就職等々無限にある。その辻占売りは冬の寒い夜も震え乍らにブラリ提灯をとぼして草履をはき、運気、縁談、恋の辻占いと淋しき声を張りあげてトボ〳〵と売りあるく。その姿は、大人、子供に拘らず哀れであった。その代価は一個一銭、特に高尚なもので二銭位であった。

十二、下駄の歯替え　現今の様にゴム製の長靴などない明治時代は、高歯、高下駄、高足駄、サシ下駄、ボックリなどと言うていたが、通学するにも筍の皮で作った緒であり、一回、転ぶかくじくかすると直ぐ緒が切れる。捨てると母から叱られるから片手に提げて跣で帰って来る。その歯も減るのが甚だ早い。足癖の悪い人は斜めに減るから尚更転げる。まして冬の積雪の場合には泣かされたものである。私たちは緒が切れぬでも雪の上を跣で走って行くのであった。初めはとても冷いが、後には指先まで温くなるのであった。この下駄の歯替屋も多く、ヤマに絶えず見るのであった。荷物は角ザルの一荷である。

十三、桶の環替え（タガエ）　桶屋さんは一方に道具箱、一方に竹の割ったのを環にして担いでおる。今の自転車にのせておるのとは似もつかぬ。バケツのない明治時代のヤマには担桶（タゴ）だけは一家に一荷なければ生活できぬ必需品であった事は勿論である。之も底替えや環替えが多く、よって桶屋のタガエさんもよくヤマに訪問しておるのであった。そうして下駄の歯替えと同じで、仕事跡の掃除をせぬ建前になっておる。つまり木の削り滓などやりっ放しで逃げて行く歯替えに環替えのおっさんやあんちゃんである。それを伝統的の誇りにしておるのではあるまいが、一軒毎に跡片付けまでしていては、少しずつ戸毎に訪問する仕事ではその寸暇も惜しく規則的常道になっていた。

十四、鋳かけ屋　芝居のイカケの松の様な泥棒ではない。鉄（イモノ）時代の鍋釜、鉄ビン（茶沸し）等の修繕師で、是非ともおらねばならぬ存在で有用な職業であった。小型の鞴（フイゴ）坩堝を一荷とする営業で、今の鋳物師の移動職人であって、鍛冶工の部類であろう。前記歯替えや環替えは大工の部類であろう。しかし鍋釜の補修用として主に真鍮を熔かして流し込んでいたのである。その為に家庭にある真鍮製の器具は往々にして鍋釜の犠牲に供される事が多かった。

十五、煙管の竿替え　キセルのラガエと言うていた。当時は巻莨《まきたばこ》を吸う人は至って少なく、又巻莨はニコチンが多いということで排斥されている傾向があって、ヤマの人達は殆ど刻み莨であった。老いも若きも腰に莨入れを差しており、坑内ではブリキ製のトンゴツという魚型の容器に莨を詰め、キセルはむき出しにして細紐で結びつけ腰に差しておった。

之がためにキセルの竿替えも頻繁であった。よってその竿替え事ラガエも毎日姿を見せていた。横一尺縦二尺余の黒い角箱を一荷として小型シチリンで湯を沸しその蒸気で各種の竿竹がピィー〳〵と鳴り、その笛の音がラガエの呼声の符牒にもなっていた。上三緒坑のラガエ師は六十歳位の大柄の爺で笛も吹奏させず、当時の流行歌ナンテマンがインデショウ節を捩ってマンガラがよかろうと言うのが口癖で、上三緒坑や近傍でマンガラ爺のラガエと言えば誰でも知らぬ人はない程高名であった。人間以外の犬猫や鶏までが知っていたかも知れぬ。そのマンガラ爺さんは、独身で上三緒部落の木賃ホテルに住んでいたが、性質神の如き人物であったそうで技術も巧妙であった由。つまり新しいキセルでスパ〳〵と通りつまらぬラガエ師ではなかったそうである。

十六、按摩　あんま上下十五文などと古い文句にあるが当時は五銭か上下で十銭位であったらしい。この按摩さんは生来不幸な人が多く盲人がなっておる。ヤマに来るあんまさんは町のそれの様にピーピーと笛を吹いて来るのは少なく、妻または子供に手を引かれてとぼ〳〵とやって来る新参のあんまが多かった。春夏の夜はともかく、秋や冬の夜にピィー〳〵という按摩の笛韻を聴くと、精神的にも寂寥《せきりょう》を覚え何となく悲しい気分になってくる。

十七、ランプ売り　洋灯とも言うていた。当時の夜の家庭の必需品であり夜の目である事は勿論であるが、之が毎日の石油注油、ホヤ（硝子薄もの）磨き、掃除を怠けると火災の原因となる危険物でもある。つまり明治時代の子供泣かせであった。私達は油買い、ホヤ磨きを厭々乍らも日課としてやっていたが、ジミの下部の網目が詰ると石油の篝《かが》りが出てホヤは曇り光力はなく、又下部の石油溜りに火がつく怖れがあって危険であった。このランプ売りは直径三尺高さも三尺位の荒目の籠を一荷として各種のランプを売り、修理もしておった。修繕は油壺と真鍮金具の取付口（白いセメント様の物）が主であった。ホヤには杓子型のホヤと竹ホヤという径一寸余で下部がそれより二寸程太目の筒型のホヤがあった（丸ジミ用）。主として天井から掛ける釣りランプが多かったが、高等家庭には据ランプが奥座敷にあった。約三尺位の高さで、一寸触れた位では倒れぬ様に頑丈に拵えてあった。この据ランプは貧乏家庭では使用しておらぬ様であったから相当値も張っていたのであろう。普通の下級品は二、三十銭位であった。

十八、軽業師　カルワザ師、いわゆる街頭手品師がヤマに時々現われていて、親子連れになると軽業をするが、一人の時は手品が多く、刀呑込みからキセル煙草呑みの曲芸やあらゆる摩訶不思議な妙奇術を演じて、周囲を取巻き目を皿の様にして口から涎を流して見惚れておる観衆から一銭二銭の投銭を受けておるのであった。たまにコマ廻しや皿廻し等の曲芸を太鼓の音に合せて見せていた。

十九、阿呆陀羅経　左の手の指に彦山ガラ〱の様な小型モクギョを三、四個はめ、そのうち一個は少し太い親モクギョで、右手には四寸位の叩木を持って、ポカ〱ポコ〱チャカポコ〱と叩いて調子を添え、

〽畑に蛤掘ってもナイ　坊主の鉢巻ゃ締りがナイ　砂に小便溜りがナイ　一人息子は働かナイ
　馬に耳風さわらナイ

などと滑稽な文句を浪花節や都々逸まがいで唸るのであった。

二十、連歌師　之は夜の歌師と言えよう。男女の場合も男だけの場合も二人組が多く一人は洋琴と言う琴の小型を左に立てて、右手指でピンシャンと弾き、一人はコウキ又は尺八、月琴などを奏でていた。当時はヴァイオリンはヤマで見られずギターなど夢にもなかった。二人は掛合いで流行歌を唄うやら謎かけ問答式に歌詞で流すやら、たまには流行歌の小型本を売ることもあり、何銭かの投銭を受ける者もおった。其の他時事珍談の印刷紙も売っていた。

二十一、琵琶歌　座頭さんの村下りに会えば雨に会うなどと昔の人は言うていたが、之も前記の按摩さんと同じで不幸な人、盲人が多かった。しかし頓智のよい事はアホダラ経と異らず、

〽昔　昔　武蔵坊の弁慶は京の五条の橋の上にて牛若丸と一騎打　弁慶のナギナタは身が八尺で柄が八尺　切れる幅なりや戸板の如し――（それじゃ座頭向うが見えまい――）処どころに窓がある――ビン〱ビュ〱

と弾いておったが、日露戦争後筑前琵琶が誕生して伴奏音も高揚し節も情緒的になり、一部の紳士や淑女にもて囃される様になった。明治三十七年六月十五日、六連島沖でウラジオ艦隊に撃沈された常盤丸の熊本兵六百名の悲壮死を語っていた。

二十二、浄瑠璃　義太夫とも言う様である。之は至る所に素人天狗も多く大流行であって、中でも太閤記、忠臣蔵、朝顔日記、三勝半七、お俊伝兵衛等、近松門左衛門の創作にかかる多くの芸題に義太夫の三味の音は一種独得の怪韻を出す。又上下の扮装、力をいれる発声、中でも一人弾き一人語りは骨が折れる様でもあった。

二十三、綾釣人形傀儡師　当時は義太夫の流行と共にこの綾釣人形芝居が流行して、舞台劇の六之烝や至る所の掛舞台でよく演じておったが、ヤマに来るのはつづら型の人形箱を一荷とした一人行脚の人形使いであった。そのつづら箱の緑に小型枠が荷合綱代りに立ててある。それに六尺を嵌める様にしてある。

その六尺が人形の踊る舞台であって、箱の中から次々に人形を取出し枠にもたせて差しており、一人で浄瑠璃を語って一人で人形を使い観衆の投銭を集めるのであった。

二十四、蓬莱豆売　中に大豆の入った固い豆菓子を十粒余三角紙袋に入れて売っていた。頭にのせた桶には、この三角袋に入った蓬莱豆の他、美しい国旗や海軍旗、その他風車などを差し並べ、手にした団扇太鼓を叩いて軽業師の着ておる様な突飛な着物を着て、足調子も面白く千鳥足の如くおどけた踊りをして子供を集める。

オジチャン旗一本おくれ、おー鼻はたれておっても可愛い子供、悧巧者じゃ、そりゃ又売れた一本一銭、又が売れたらキンタマの屋ド替え、さ、さ買わんせ、蓬莱豆を、トントントンツク〳〵と賑々しく子供から一人一銭ずつ巻きあげる。

二十五、団子細工　これはまた何と立派な出来ばえか——団子は余りネバリのない所を見ると糯米が多い様で、それが赤青黄紫黒白の色彩で種々の形を造る。桜花、菊花、ミカンのむきかけなどその物の如くして、細い割竹の先に細工して一個一銭又は二銭、植木鉢の盆栽など五銭又は十銭のもあった。これは相当の技術と練磨がいると思われる。

二十六、飴細工　之も団子細工と同じく熟練を要する商売である。竿竹は中に穴のある極く細い竹であって、それを口に啣えて息を吹き込み、息の加減と手の巧みさで、茶色の飴を少し温めて鳥や瓢箪を造り、赤青のインキを塗って一本一銭で子供を欺す。原料は僅かであるが妙技。

二十七、ブン廻し　ドッコイ〳〵とも言う。戸板の上に径三尺位の白い厚紙を置き、中央に縦五寸位の心棒をたて、その中心より横に細木を嵌め時計の針の様に回転させる。その尖端に糸で木綿針が提げてあり、紙（放射式）の径三分位の筋が十二本位ある。その筋の端には大小のカルメラに似た菓子が盛ってある。一回一銭でその横竿を廻す。幸運にしてその針先が筋目で止まれば、景品の菓子が数十倍もとれるのである。最後の瞬間筋の近くで止まらんとする時、商人は傍に腰掛けて見ており危いところじゃドッコイ〳〵と囃し立てるのであった。明治の末期頃上三緒坑でのことであるが、このブン廻し商人が台板の下の心棒に針金を通し筋の端に針が来ると、ドッコイ〳〵危いと足で動かしていたのを、吉野と言う人事係長が発見して、その商人の油をとっていた事がある。このインチキ商人は足腰も立たぬ様に叩かれた揚句、ヤマの入場権もなくなった。自業自得で誰をか恨まんやである。

二十八、鬮引《くじ》　之も当りの菓子は赤、白、大、小のカルメラに似た菓子で、これを一、二、三の数字の順に並べ、当時女の頭髪に使用していた黒の元結（モットイ）糸で長さ八寸位のくじを百本ほど作り、其のうち十本位は尻に数字の記入した紙片がつけてある。しらくじを左手に握り、当りくじを右手に握り、大勢の前で巧みに中央に嵌めこんでパラリと捻って、そりゃ当り大当り、引いて御覧じ一銭で一円のお菓子が当ると、囃し立てておる。ヤマの子供ばかりでなく大人もその動作を見て、之なればと見当をつけてつかんでおるが引抜くと紙片はついておらない。しらくじである。これもインチキがあるらしいが、中々巧妙にやるからそのボロ（尻尾）を掻出す（ニギル）事は困難の様であった。

二十九、このクジ引菓子でラクガンや豆入オコシ飴などを店頭に飾って子供から一銭ずつ何回も掠めるのがあった。それは五分角くらいの馬糞紙に数字を書入れ、紙で完全に包んで隠してある。それを一個一銭で剥いて一、二、三等と引きあてるが、当らぬ者には八厘位の菓子を渡しておった。これも百個に二個は一等のでかい菓子が当るが、始めから二個は当らない。一個は子供を釣る餌である。悪辣な商人になると最後まで入れずにおる者もあった。私たちが少年時、終りの十本又は五本になった時買いしめたことがある。その見知りの店のお姥さんは一等の券クジは別の所から出していたのである。当時でもこの種のクジ引きや景品クジなどには曖昧屋が多い様であった。それは今と異らない。

三十、山師　八四か耶師か矢死か知らないが、明治時代のヤマには時々このヤシが姿を見せていた。当時のヤシには薬売、中でも歯の薬売が多く中には法律や流行歌の書籍類を売る者もおり、又、蟇の脂事膏薬売などもおり、自ら腕を切って即座に癒す物凄い場面を見せていた。大体ヤシのやりかたは、一尺余りの小型のワニの干からびたのを初めに取出して、このワニが太陽の光線と地球の引力によって直ぐ動き出すと言うて大衆の足を止め口から出まかせの熱弁を振うて人々を煙に巻き込み、今回は二十個限りとか元値より安いとかいうて次々に何百個も出して売っていた。之等の人物は雄弁と頓智で渡世しているお喋り屋である。しかし、お喋りばかりでもなく、ある時は気合術師が来て、三尺ばかりの青竹を三尺程隔てて二本立て、その上に水の入った茶碗をおき、その茶碗の上に径一寸長さ三尺の竹を横にもたせ、木太刀でその竹を二つに切る。見ると茶碗の中の水は微動だにせぬのであった。次はその立竹をチリ紙を半分にして中を立目に破り、その中に竹を入れて両方の紙でうけさせ、之又木剣でエイッと打下すと横竹は見事に真二つに切れてチリ紙は依然としてある。これは気合の本や拡大映写の器具など売っていた。その他居合抜きは最も古くから流行しておったが、大石を杖に括りつけて伏せた湯呑の上に立てたり、鉄棒を小指で曲げたりするのはザラであった。これらは一種の奇術と化していたのであった。

三十一、蓄音器　明治三十三年秋の頃であった。上三緒坑の事務所の横、小村八百屋の前の広場に、蓄音器を聞かせる商人が来た。ヤマの人は歌を唄う器械が現れたと皆珍しがっていた事は勿論である。又、大人たちは流石に西洋は進歩国である、西暦も一千九百年、二十世紀文明の卵であると感心していたのである。私たち子供は尚更のこと、好奇心にかられて見に行った。見に行くとはおかしいが実際に聴きに行く事はできなかった。それは野放しで放送するのでなく一回二銭でゴム管を両耳に当てて聞くのであるから、私たちにはとても縁遠い物であった。当時は五厘切符一枚貰うて喜んでいた時代、何で二銭も母がさげ渡す筈がなく、またたとえ聴いても、米山甚句やサノサ節など余り興味もないからであった。それにしても時々人寄せに朝顔形のラッパを嵌めて発音させていたが、その音はババけてよく聞きとれなかったのであった。

まず右の蓄音器は商人が天秤棒で担いで来る移動式で高い台の上に一尺角位の硝子張りの箱がある。その中に真鍮製の径三吋《インチ》位、長さ四吋位、厚さ三分位の管がある。それをミシンの様に、或いは旋盤の様に、ゼンマイ式で廻す。それにウンボをつけ、それより黒色の径三分位のゴム管が十筋程出してある。ゴム管は先が二又に分れておる。それを両耳の孔に差込んで聞くのであった。それより数年後、レコードも平らな丸型のものに変り各家庭に愛用される様になったが、当時私たちには珍しき哉の文明品であった。

三十二、ノゾキ（窺）　望器、之は豊前坊天狗の件りでも大略記しておるから重複するが、話の順序として概略書いておく。現今の紙芝居と同じく絵を見せるのであるが、五円で飴を渡すのではなく、又、露出して見せるのでもない。つまりレンズ眼鏡で窺く。時の珍事件や変事を主として題材にしており、中には昔の有名な狂言芝居を描いておるものもあって、説明は一人または二人で表板を竹で叩きチイトチョボ〳〵〳〵節の歌による解説を行ない、絵看板だけでも豪華なものであった。主に神仏のお祭などの際、多く現われており、ヤマでは稀に見る位であった。当時のノゾキで私の記憶に残っておる一つに大惨劇の場面があった。

それは明治十二年六月二十七日、神奈川県大住郡真土村の強慾戸長松木長右衛門一家七人殺し（主魁者冠弥右衛門外二十四名）の殺生現場のノゾキは物凄い絵であって、殺伐なヤマの人達も眉をそむける程であった。

次は明治三十五年一月二十三日青森県八甲田山に於ける「雪中行軍」。之はノゾキで見る以前に、すでに日本国中にその悲報が伝播され、哀悼の意を国民挙って捧げたのである。歩兵第五聯隊二大隊山口鋠少佐以下二百十名が遭難し十二名だけが生き残った。中でも後藤伍長は伝礼に発って、途中雪にとざされ名誉の死を遂げるという勇壮な画面であった。其の後日露戦争のノゾキも多数あったが、金州南山の山瀬幸太郎血染の聯隊旗などが特に私の頭から放れない。（その他新派ホトトギス、己が罪、琵琶歌、なさぬ仲、うずまき等）

三十三、陶器の叩売り　茶碗のセリ売りとも言うが、茶碗を叩売りすると破れるのではないかと心配する人もあろう。このセリ売りの状況を一つかいてみる。

　サアサ、この茶碗が五つで二十銭だー。この茶碗は当り前の品もんとは、ちっとばかり違うとる。カン〳〵叩いてホラこの通り。音をきけ、金の様な音を出す。この音で貧乏人の餓鬼は目を覚す。

　ソリャ買わんか、昔なれば領主のお墨付きがなければ買えねえ品ぞ。瀬戸物屋で買うてみんか、一つ十銭でも売らねえぞ。博覧会なりゃ十円の正札だー。それとも一つの茶碗で家内中が廻り食いをしておるかー。沢庵香々ならつまみ食いもできるが、おカユを手摑みすると火傷をするぞー。

　サァー五人分だー。これが甲斐性（イクジ）なしの亭主の分、これがしみったれ嬶の分、これが極道息子の分、これがぬすっと阿魔の分、これが鼻ったれアン坊の分、きちんときめておけえ。

三十四、唐辛子売り　トンガラシ売りと言うていた。

〽辛くて甘いがトンガラシの粉　甘くて辛いがカラシの粉

と小型の鈴を鳴らし、左の腰には長さ三尺位径一尺位の両端が尖った紙張骨竹の模型胡椒（赤塗）を肩から紐で吊り、ヤマの納屋を巡っており、ヤマに一異彩をなげておった。（トントン〳〵トンガラシの粉）

三十五、反物売り　呉服類行商人と言う方が正当であろう。大型の紐の風呂敷に包んだ品を両肩にかけ、荷物は背中で結び目は胸にありで、戸毎に訪れて反物の御用はありませんか、といってくる。金がないからいらぬと言うても容易に立ち去らず、包みをほどいて並べておると隣り近所のおかみさんも集まって来て、種々と批判を加えたり値段を小切ったりして久留米絣の一反に一円も出して買う者もあり、ダニの様に食い下って値切り倒し六、七十銭で買う女もいる。これは日本人の反物売りであるが、当時は中国人の反物売りもヤマに時々姿を見せていた。この中国人は当時は弁髪で編んだ永い尾を鉢巻の様に頭にグルグル巻いており、ズボンは股のところがバラ〳〵の支那服で、風呂敷包みは縦に包んで肩にのせておった。かたげていたのである。このアチャサンが掛値を言う事が想像もつかぬ程で、一円位で手放す品でも初めは二十円位に言い出すので、うっかりすると大人たちは欺されるのである。半値の十円位で売りつけられ、安買いしたと誇っておると、五倍も十倍も安価な偽物を摑まされている事が往々あった。日清戦争後は私達少年まで中国人をチャンチャン坊主と言うて天から馬鹿にしていたが、大人たちはよくこの手にかかり反対に馬鹿にされていたのである。又、ヤマに持って来る反物は木綿物かよくて銘仙《めいせん》位であって、銘仙の中にも田舎銘などの下級品もあり二子織、ガス糸入など、柄も当時は相当によい物があった。（当時は、老若男女をとわず縞《しま》が旺盛流行し絣りは高いせいもあって少なかった）

　三十六、薬売り　伝統を誇る越中富山のアンポンタン。入薬屋。之はその昔よりあったらしい。毎冬入替えに来て、当時の陸海軍人の将官などを描いた薄い絵紙や紙製の角型風船玉などをサービスして小児を喜ばせた。腹痛には細い竹皮に包んである黒くて苦い熊の胆や、赤玉、虫下し、セメンエン菓子や風邪薬などを入れておった。この売薬入替人は現今も続いておる。

　日露戦争後、オチニの薬売りが旺盛であった。その呼出しも日本一薬局と言うので全国に伝播していたかも知れぬ。その薬売りは駅長さんの様な服装で、黒地の洋服に赤に日本一オチニ薬局という白文字入りの腕章を左に嵌め、腰には中型の薬庫トランクを洒落た紐で肩から吊りさげ、手には伸縮する手風琴を奏でてそのリズムに合せて行進歌口調で唄うておった。

〽大阪西区は板地堀　日本一薬舗で名も高いー　オチニの薬の効能はー爺さん婆さんのー虫下しー　頭痛　足痛　腰いたみー子供の鼻だれ　よだれくり　服んで直ぐ効くこの薬　オチニー

その他自分の姿を刷り込んだ縦三寸五分横二寸五分位の紙絵を子供に配布して、子供の機嫌をとっていた。これはヤマばかりでなく、町や農家の僻地でも同様、朝日の中にオチニのマークを入れた、キビ〳〵した薬売人の姿は当時の行商人の先端を走るハイカラであったが、明治の末期頃から何時とはなくその姿は消え去った。此の有名なオチニの薬売りが自然消滅した理由も私は知らないが、余りにも一時盛大であったので物淋しい感じにうたれるのであった。

三十七、昆布売り　之は乾物商人も売っておるが、ヤマには大島の女が売りに来ていた。その頑丈そうな体に紺絣りの着物、紺の手っ甲脚絆に草鞋をはき、又、三尺高さ一尺位の口が丸く底が角型の竹ザルを頭上に乗せ、一方の手はザルよりたれた紐を握っておる。その量は男が肩で担ぐより多く頸骨に持たせておる。買手があると巧みにおろして秤りにかけて売っておるが、直接販売だけに値も安く品も優秀品が多いと大人たちは言うていた。又、当時の人は昆布は栄養が多いと愛玩しておる様であった。

三十八、蚤取粉売り　現今はＤＤＴとかＢＨＣ（フマキラ、アース）とか新薬が出てあらゆる毒虫、吸血虫を殲滅しておるが、納屋住宅のところで述べた様に上三緒坑など夏は蚤攻めで安眠もできぬ程であった。その時に当って、

〽ゆうべ喰われた敵討ちー　蚤取粉〳〵

と触れ歩いていた。径一寸縦一寸位のブリキ鑵で蓋をとると細穴が数個ある。それから粉を振り出すが、除虫菊で造ってあるので鼻や眼に刺激を与える事は甚しいが、何分量が少なく何枚もの畳や寝床に充分に散布できず、一夜だけの事で一個十銭（米一升代）もするので財政が続かず、依然として蚤攻めであった。又この商人もたまに姿を見せる程度であった。

三十九、茈茄《しょうが》売り　之は贅沢食料とも言えるが、青魚には生でも焼いても煮ても離せぬ珍味である。この茈茄売りは体裁のよい大型の深い竹ザルに一荷担うて行商しておったが、誰がつけたか、茈茄売り、売ってしまえば食うてしまうなど、標語的に吹聴しておった。

四十、麩売り　原料は小麦であると言うが、よくもあんなに膨らせ、よくもあんなに軽くまずい物があったものである。お池の鯉ならでは喜ばない食料であるが、之又よくも此の世に出しゃばっておる事。朝の味噌汁の中などに入っておると迂潤に咥《くわ》えて舌を灼く人もおる。しかし中には花フなどがあって精進料理などを賑わせておるので、あながち軽視してはならぬ。このフ売りはランプ売りの様な大ザルに山程積んで行商しておった。又、口のよい人は幸運な人を捉えてフがよいと言うのが筑前の方言でもあるが、マンがよいとも言うけれど。（当時、長フ一本五厘程度）

四十一、飴の湯売り　径一尺五寸高さ二尺の函の上部に天井布を張り、それを一荷にし、一方にゴトク（シチリン）をおこしこれに飴湯の入った釜をかけておる。鈴が括りつけてあるから歩くとそれが鳴る。原料は飴とカタクリ粉であろうが、茈茄水などをかけて風味をつけて、一合（コップ一杯）が一銭から二銭位である。

四十二、氷売り　飴の湯は四季にむくが、これは命の短い商売である。盛夏の二ケ月位であって、アイスキャンデーやケーキのない当時は、掻き氷が夏の清涼食品中、随一であった。荷物は飴の湯売りと同じ格好で、火や釜の代りに氷貯蔵函と削り鉋が上部にあって砂糖水を準備しておる。リンを振って寒氷〳〵と囃し立てておった。大盛二銭小盛一銭。

四十三、魚行商　今は鮮魚商などと語呂を合せておる。冷凍貯蔵のない当時は、夏季の生魚は何でも食う事はできなかった。まして自転車（トラック）もない交通不便の時代で、福岡から飯塚まで馬車で運んでおった。あの八木山峠の幾十と曲りくねった坂道を、数台の馬車は夜中にも拘らずガラガラと引廻して、夜明け前に飯塚町に着き市場にかかって我等のヤマに商人の肩によって運ばれていた。従ってヤマにお目見えする魚は大概きまっていた。鯵、鯖、鰮《いわし》、アゴ、サンマ、タコ、イカ、アカバナ位の物で、それでも

夏季には鯖の生クサレなどというて食わず、アカエイやボラなども臭いので賞玩せぬ様であった。たまに大鯛や鰤《ぶり》、鮪《まぐろ》など来ても買手がなく、その場合は紋引紙でくじ引をしておった。一口十銭位で三十又は四十口もある絞絵の当り鬮《くじ》である。その他、塩ものが今より多い様であった。鯨の如き近海物で味のよい肉を買収できた。

明治三十九年頃の事である。山内坑に幸袋から行商に来る松さんと言う三十がらみのおっさんがおった。その松さんは、如何に冷凍庫のない干物や塩物時代とは言い乍ら、余りに臭い塩鯨を毎日〳〵持って来てはヤマの人に食わせておった。一斤十銭位で安価でもあり醤油も不用で便利であるが、何と辛い事、臭い事、胃の悪い人は胸が焼けて仕方がないというていた。それが為、何によらず臭い物は松さんの鯨と称する様になった。それを一年間ヤマに担い込んだ松さんは熱心であった。

四十五、虎の巻　鞍馬山の牛若丸を連想させるが、その六踏三略の巻物を型どったお菓子である事は証明できる。それは砂糖と何かの豆を使って造ったアンを、黄色の麦粉団子で楕円型に巻いてあるからつけたのであろう。それをお虎さんのボヤ〳〵と叫んで触れ売りしておった。このお虎さんのボヤ〳〵売りが一緒に売っていた菓子に、センベイみたいにカリ〳〵して、短冊型に捻った菓子があった。雨が降っても、、カリ〳〵と言うていたが、本当に乾燥した菓子で、比較的高尚な味を持っていた。ボヤボヤはアンが多いのでしつこかった。

四十六、牛肉売り　之もヤマに時々来ていたが、高価でもあり、当時の人は牛を食うのは野獣の様だと言うて食わず嫌いの人が多い様であった。何分一斤二十五銭位もしておるので、ヤマの人でも家族の多い家では、口に入れる事はできぬのであった。

四十七、餅売り　現今（昭和二十九年）の一個十円の餅を二個合せたもので一銭、塩アンなれば三個分はあった。この弟分につなぎ団子があった。アンに包まれた径一寸位の丸ダンゴが五個串にさしてある。之が一銭であった。其の他アンコロ餅でも一人で十個も食えば豪傑の方であった。（ソラ豆一合炒ったのが一銭）

四十八、鉋飴売り　振廻すとガリガリと鳴る竹製の器具で子供を集め、三寸位の串に飴を削ってつけてやる。一本一銭。

四十九、貸本屋（業）　当時は講談小説が王座をしめており、神田伯竜の太閤記、赤穂義士伝、里見八犬伝、其の他玉田秀斎、石川一口、旭堂南陵、中に文章じみた村井玄斎、村上浪六、伊藤痴遊などが有名であった。読料は、七日間一冊四銭であって、明治末期には五銭になっていた。山内坑には下三緒の河野某が来ておった。

五十、雑商人　鰹の塩辛、小鮀《えび》の漬けあみ、醤油の実など、即座に飯の菜にされる物を売る商人がヤマには絶えず来ておった。

五十一、野菜売り　之は、当時の周囲のヤマの数も少ないせいか至って安価であった。一つには農家の直売であり中で儲ける人がおらないからでもあって、大根や蕪《かぶ》など一把一、二銭位、里芋も桝で山盛り秤って一升五銭か九銭位、唐芋（カンショ）一斤百六十匁一銭五厘位であった。

五十二、力士の廃者　当時は相撲取りのでき損ないかなり損ないか、又は病気で引退したのか、別に生活の方策がないのか、手拭いを一筋のし紙に包んで各戸を訪れ、頭をさげて合力を乞い、一銭か二銭貰い、その手拭いは又自分が持って次の家にも出し、手拭い一筋で生命を食いつないでおる哀れな力士のなれの果てが、彷徨うておった。明治以後、そんな姿は見えない様である。

五十三、祭文語り　ウカレ節、オカレ節とも言うていた。ヤマの大納屋の広い家で時々この催しがあったが、之は主として不幸な人に義捐金を贈る為に演じさせる事が多かった。直方の安平さんが有名で、手の錫杖をリンリンと鳴らし、突切り節のサーサこれからが、口癖であったらしい。上三緒坑には赤坂（篠栗）の祭文語りが時々来ておった。飯塚にも一本舎と言う若手の祭文語りがおった。現今の浪花節である。

五十四、数え歌　之は女が唄うておった。女でも特種の歌手であった事は勿論で、時の珍事を一つとせー節に織り込んであるので、半紙一枚型を四つ折にしたのである。それを門口で二、三節唄うて一枚二銭で売っていた。この創作は福岡中島町の原田作太郎が主に当っていた。

五十五、漆器類商　上三緒坑には早くから月賦販売で、近傍の町又は遠方からも商人が出張して来ていたが、山内坑には大正時代になって此の月賦売捌きが出張店を出すようになった。鏡台、吸物椀、膳、本箱、戸棚、火鉢、タンス等は注文で運んでおった。

五十六、小間物商　之は女相手の商売の事で、流石に男はおらず、浅い長手の箱を何段も重ねたのを風呂敷に包み、高々と背負い、ひまなおかみさんに売りつけていた。文字通り小間物は数も多くあり、綺麗であった。現今の様にパーマで髪を縮らせる時代でなく、頭髪だけでも相当の飾り道具があったのである。ネジメ、アテモノ、クシ、コーガイ、カンザシ、ビンツケ、モトユイ、ビンサシ、マエガミハサミ、ツトハサミ。

五十七、打廻り　飯塚町の西町にある今の筑豊劇場は当時は養老館といい、拝山が描いた大型の文字額が舞台の正面の真上にかけてあった。その外宮の下と片島の境に飯塚座があって、この劇場で芝居などがある時は、たまに宣伝の打廻りがヤマに来る事があった。

五十八、新聞配達夫　地方新聞では政友会御用新聞の福岡日々新聞、憲政会御用の九州日報があった。大阪の朝日新聞、毎日新聞は一日遅れて配達されていた。毎日、朝日の両新聞は紙質もよく頁数も多いが、広告が多かった。中でも仁丹、梅毒薬の有田ドラックが王座をしめており、購読料は明治時代は一ケ月五十銭余、大正時代七十銭位であった。何れの新聞も朝刊夕刊の区別もなく、一まとめであった。活字も太く記事も少なかったのである。

五十九、郵便物　ヤマの人達は地租税もなさず住家も持たず、人間外の動物扱いにされていた関係で、郵便も十把一からげで、事務所又は労務の詰所前の提げ箱に放り込んであった。封書などはうやむやで、着いたか着かぬか判らぬ様な事もあった。昭和の初め普通選挙になって、ヤマの人にも戸毎に配達される様になったが、戦時中またうやむやになって、小ヤマでは今でも誤差がある。

六十、虚無僧

〽書生さん　好きで虚無僧するのじゃないが　親に勘当され　試験に落第し　致し方ないからねー　尺八吹く〳〵門に立つ　サノサ

という俗謡があった。本当の虚無僧は仏衣様のものを着て手っ甲脚絆、胸のところに提灯箱の様な布施米入れをさげ、顔は飯櫃《めしびつ》型の編笠で隠しておって、その風格も威権《いけん》に見えるが、中には当座の糊口を凌ぐ俄づくりの虚無僧がおり、又は笹葉のついた儘の三、四尺の青竹を尺八として吹流し、門口に立つ異人もおった。当時博多の一チョウ舎とか言う大組織の虚無僧が有名であった。

六十一、乞食　あらゆるボロ〳〵の着物をまとい、かげ椀（木製が多い）を持って門口に立ち、残り物などを貰いうけ、門口で犬の如く食うのもおった。此の種の乞食は主として足の不自由な不具者が多く、河原や村のお宮などに寝ていたのである。世にも哀れな人であったと思う。

しかし上三緒坑でこんな事があった。躄《いざり》の乞食が動きもとれぬ程同情を受けて、多くの米や金を貰ってヤマを離れた。ところが秋の頃の事で俄雨が降って来た。その躄は健脚となって走って帰ったと言う。インチキ乞食、職業的の乞食もおったのである。

六十二、時計の修繕師　坑夫は時計など持っておらぬが、幹部級の職員の懐中時計や事務所、各詰所の時計を分解して油さしなどしておった。当時の懐中時計はアングルを良としシリンを不良と決めていた。シリンはセコンドがないので振り止まりが多いからであった。

ヤマの米騒動

第一次世界大戦が大正三年に始まり同七年春頃に終った。そのアフリを食うた日本は好景気であった。それは大東亜戦争の如く、無条件降伏による敗戦のアフリとは反対であった。然《しか》るに一部富豪の空米相場によるのか買占政策をとったのか、当年の七月頃から米価が日に日に鰻上りに暴騰した。始め一升二十二銭位であったのが、八月には五十銭以上にもなり都会では五十六銭までにもあがった。ヤマに於ては炭価はインフレで高騰せしにも拘らず、坑夫の稼働賃金は据置きであったので、一日の最高収入が一円位であるのでは、一日白米一升分しか賃金がとれない人もおった。これがため、当時は労働組合がない頃とて各納屋頭などは率先して賃金値上げを要求すれども、中々容易に解決はつかないのであった。これが為に各坑に不穏の兆が現われ、活火山が一時閉息した形に曝され、何時爆発するやもしれぬ雰囲気に追いこまれていた。

この米騒動はヤマの人ばかりでなく、米を造らぬ都会の人や総てのプロレタリヤの生活上の危機でもあるので、各地の貧民窟にもこの叫びがあがり、八月上旬越中富山の漁夫の細君達が第一の烽火（ノロシ）をあげたと言う。其の他の不穏分子が乱立し暴動化したので、警官だけでは手がまわらず仰々しくも軍隊の出動となったのである。八月上旬には、飯塚駅頭にも着剣の兵士が厳しく歩哨に立つようになり、物々しき世相となった。プロレタリヤは食えないが為に賃上げか、はた米価さげかを叫んだのであり、その要求叶わぬが故に一部に没理《ぼつり》が騒ぐとはいえ、軍隊の出動まである世の乱れは悲しくもあった。

ヤマで一番烈しく暴動化したのは田川郡の峰地炭坑であったと言う。朝日奈三郎と言う三十五、六歳の快男児が首魁（リーダー）となって全坑夫を指揮し、先ず初めにヤマの販売店を叩き壊し、あらゆる物品を屋外に放棄するやら、酒をあおって金庫を横領するやらして、その金を一人当り五十銭ずつ配当して暴動党員に加入させていた。その他ダイナマイトを数十本持出して、一人が電柱の頂先に登り、下から二、三人が細引でマイトをくりあげて、発（テン）火して投げつけるのでいよ〳〵事重大となった。後藤寺に待機していた軍隊に出動命令がでて軍隊一個小隊が戦闘体制で現地に向うた。処が前記の如く電柱の上からマイトを投げつけるので、兵士が大声を発してそれを停止せよと命ぜしも、聞こえたか又聞こえぬふりか、今度は兵士に向って投げつけた。ここに至って兵士はこの男を銃殺した。（注―著者は、後年この話は事実ではなかった、記憶違いだった、と語っていた）

こちらは売店である。多くの坑夫が酒樽の鏡板を抜いて鱈腹《たらふく》あふって酩酊し、その酒の余力をかってあらゆる物品を壊したり放り出したりで、反物（呉服類）も屋外に山積しておる。その反物を大形の風呂敷に包み、ヤッコラサと背中に担い、こちらにやって来る男がある。この男ずるい事甚しい。暴動の最中に泥棒をして、ダンマリ荒金を儲ける魂胆であったらしい。之を兵士が見逃そうか、オイその包みは何かと質問した。処がその男は兵士に向うて、何でもない、俺の品物だ、あんた達が干渉する必要はないと其儘立去らんとした。なんで兵士がそれを其儘黙認するものか、その荷物を一応おろせ、中身を調べる必要があると風呂敷をがっしりと摑んだ。処が此の男、兵士に摑みかかって来た。軍隊まで来て俺達の邪魔をするかと毒づき出し、その顔相は悪鬼羅刹《あっきらせつ》の如く、兵士に挑みかかるので、兵士は銃剣で股をついた。男は出血多量で死亡した。この男はヤマの坑夫ではなかったらしい。その付近の部落の人で相当のヨタ者であったと言う。こんな騒ぎも、何分軍隊の実弾の的にされては一溜りもなく、恰も雲霞が強風に吹きとばされる様に四散八走した。結局主謀者朝日奈三郎以下主なる幹部が検束逮捕された事は勿論である。

こちら嘉穂郡では、八幡製鉄所二瀬出張所の中央炭坑が少し騒いでいた。（責任者が何人かおったらしいが姓名をきかず）これも賃上げ要求を所長にしても応ぜぬので、全員硬捨場の広場に集合する様、過激坑夫が命令した。つまり暴動を起こそうというのではなく、緊急大会を開く予定であったらしい。処が大勢集合した内に、一人の坑夫だけは極く小胆者で、硬山に集合して不穏分子の同類となる事を怖れ、自宅に籠って蒲団を被り寝ていたのであるが、他の坑夫から狩り立てられてしぶしぶ乍ら出て来た。硬捨場には大勢集合しておった。時に米価の騰貴による生活難大会を開かんとする際、飯塚町に駐屯していた軍隊が直ちに駈けつけて来た。来るや否や集合退散の命令を発したが中々退散しない。致し方なく軍隊は発砲した。もとより烏合の勢、銃声をきいて蜘蛛の子を散らす様に八散逃走した。前記つれ出された男は、初めの銃声で腰をぬかし、走る事ができず、病犬の様に変な恰好で匐《ほ》うて逃げておるのを、後から追うて来た兵士に太股を銃剣で刺された。軍隊の退去後病院に担ぎ込んだが、之又出血多量と、女の如き気の持主であったのとで絶命したと言う。

扨《さ》て麻生系統のヤマでは上三緒坑だけが少し騒いだ。八月上旬頃、各納屋頭十余名（私の兄五郎を含む）が小川坑長に賃上げ交渉をした。之もおいそれと応じない。それだけでも当時は刑法に触れ犯罪者となるのに、その交渉がスのコンニャクと何時までも整まらぬのに業をにやした坑夫の内、中川清太郎外二名が四坑の硬山でダイナマイトを三個爆発させて、不平不満に欝積せる全坑夫の気分をあふり立てた。かくして飯塚町より軍隊が駈けつけ、直ちに警官も来て、坑長小川氏と共同で納屋頭連中の教唆によるマイト発破と見做され、全員逮捕された。中でも出しゃ張りでノガラの高い五郎兄と、若林と言う若年の納屋頭が有罪となった。

其後、中川清太郎も逮捕され、納屋頭とは無関係であり、自分達三人で思い立った、と陳述せしも、兄等は恐喝的の賃金値上げを要求し坑夫の安穏を乱しヤマを騒がしたという事と、治安警察法違反で懲役二ケ月、執行猶予三ケ年の言い渡しを受けた。ある人は之は控訴すれば無罪になると言うていたが、金と暇がないので兄は服従した。福岡の未決監に三ケ月余おったが、上三緒坑の全坑夫が食料其他許された物品を、使用し尽せぬ程に差入れしてくれたので、丸々と肥満して帰って来た。私は其当時山内坑におったが、上三緒坑の坑夫達の誠実さに感謝したのである。

（批判）

この米騒動で筑豊のヤマの全坑が騒いだ訳ではない。何十か何百かの内で指折り数えられる程のヤマが騒いだに過ぎぬ。これをよく深考して見ると、一つはヤマの坑夫に悪質者が多いかどうかにもよると思われるが、一方にはヤマの統率者、全責任者たる坑長の坑夫に対する悪辣、つまり搾取主義の冷血漢に対し平素の反感が爆発したヤマもあったと思われる。それ等のヤマと雖《いえど》も、官憲、警察幹部はそれ等の鬼畜の如き坑長と共同して、徒《やた》らに坑夫のみを検束逮捕していたのであるから、勤労者階級である坑夫は実に可哀相なものであった。時世時節とは言い乍ら外国にはない治安維持法、労働者取締規則であって、一方では事業主は労働者の膏血《こうけつ》を絞り、少しでも労働者が賃金値上げなどを要求すればそれだけでも有罪になるのだから、稼働者のうだつのあがるようすがもないのであった。当時の法律は資本家擁護のためにのみ作ってあったと思われる。大東亜戦争終了後、労働組合の発生と共にこの治安警察法十七条が廃止になって、働く者の活路も幾分広くなったのである。

それにしても上三緒坑の責任者や坑長にも落度は充分あると常識上考えられるが、それを咎める法律がなかったのだから致し方がない。まして麻生系統のヤマは、坑外の固定日給者の場合ですら勤労者の一番疲労する夏季、ほとんど十二時間勤務で約半年は日が永いとて使用しており、冬季だけ二ケ月十時間位で、平均すれば十一時間働かせておった。その上給料は日本一低給であったのである。それでも今と同じく人の余りが多かったのか、働く人が多かったので、当時の鉱主は実際の処、莫大な収益をせしめていたのである。其の上、命をかけてその財産を殖やしてやる事に専心しておる坑長や幹部がおるから、勤労者は味噌カスを搾る様に絞りとられて、生き残れる者は、憐れな老後は白骨となり果てるのであった。

上三緒坑でマイトが鳴った当時、私は山内坑の機械工場にでていた。マイトの鳴った翌朝、工場前の掲示板には皆勤賞与従来十五日（半月）に十四方出勤者は三人役増しであったが、五人役増しになった。以下一日さがりで三等まで一人さがりであった。私はマイトの威力に感心した。

大東亜戦争終了後一大改革され、労働組合の組織も完成し勤労時間も八時間制になって、民主主義の音頭の下にスト権も獲得し威力ができたとはいえ、生活は決して豊かになっておらない。戦前、昭和の初め満州や上海事件のあった当時の六年頃はさる事乍ら、明治時代のヤマの人達より遙かに生活水準は低下しておる。昔のヤマの人達も大して余裕のある生活ではなかったが。

勿論之は敗戦のあふりであると言えばそれまでである。それも朝鮮騒乱で特需物資の輸出などで一時凌ぎをしていたが、二十八年七月よりこれも停戦し二十九年度より政府もデフレ政策をとったので一般の不景気でヤマの廃坑、賃金不払い等の半死の中小ヤマが続出し、馘首《かくしゅ》や中止によるヤマの坑夫の失業者は数万名にのぼっておる。現今の如き労働組合の結束下にある勤労者も、二十九年度の中小ヤマでは余りその効果もない始末である。ヤマ以外でも日本全国に溢れし失業者は十月現在で七十一万名を越えておる由。之程の失業者が巷にうごめいておるが、之等の生活保障は如何になりゆくか前途暗澹《あんたん》である。

前条の様な訳で、昔も今もヤマの勤労者は生活に苦しんでおる。現今は昔の様にリンチなどはないが、叩かれざる苦しみは現代のヤマ人の方が激しいのである。時の政治家は此の失業者の救済法を一日も早く講ぜねば、多くの細民は餓死に瀕するであろう。之程緊急を要する事件はあるまい。尤も生活保護金はあるが、一人当り一日五十円位では死なないまでの事。又政府も重荷。

筑豊方言と坑内言葉

ア行

アイズ【合図】　信号ベルのない頃に使ったもので捲機室にある金の杵《きね》を、坑内からワイヤーで引いてカタンコトンと鳴らす

アガリ　出炭奨励金。一函当りを規定より多く支払う

アガリザケ【酒】　昇坑して飲む酒。シマイ酒ともいう

アゴシタ【顎下】　枠足の上部接続面の切りとった部分

アサガオ【朝顔】　夜間に用いられる坑口近くの照明灯。一尺ぐらいの鉄製のもので三尺の足が三本ついている

アシナカワラジ【足半草鞋】　後山がはくスラ曳きわらじ

アタン【亜炭】　木のような石炭。筑豊には少ない

アトケン【跡間】　掘進箇所に対する一間くらいの規定賃金でヤクトコともいう

アトヤマ【後山】　切羽から石炭を運び出す坑夫。アトムキともいう

アブラフダ【油札】　安全灯の代価。一枚五銭で社営売店で求める

アラトコ【新所】　はじめて掘進にかかる箇所。いわゆる処女炭層のこと

アリツケ　切羽の仕事でフリムケの終った箇所や悪条件の箇所等をやりくりすること

アンドンシャ【車】　車路中にあるロープ受車。道中車ともいう

イシ　石炭のことで明治時代の小ヤマでつかわれていた。「鉱」という字は必ず石偏の「礦」を用い「鉱」を用いる場合はカナヤマつまり金鉄鉱を意味していた

イタメ【板目】　石炭面が木版のようになっている。柾目の逆で軟かい

イッシャク【一尺】　三十センチくらいの先の尖ったノミ。ボタなどを割って落すのに使う

イッポンケン【一本剣】　車路の分れた又線に移動される短レール

イワ【岩】コヅミ　松岩で石垣を築くこと。松岩の多く出るヤマで行なわれた

イワ【岩】ナグレ　切羽一面松岩がはりつめて仕事ができないこと

ウォーシントンポンプ　ダブル式の強力なポンプ。坑内ではエヤーで運転する

ウク【浮く】　天井や壁が崩落寸前のこと

ウタセル　下部のポンプ座に水を流れ込ませる

ウチコミナル【打込み成】　一方尖りのナル木を梁の上からジゴクに打込み硬を順次うけ進むこと

ウマコロシ【馬殺し】　重くて質が堅くカロリーの低い石炭のこと

ウリカンバ【売勘場】　昔のヤマの売店のことで現今の分配所、購買会、配給所のこと。古川坑では大納屋にあった

ウワミズ【上水】　坑口近くより流れてくる水

ウワメ【上目】クル　坑内で盗掘したり作業をごまかしたりすること

エイゼンゴヤ【営繕小屋】　大工や坑外雑夫の詰める小屋

エイゼンダイク【営繕大工】　納屋や炭函などの修繕をする大工

エバンスポンプ　明治後期に登場した成績良好のポンプ

エビジリ【蝦尻】　枠の梁の両端にある切り欠いだ部分

エブ　石炭を掬うもので竹でできている。筑前ではエビジョウケという

エンドレス　施条機ともいいクリップで複線連路の炭函を運ぶ機械

オイコミ【追込み】　スカして一方を切崩すこと

オイタテ【追立て】　掘倒すこと。一方オイコミ

オイタテボリ【追立て掘り】　スカして一方を切込む

オオテン【大天】　無限天井のこと

オオナヤ【大納屋】　納屋頭領の住宅。独身坑夫の飯場も兼ねており相当広い

オオ【大】マワリ　坑内小頭の幹部のこと

オコリ　無煙炭のこと

オサエミズ【押え水】　ようやく増えぬ程度に水をあげる

オーライ　坑内の専用語で炭函を停止させること、またはその合図

オロシサガリ【卸下り】　掘進して下る卸し切羽その他

カ行

ガイ【我意】無理を通すこと

カイコウバ【開坑場】取締員つまり当時の人事係の詰所でリンチ場でもあった。坑口近くにある

カイタン【塊炭】石炭の塊状のもの

カイリョウツル【改良鶴】大正中期より使われたツルバシ。穂先だけを取替えるようになっている

カイドウ【街道】切羽から石炭を運び出す坑道

カイドウシクリ【街道仕繰】石炭を運ぶ街路にコロを敷いたり天井を囲ったりする作業

カキイタ【掻き板】キリゴミや粉炭を掻く鉄製の器具

カグメワク【架組枠】親枠一個に数本の梁がのった枠

カケダシ【駆出】ヤマに入ったばかりの新参坑夫

ガジ【我儘】順番や規則を無視し我意を通すこと

カジョウ【過剰】金が余ることをいう

ガスカンテラ　カーバイトを使用するカンテラ。径三寸の丸型で上に水、下にカーバイトを入れ調整はネジで行なう

カタ【肩】水平坑道のうち傾斜の高い方をいう

カタイレギン【肩入金】新入坑夫に貸金すること。有付金ともいう

カタバン【片盤】レールのない水平坑道。カネカタを指すときもある

カタバンサオドリ【片盤棹取】各カネカタの配函責任者。坑外棹取ともいう

ガックリ　小型断層のこと。クイチガイともいう

カナヤ【金矢】石炭やボタを落すのに使う先の尖った道具。長さは十五センチぐらい、両頭ツルバシで打込む

カネカタ【曲片】マキタテより続く水平坑道。レールが敷かれている

カフ【火夫】ボイラーマンのこと

カブリメ【目】天井ぎわが出張っているスラ（石炭）の目

カベマキ【壁巻】ナル木などを使用して打柱をすることもあるがボタだけで巻くこともある

カミサシ　枠や柱の上部を締める楔。ヤともいう

ガメ　錻力《ブリキ》でできた湯茶入れ

ガメツキ　就職口を探すこと

カヤリモノ　石炭と一緒に落ちてくる天井のボタ。薄いボタ

カヤル　壁のボタまたは石炭が崩れること

カライテボ　籠の一種。口が極端に斜めになった籠

カラ【空】コヅミ　井型に組立てた天井の防落法のことをいう。カラコともいう

カラシキ　乾燥した石鹸のこと

カルイ　両肩にかけてスラを曳く麻の綱。背丈ぐらいの長さで先に鉤がついている

カンコヅル【閑古鶴】使うばかりで先が痩せ細った鶴《つる》嘴《はし》。永く使えば必ず先カケをせねばならぬ

ガンヅメ【雁爪】後山が塊炭を掻き出すのに使う道具。先が四又になっている

カンテラ　錻力製の坑内照明器具。大きさは三寸角鶴下で台と本体のはめはずしができる。油は種油と石油の合油を用い二合ぐらい入る

カントク【監督】現在の坑内主任または採鉱課長

カンバ【勘場】大納屋の勘定方つまり会計係のこと。小ヤマにはいない

カンビキ【勘引】積荷不足やボタ混入などを理由に炭函一函当りの賃金から一合二合と歩引すること

カンリョウ【勘量】現在の検炭係のこと。勘場ともいう

カンリョウシツ【勘量室】検炭係の控え室でここで炭札などを整理していた

キカイコウバ【機械工場】仕上げ工、旋盤工、鍛冶工、修補工、機械雑夫などが働いていた工場。修補工は定一番坑内鍛冶ともいい、巻き方、火夫、ポンプと水番などがいた

キカンバ【汽罐場】ボイラーが据えてある所。釜場ともいう

キグミワク【切組枠】五本または七本組合せのアーチ型の枠

キサマ　喧嘩の相手に浴びせる悪口でその他、オマエラヌウ、コンチクショウ、コンガキともいう

キップ【切符】炭券のこと。一斤が一厘で千斤一円まであったが、実際その価額で買っていたわけではない。明治中期石炭千斤の掘賃は二十銭ぐらいであった。切符制度は大正六年頃より廃止された

キハツユ【揮発油】ランプ　明治後期の安全灯。マッチで点火する

キャップランプ　昭和初期より使用された電池式の頭につけるランプ

キュウレン　十六分の五、丸鉄、八分の三、一方は耳かき、一方は尖りおる。長さ一米ぐらい。クリコ掻出し用

キリアゲ【切上げ】天井を落して高くすること

キリゴミ【切込み】坑内で掘ったままの石炭
キリタオシ【切倒し】炭層にボタを含んでおらぬこと
キリダシ【切出し】すべて一人で作業すること
キリチン【切賃】一函何銭という規定の採炭賃金
キリツケ【切付】切羽を四角に立流しにしてあること
キリヅメ【切詰】切羽の先端のこと。ツメともいう
キリハシクリ【切羽仕繰】新しい切羽を採炭できるように準備すること
キリハモライ【切羽貰】切羽を貰うこと。直轄坑夫は直接貰うために下っていた
キンサキ【斤先】坑夫の賃金から大納屋頭がピンハネした金のことでヤマによっては会社が間接的にハネてやることもあった。
ギンセン【現銭】ヤマ　炭券制度のない大手のヤマ
クジリサゲ　重圧による盤膨れを打ちあげる
クッシンフ【掘進夫】延（ヌビ）や断層切抜などをする坑夫で特に熟練夫があたることが多かった。明治時代にはこのような名称はなかった
クラガイ　弁当を入れる容器。竹でできた楕円形のもので底は杉板でできており二人分詰められるようになっている。ガガともいう
ググラスル　立腹してムカムカくること
クラニュー　明治時代の安全灯。蔽いは網だけでガラスはなく安全灯の中で最も暗い
クリコミ【繰込】坑夫に入坑を督励すること。朝昼三時に汽笛が三声鳴る。大納屋では人繰りが各戸を廻って督励していた
クリップ　エンドレスなどで炭函を捲き上げる時に用いられる機械
ケショウワク【化粧枠】坑口などに使われる装飾用の枠のこと
ケツバコ【尻函】アトハコ
ケツワル　無断でヤマから逃走すること。作業を途中で投げやる場合にもつかう
ケムリヨイ【煙酔】ナグレ　通気が悪くマイトの煙に酔って頭痛をおこし早目に昇坑すること
ケンカギ【剣鉤】乗廻しがもっておる魚鉤に似た金の棒。レール一本剣などを動かすのに用いる
ケントリビ【間取り日】掘進箇所や仕繰り箇所などの間数つまり進みぐあいを調べる日
コウガイヒヤク【坑外日役】大工や左官の手伝いをする坑外雑夫。営繕日役ともいう
コウカンビ【交換日】切符と正金を取替える月一回の勘定日でヤマの公休日でもある。サンニョウ日ともいう
コウシ【坑主】坑主つまり事業主のこと
コウチョウ【坑長】坑主の代理人でヤマの全権者。ヤマによっては所長ともいう
コウナイダイク【坑内大工】通気箇所の整備やレールの車路張込みなどをする大工
コウナイヒヤク【坑内日役】固定給で働く坑内雑夫。日給坑内夫ともいう
コウフヒキダシ【坑夫引出】他坑から熟練坑夫をひきぬきにくること
コウボク【坑木】松の木を主とする坑内用木材。長い杉は特高層。寸法をいう時は末口つまり細い方の径でいう
コースバコ【函】ロープのコースから直接きた函
コガシラ【小頭】採鉱係のこと
コシガラス【腰硝子】明治時代の安全灯。ガラスの上に網がかぶされていた
コテン【小天】少しずつ落とさねば危険な天井のボタ。石炭と一緒に落ちることはない
コナヤ【小納屋】大納屋配下の世帯持ちの坑夫のこと
コバライ【小払】採炭賃金を受けとること、または賃金を支払う事務員にもいう
コロ【木路】カイロ（街道）に敷設する梯子型の木の道
コワモノ【強物】堅い断層のこと。石炭にはいわない

サ行

サイタンフ【採炭夫】石炭を採る坑夫
サオドリ【棹取】すべて運搬夫をいう。昔、ハネツルべで石炭を引上げていたことに由来する
サオドリゴヤ【棹取小屋】仮小屋式の運搬夫の休憩室
サカ【逆】赤字または借金のこと
サカバコ【逆函】上部にある鰐口が下にある函。マワシバコともいう
サキヤマ【先山】採炭、仕繰りの熟練者
ササベヤ【書写部屋】採鉱係員の控え室。坑内詰所ともいう
サシ　先山、後山二人組みのこと。ヒトサキともいう
サシコミワク【差込み枠】一方は壁に穴をあけて差込み一方に足を立てた枠のこと
サシバコ【函】下げる函のこと
サシバリ【差し梁】カグメ枠にもたせる梁木のこと
サビタン【錆炭】坑内で永く汚れたままの石炭。古い

炭柱のそばなどにある

ザンタンバコ【残炭函】前日より石炭が入ったまま残っている炭函。ミバコ

サンバシサオドリ【桟橋棹取】坑外棹取のこと

シカイ　ヤマの経営が自立できず中止になること

シキイワ【敷岩】切羽の下部に出る松岩で鶴嘴を受けつけない

シクリカタ【仕繰方】天井枠囲いをする坑夫のこと

シクリフ【仕繰夫】天井を囲う坑夫のこと。枠入、柱打、壁巻その他を行なう

ジゴク【地獄】ナリ　枠の上部に隙間なく並べたナル木

シバ【柴】ハグリ　はじめて鍬入れをすること。開坑

シパック　掘りにくい石炭。ハギレの悪い石炭

ジムショ【事務所】事務長、会計、庶務係、小払いなどが詰めていた部屋。用度ともいう

ジムチョウ【事務長】事務所長。坑長と同格のヤマもあった

シメ　切羽一面に白帯の如く横たわった層のことで鶴嘴を受けつけない。松岩とは違う

ジュウアツ【重圧】ナグレ　重圧がきて仕事を中止すること。切羽ナグレになることが多い

シュモク【撞木】セナを担ぐ時に用いる杖。十五センチぐらいのピストル型のもので木でできている

ジョウキオロシ【蒸気卸し】排気卸し鉄管や電線などハエル。鉄管卸しともいう

ショウド【焦土】研ぎ石に似た白いボタ。断層ボタに多く見られる

シリサシメ【目】盤ぎわが出ている炭の目。いずれも十センチぐらいずつ重なっている

シロ【白】フリ　盗掘予防のため保安炭壁に石灰汁を塗ること

ジンクロウ【甚九郎】レールを曲げる道具。スカともいう

ジンドウオロシ【人道卸し】坑則は別にあるが小ヤマは排気卸しを兼用しているのが多い

スカシ【透し】採炭の際中部や下部を一部だけ深く切込むこと

スカブラ　怠け者のこと。ノラクラ

スキップ　炭函の一種。二つの函で巻サシ（上下）して石炭やボタを自動的に移す函

スキミズ【水】炭壁や盤などから洩れ出る水のこと

スクイコム【掬い込む】切羽の入口で石炭を直接炭函に積込むこと

スペシャルポンプ　明治中期頃のスチームポンプ。ツキトマリが多かった

スラ【橇】後山が炭を運ぶのに用いる道具。竹や木でできており、下部にソリが付いている。竹製のものをバラスラという

スラセ【摺瀬】又卸しのカーブに設備した函受け車やロープ受け車のこと

スラセシャ【摺瀬車】車線坑道のカーブに設置したロープ受け立車

ゼット　二重式、インゼクター、蒸気の場合は揚水したり送水したりする。ジェットともいう

セットウ【石刀】マイト孔を穿つ時使う槌。重量六百グラム、柄が二十五〜三十センチぐらい

セナ　石炭を運ぶ荒目の籠。四尺余りのセナ棒で背中に担ぐ

センジョウキ【施条機】複線式のロープ回転機。エンドレスともいう

センセキ【煽石】火に入れるとパチパチと飛散する石。石炭を焼くのに用いる

センゾク　鶴嘴の柄に打込む楔のこと。チカラセンともいう

ゼンツキワク　建て前の悪い枠。へたな仕繰り夫がよくやる

センプウキ【扇風機】明治末期、中以上のヤマにお目見えした

ソウコ【倉庫】坑木、板材、金物その他ヤマの必需品すべての集合所。用度ともいう

ゾウヨウ【雑用】生活費のこと

ソギメ【目】炭の目ではっきりした目がない。立目ともいう。

タ行

ダイシャ【台車】坑木を積む車。平らな鉄の枠が両側についている

タカバレ　高くバレること。つまり大落盤

タカピン　完全にピンが嵌っていないこと。ツリピンともいう

タケワ【竹輪】コヅミ　落盤防止法の一種。立ナルギを内径四尺ぐらいの竹の環で編み中にボタを充填する

タスキ【襷】据付の一本剣のこと。八の字ともいう

タチニナイ【立ち荷ない】卸しから立ったまま石炭を荷ないあげること。高層炭の場合の荷ないかた

タテガマ【立釜】立てになっている小型ボイラー

タヌキバシラ【狸柱】カミサシもなく、その上根元が下になった柱のことでヤマでは最も嫌われる

ダルマ【達磨】炭函をひっくりかえす機械・容器

タンガマキ　昭和時代の小型坑内捲機。ロラム（ドラム）に直接モーターがついている

ダングミ【段汲み】幾段にも堰堤を築き坑内の湧水を一段一段汲み上げていくこと

タンチョウキリハ【単丁切羽】昔の採炭法で碁盤の目型に炭柱を残していく切羽

チープラー　炭函をひっくりかえす機械。立式と横式とがある

チャカス　ピカピカ光る薄くきれいなボタ。形は油虫に似ている

チュウカイ【中塊】石炭を大きさで表わしたもので大塊の次である。小塊ともいう

チュウダン【中段】第二段ポンプ座のこと。それ以下は下段ポンプ座という

チュウナヤ【中納屋】大納屋の配下。キンサキを中間でとっている

チョッカツ【直轄】会社直轄の坑夫。明治時代には少なかった

チョンカン　炭車一台のこと。一函

チリメン【縮緬】目なしの堅い石炭。板目、柾目ともに不明

ツカナリ　切上仕繰りの際、ナル木を支える仮の小柱のこと。古枠を使う

ツキノミ【突鑿】孔を深く穿つ場合に使う鑿。長さは二米以上で四米もあるものもありたたかずに両手で突き穿つ

ツクラ　光沢もなくカロリーも低い劣炭のこと

ツケビヤク【付日役】規定の採炭賃金以外につける臨時賃金のこと

ツルバシカジシツ【鶴嘴鍛冶室】坑口近くにあり鶴嘴の素焼き（五厘）ハガネつけ（二銭〜三銭）先直しなどを行なっていた

ツナギ【繋ぎ】枠が倒れぬように枠と枠の間をつないだ細木。釘で留める

ツボシタ【壺下】第一段ポンプ座のこと

ツボツキ【壺突き】金策に奔走すること

ツラドリ【面採り】平面に切羽を採ること。採炭能率は悪い

ツリ【釣】ピン　完全にピンが嵌っていないこと。タカピンともいう

ツリイシ【釣石】切羽の上部を中スカシした石炭

ツリイワ【釣岩】切羽の上に出る松岩のことで鶴嘴を全く受けつけない

ツリバコ【釣函】卸し下りの留め函

ツルバシ【鶴嘴】石炭を掘る道具。重量は一キロぐらい、九十センチの樫の柄がついている

テールロップ　単線でゴースタン、ゴーヘイをする、一方ロープは肩壁に釣ってある

デンキ【電気】タービン　大正中期より中以上のヤマで坑内の排水に用いた。坑外では大正初期より用いられていた

テンジョウ【天井】すべて頭上のことをいう

テンションシーブ　坑外捲機やエンドレスの終点などにある大型の車。大正時代からの呼称

ドウグ【道具】ナグレ　鶴嘴やカンテラやスラなど道具がこわれて仕事を中止すること

トウグシツ【灯具室】灯具を整備する部屋で人道口にあった。安全灯室ともいう

トウリョウ【頭領】納屋頭または昔の坑内係員のこと

ドマグレ　脱線した炭函にもいうが酒乱や女の生理休みにもいう

ドマグレバコ【函】脱線した炭函のこと

ドマハン　脱線を自動的に直す仕掛け。車路に高めに据えて使う

トラックポンプ　大正時代のプランジャー式ポンプ。スリスロともいう

トリシマリ【取締り】ヤマの人事係のこと。現在の労務係、勤労課のこと

ドンキ　フライホール式のポンプ立エンジン

トンコツ　煙草入れ。キセルはむき出しのまま

トンボ　一本柱のこと。上部に長い木を横に使う

ナ行

ナガカスガイ【長鎹】枠足を立てる際につっぱる一方曲りの支え棒。四尺から五尺ぐらい

ナグレル　何かの故障で仕事ができないこと

ナリミズ　余分に溜めず残らず水を汲上げること

ナルギ【成木】末口（細い方）が三寸以下、長さが六尺の坑木。セリギともいう

ニ【荷】重圧のこと。重圧がかかることを荷が来たという

ニゴウタン【二号炭】ボタを含んだ石炭のこと

ニナワセ【荷合】切羽の街道に入れる一本の横木を二

本の柱で支えること。これはカミサシを使わないのが上手

ニンギョウワク【人形枠】枠釜を掘らず据足の枠のことであまり信用できない浮枠

ヌビ【延】掘進箇所の呼称で大延、ツレ延、小延、断層延などがある

ネジ【捻】ピン　連絡チェーンを捻ってつなぐピン。重荷がかかると破損し切れる

ネズミマキ【鼠捲き】実函を下げ空函を捲き上げる自動捲機

ネバリバコ【粘り函】前日から残ったままの空函

ネブリツケ　切羽を芋釜のように掘ること。へたな先山がよくやる

ノソン　仕事もせず昇坑すること

ノドグミ　鶴嘴の柄穴に楔を打込む前にはめる木

ノミ【鑿】マイトの孔くりに用いる。チクサ鋼五分八角ノミは頁岩用

ノリマワシ【乗廻し】終日炭函を上下に乗廻す運搬夫

ハ行

ハイキオロシ【排気卸】蒸気卸しと兼用の場合が多いが別個に風道としている大ヤマもある

ハエミズ　他の箇所から多量に流れ込む水

ハエル　鉄管などをつぎつぎにつないでいくこと

ハグリ　何かを強請すること。賭博荒しなど

ハコ【函】炭車のこと。炭函ともいう。

ハコ【函】ガハシ【走】ル　炭車が逸走すること

ハコグリ【函繰り】配函係。棹取とは別に大力の男がこれに当っていた

ハコドメ【函止め】釣函を止める金具。レールに取付けコッタでしめる

ハコナグレ　炭函が思うように来ず掘った石炭も積めず仕事ができないこと

ハシリコミ【走込】坑口の急傾斜になっている場所

ハチ　マイトを爆破させても無効果のときに出る発言。ハチ打ったとつかう

バッテラ　底に割竹を二本はめてあるだけの楕円形のショウケ

ハナグリ　スラの前後、下部につけた鉄の環のこと

ハナバコ【端函】コース函もだが下る時はその反対

ハナ【離】レガヨイ　掘りやすい石炭の場合に用いる

ハネダシ　切羽スラを曳く前

ハネナリ　枠梁を利用して詰の天井を天秤式に受けとめること

ハライ【払い】残炭柱を上部から払うこと

バレル　天井落盤のこと。大天ともいう

バン【盤】すべて足もとをいう。反対は天井

バンイシ【盤石】切羽下部の石炭のこと

バンウチ【盤打ち】低層炭のカネカタを高めること

バン【盤】ガヤリ　坑道の傾斜のこと。急な箇所はヒドイといい緩い箇所はヤサシイ、ヌルイという

バンジリ【番尻】すべて順番の最後のこと。たとえば火番の煙草待ちなど

ハンドルポンプ　人力で動かす鋳鉄製のポンプ。人間エンジンともいう

ハンドロバコ【函】ハンドル函のこと。蓋がついている

バンブクレ【盤膨れ】天井の堅いヤマは落盤せずに盤だけ膨れる

ヒジョウ【非常】大変災のこと。非常が起きた時は汽笛を連続して鳴らす。ヤマ人が笛を嫌うわけはここにある

ヒツジ　天井より洩れる水。坑内雨ともいう

ヒトカタ【一方】一日稼いだこと

ヒトグリ【人繰り】納屋頭の右腕的な存在。小ヤマにはいない

ヒトサキ【一先】先山、後山二人組のことをいう。三人組のときは三人モヤイという

ヒ【火】ナグレ　炭酸ガスでカンテラの灯が消え作業ができないこと

ヒバン【火番】坑内で灯具の手入れをしたり煙草を喫ったりする場所。坑内の安全地帯にある

ビフン【微粉】灰のような石炭

ヒボテ　三池炭坑のノソン調

ヒヤカシボウ【棒】カンテラを提げる棒のこと。一方はまるくなっており先が尖っている

フイゴ【鞴】水を汲み上げる道具。孟宗竹の節を抜き中に小竿を差込んだものでそれを抜きさしして吸上げる

フウキョウ【風橋】坑内の十字路に設けられた風道橋、木板で一方をはりつめる

フケ【深】水平坑道の傾斜の低い方のこと。反対は肩

フンタン【粉炭】文字通り粉のような細い炭

ボウズバシラ【坊主柱】カミサシを使っていない柱で重圧がきた時分らないので嫌われる

ホウチク【放逐】坑夫の不つごうによる解雇。現在の追放のことか

ボート　傾斜のある車路の走り止め調整に用いる。先の尖った細木を車輪に差込む
ホゲ　石炭を運ぶ竹の籠のこと。肥前（佐賀県）出身者の方言
ホゲル　切羽などが貫通すること
ホダ　石炭の一種。石炭のようには燃えないが無煙炭でもない
ボタ【硬】コヅミ　側に大ボタを積重ね中に小ボタを充塡する天井防落法
ボタヲカブル　落盤により負傷すること
ホネガミ【骨噛】葬式に関すること
ホンス【本素】精製炭のこと
ポンプカタ【方】ポンプの運転手や捲方など
ポンプガトラレル　下部のポンプが水没すること
ホンワク【本枠】梁一本、足二本で成立する枠

マ行

マカナイ【賄】炊事婦のこと
マキオロシ【捲卸】炭車を捲機で捲き下げする坑道本線卸し、本卸しともいう
マキタテ【捲立】本線から炭車を差込む水平坑道入り口
マキバ【捲場】捲機マキロ室
マキバコ【捲函】捲きあげる函のこと
マキロ　捲機のこと
マサメ【柾目】堅い石炭面のこと。逆は板目という
マスガタワク【桝型枠】足の倒れがない枠。角型枠
マタオロシ【又卸】本線から左右に分れた支線斜坑道
マワク【間枠】枠と枠との間に入れる枠。添え枠
ミアイ【見合】稼ぎ賃金の前借。見合金
ミ【実】コヅミ　カラコの中にボタを充塡してあるもの。ミコともいう。
ミズナグレ　ポンプの故障や不時の出水で仕事ができないこと
ミズバン【水番】給水係のことであるが釜場のポンプ係にもいう
ミセシメ　取締りや納屋頭が実行するリンチ
ミミカギ【耳欠】坑道を掘り広めること
ミョウトワク【夫婦枠】梁二本足三本で組立てた枠
メヌキ【目貫】単丁切羽から切羽に通気をとるため次々に貫通させること
モン【門】通気用の扉のこと

ヤ行

ヤクドコ【役所】掘進箇所や仕繰り箇所のこと
ヤクニン【役人】職員のこと。坑内係。人事係の各部に二、三人ずついる。事務員、勘量、用度、機械、営繕など
ヤケサキ【露頭】ごく浅い炭層にある汚炭。炭層が地表に現われているところもある
ヤゲンシャ【矢弦車】坑外捲機の前やエンドレスの終点などにある大型の車
ヨクジョウ【浴場】昔のヤマは男女混浴で役人風呂、職工風呂、坑夫風呂に分かれていた
ヨコイ　女坑夫が生理で休むこと。その他ドマグレ休み、ヒノマル、赤などという
ヨロイガタ【鎧型】ランプ　ライター付の安全灯。現在でも使用されている

ラ行

ランキョガマ【釜】小型ボイラー、一本ジュロウ
リューズ【龍頭】ビキ　ハライと同義。地柱引ともいう
リョウトウ【両頭】頭のある鶴嘴。目方も重い。
レイトンポンプ　卸下りに使う電動クランクベルト式のポンプ
ロン　着炭前に断層に出る石炭への変りボタのこと

ワ行

ワキミズ【湧き水】突然湧出する水のこと
ワクガマ【枠釜】枠足を壁や盤に深く掘込むこと
ワクマワシ【枠廻し】枠足を廻す際に使用するがめったに使用しない
ワンリョク【腕力】現在の暴力のこと

自室にて。写真提供・菊畑茂久馬

山本作兵衛自筆年譜

明治二十五年五月十七日、父山本福太郎（文久三年三月五日生、昭和九年十二月十八日歿）、母シナ（慶応元年五月十九日生、昭和六年一月十四日歿）の次男として福岡県嘉穂郡笠松村鶴三緒《つるみお》（現飯塚市）に生まれる。姉サノ（故人）、兄五郎（故人）、妹ハナエ（故人）、モモエ、弟倉之助、兵次郎の六人兄弟で、父福太郎の実家は遠賀川の川舟船頭であった。（注――出生時は嘉麻郡だった）

明治三十一年四月、立岩尋常小学校に入学。本来ならば同三十五年に卒業のはずであったが、兄と二人で父の仕事を手伝ったり弟妹の子守りに追われたりで長期欠席となり、四年生を再学して卒業証書をもらった。

明治三十二年五月（八歳）、鉄道の開通により、当時三十七歳の父は家業の川舟船頭に見切りをつけ、上三緒炭坑に移って採炭夫となった。

明治三十三年三月に生れた弟春吾が初節句の時、知人から土製のカブト人形加藤清正を貰った。当時、加藤清正、源義経、坂田の金時、和唐内など粗雑素焼きの土人形にデコ〳〵とウルシの様に彩色しているのが流行していた。その清正を見て毎日〳〵描いた。これが私の絵心の芽生えであった。よって又清正以外の絵は描けなかったわけである。

その頃の子供の遊び道具ブチコ（バッチ）にも種々の絵があったが、しかしそれは顔と胸の一部だけで半身もないのが多く、全身を表描する事は不可能であった。その外雑な絵本もあったが、手本になる様な絵は至って少なかった。

絵は描きたいが、何分学校から帰ると春吾を背中におんぶせねばならず、その他ランプの掃除、ツルバシとりなどの日課もあり机には縁遠かった。

尋常小学校には図画の時間は全然なかったので、書き方の時間に半紙を二十枚位につづり絵を描いていた。それを同席、近席のものが見つけ、先生、もし、山本が絵を描いておりますと申上げる。先生は時枝満雄と言い綽名がトラと言う位トラ髭があり気分も荒く、その先生から睨まれるのは恐かった。馬の尻を叩く竹根のムチを持っておられるのは、他の先生と同じであった。ムチで直接叩きはせぬが手の腹で頰を殴るのは常套手段であり、又立チバンもよくさせる先生であった。立チバンは時枝先生ばかりでなく総ての先生が実行していたが、時枝先生が特に激しいとの評であった。よって学校では全然描けない。又自宅に帰れば春吾の子守りをせねばならず、この点情けなかった。春吾は三十六年正月四日に病死、同年秋倉之助が生れ、又々それをおんぶして家計を助けた。

それでも一寸でも暇があると机にかかって絵を描くのが楽しみであった。一銭貰って表が滑らか裏がガザガザした西洋紙を五枚位買い、それを十六枚位に細く切ってとじ、源平合戦などを描いて絵本に作り、近所の子供に一冊五厘で売り、それで又紙を買い描いた事もある。

しかし、紙も買いたいが食いしんぼうの私は買食いもしたいので、唐芋のゆがいたものを一串、時々買食いもした。一銭分食えば満腹する程であった。現在の十五円分以上であろう。

明治三十六年三月、尋常小学校を卒業、一ケ月休んで五月一日より七月二十日まで八十日間だけ飯塚高等小学校へ通学したが、その後は通学できず。そのときの三ケ月分の授業料九十銭は未納の儘、この不都合は今も忘れることができない。その高等小学校での約二半月、図画専任の青木という先生がいた。ある日、この青木先生が自分の帽子を写生させたことがあった。その時、先生は私の絵を教室中持ちまわって全生徒に見せた。何と嬉しかったことか。

明治三十七年五月（十三歳）、山内炭坑の鶴嘴《つるはし》鍛冶に五年の年期で弟子入りした。師匠の田熊惣右衛門、

明治45年４月28日、飯塚にて
写真提供・山本家

本名白神惣吉氏は四十四歳、肥満型の体軀で毎日酒ばかり呑んで仕事せず、私は前途を見限って三十九年四月、五年の契約を二年でケツ割り帰宅した。二ケ年無意。

明治三十九年五月（十五歳）、山内坑に入坑、坑夫後山スラを曳く。体格は良い方だから一人前の後山であった。

当時は坑内からあがるや否や絵を描く事が私の日課となっていた。絵と言っても当時流行の小説家、神田伯竜、玉田玉秀斎、旭堂南陵、村井玄斎、村上浪六などの講談小説を読んで想像で描く想念描きであり、生来頭がよくない方であるから絵の技術は進行しない。只むやみやたらに描くだけであった。

その頃は一里近くも離れた飯塚町まで十銭持って紙買いに行ったりした。一枚二銭の洋紙二枚と小学生が用いる五銭の絵の具を買求め、その洋紙を六枚位に切って昔の武士の斬合いの場面を描いた。二十銭貰った時は一枚二銭五厘又は三銭のものを三枚位と、十銭又は十二銭のドロ絵の具を買った。

よって同僚とイタズラ遊びをする暇もなく至ってヤマの親友も少なかった。第一、バクチ、女タラシなどせぬからである。其の頃でもヤマはバクチも打たずケンカもせず女遊びもせぬ者は低能者の部類であったかも知れぬ。私は正しくその低能者の部類に入っていた。又、変人でもあったというわけ。

明治四十一年頃、綱分坑に入坑した。途中、下山田古河坑や鞍手郡の金剛坑、長谷坑に入坑したこともある。

明治四十二年十一月（十八歳）、知人の世話で福岡市下新川端町のペン梅と言うペンキ屋に弟子入りした。同月七日、着がえをとりに山内坑の親元に帰ったところ、父は持病の癪激腹痛で呻いている。それを見捨てて絵描きの稽古もできず福岡行きをやめた。妹が二人、弟が二人もいるので、兄一人ではとても一家を支えることはできなかった。私は又坑夫に戻り、先山となった。

明治四十五年五月、徴兵検査を受け難聴などの理由で乙種二十八番で兵役免。

同年十一月、知人の世話で九管局鉄道小倉工場に鍛冶工見習い二年間の期限付契約で入職。坑内虫が始めて大工場で働くのだから総ての物が大袈裟《おおげさ》に見えて、只々荒肝をとられる形であった。日曜、祭日は休み、また日給は普通四十六銭であったが、私は体格がよいから四十八銭であった。毎日二歩五厘の歩増がつくから出勤日は六十銭になった。一ケ月二円の積立もした。

又、この頃以来約四十年間は絵筆を握る事はなかった。鍛冶屋になれば火造師横座にならねば飯が食えない。思えば当時は満二十五歳までは女にかかるまいと心に誓い、柏ノ森の愛宕神社に口約して火造の仕事の技能鍛練に我が身を砕いたのである。全く絵筆処ではなかった。しかし其の間四十年、絵筆を握らざるといえども私の右手が踊っていた事は言うまでもない。手紙でも日記でも余白さえあれば何か字以外のものを書いていた。

大正四年三月、小倉工場を退職。一年に一銭の昇給では十年たっても五十八銭である。何で永年勤められよう、前途暗たんたる気持になってやめた。当時、下宿代一ケ月八円から九円、白米一升二十三銭位であった。

同年三月、八幡製鉄の浜の工場工作部に鍛冶工として入職した。日給は金七十五銭であったが、小倉工場より勤務時間が一時間永く、また第一次世界大戦中でもあり朝七時に出勤して毎日十時まで残業した。つまり一日十五時間勤務で一週間に一日は徹夜という状態で、作業は小倉工場よりも激しかった。

大正四年三月二十七日、これでは一代の業務としてはとても駄目と意気地なくも職工を見限って、上三緒坑の親元に帰り元の木阿彌《もくあみ》坑夫に戻った。何と意気地のない男であろうかと我ながら落涙する程であったが、どう思っても肉体が我が心の儘にならぬのであった。父、兄達は人を周旋して大納屋をしていたが、余りにも大納屋が多く、まして麻生坑は他坑より納屋頭のカスリ（斤先キンサキ）が少ないので、兄も仕繰方で働いていた。私はその後山で入坑した。

大正四年七月七日、鉄管卸しで坑内主任鈴木氏と熊井氏の二人が焼死した。

同年十一月十一日、大正天皇の即位式。上三緒炭坑では長さ三間位の大瓢箪と盃を引物につくって飯塚町に出た。

大正五年一月四日（二十五歳）、当時十八歳のタツノと結婚した。妻タツノは水町三作、千代の長女として八女郡古川村溝口町に生まれた。大正二年、上三緒坑に流れ出たタツノはヤマを嫌って農家に奉公していたのであった。弟が三人いたが、いずれも早死した。

同年七月十三日、しばらく同居していた上三緒炭坑の親元を離れ、庄内村の麻生赤坂炭坑に移り二人の新世帯をもった。そして、一時諦めていた職工生活を又ここで始めたのである。日給五十五銭であった。妻は汽罐場の灰捨てに出ていたが、後には撰炭場にも出た。妻の日給は二十六銭。

大正六年三月二十三日、赤坂坑を退職、穂波村南尾にある神の浦炭坑に移り日給七十銭の鍛冶工となった。当時、好景気の声にあふられて随所にヤマが起されており、神の浦は鈴木のヤマで大規模で評判も高かった。しかし、それも見かけだけで将来の見込は全くなかった。第一、ヤマの埋蔵石炭が僅少でしかも悪条件ずくめである事、また坑内の湧水が多く排水時、ポンプ方が一人焼圧死したこともある位水が多く、坑外のボイラーから吐き出される黒煙は空を焦すばかりに朦々《もうもう》と渦巻いていた。よって外見だけは如何にも好景気の如く見えたのであった。

同年五月十五日、神の浦坑を退職、父に迎えられ、上三緒に移り坑外修繕方の後山をつとめた。

同年八月六日、上三緒を退職、八月八日、同じ麻生の綱分炭坑に日給六十五銭で入職した。八月二十二日、坑内小頭壁屋（下三緒の人）が蒸気卸で死亡。落した万年筆を探していたと言う。九月十七日、坑内右節でトラックポンプ繰下中、ポンプ方がトラックと枠に頭を挟まれて即死した。

同年十一月上旬、綱分坑を退職、同じ麻生系の山内炭坑に日給八十銭で転坑した。大正七年一月二十六日、二坑内ササベヤでマイト爆発、友人西田卯吉氏死亡。同三月十九日、長女ハツ子生、六月一日病死。

大正七年七月二十三日、大分《だいぶ》村椋本《むくもと》坑に転坑、日給一円でヨコザ（横座）を勤める。しかし何と言っても初めての横座、何となく気を使うものである。まして私の如きおそなりの職人は尚更《なおさら》である。腕に充分の信念が未だなかったのである。また、このヤマの炭層は袋石であまり多くないとか、それは〳〵滅入るような評判であった。私も将来性のないヤマと落胆した。

同年八月十四日、椋本炭坑をやめ一里余離れた飯塚坑大徳二坑に移った。日給金一円三十銭で他に一割の歩増し、一ケ月に三人役の賞与、一日に六銭也の米の割引券、何と椋本の一円の日給とは比較にもならなかった。また、その頃米価が毎日〳〵あがり、一升二十二銭が五十銭以上になっていた。

同年八月三十一日、山内坑花村儀太郎職長の迎えで又山内坑に戻る。日給一円二十二銭、その他請負残業があった。

大正七年八月末から九月にかけて各地に米騒動が起きた。九月十九日、上三緒の兄も検束され、約百日間、福岡の未決監に収容された。上三緒炭坑口の硬山で坑夫中川清太郎がマイトを爆発させて気勢をあげたからである。

大正八年六月十八日、長女ハル子生まる。（注——実質は次女）

大正十一年二月二十六日、日鉄中央坑に入職、日給一円五十銭。同三月十九日、長男光生まる。

同年六月、山内坑に戻る。この頃、不動の如く火熱に挑まねばならない

大正4年7月9日、上三緒本坑にて
写真提供・山本家

大正8年1月26日、山内坑にて
写真提供・山本家

我が身のつたなさを思い、人生を悲観的に深考する朝夕が続いた。特に夏季、鍛冶工は地獄であった。しかし必死で腕を磨きかのヤマのカジヤの誇りとするトリダシ袋コースの製作を研究、見事その火造法、私独特の妙技を完成した。しかし、ここでは昇給はなく十月より十二月まで赤坂坑で採炭夫をした。十五歳の春から二十一歳の十一月まで採炭夫をした経験はあったが、永い間坑外で鍛冶工として固定給で暮した私にはやさしい仕事ではなかった。

同年十二月四日、日鉄二瀬出張所稲築坑に入職。ここは大正八年頃から起業した新坑で、その規模の大きい事は三井三菱に劣らぬものであった。当時は私も心を決めて死にもの狂いで働いた。今思えばおそろしい位張り切って働いていたのである。日給一円八十五銭、退職時は二円三十銭であった。

雑記帳。田川市石炭・歴史博物館蔵

絵の形どり（写真右の上に見える）や絵の中の文字を書くために使用した習字の道具。
撮影・菊畑茂久馬

大正十三年九月五日、次男大吾生まる。昭和三年二月二十五日、次女ミ子《ネ》生まる。昭和五年十一月二十七日、三女冨美生まる。昭和十年十月二十一日、三男照雄生まる。貧乏子沢山。

昭和十五年九月十五日、稲築坑を退職、同年九月二十四日、田川郡猪位《いい》金《かね》村位登《いとう》にある長尾達生氏が経営する位登坑に月給八十円で入職した。当時は移動防止令が出ており、ヤマ人が理由なく移動すれば雇用主に罰金二万円を払わなければならなかった。私はそのおフレを守らず転宅した。尤も位登炭坑の経営者長尾達生氏は私の遠戚にあたるし、又、当時、旧坑が水没して機械夫不足で困っており、私が位登坑に移れば私についてくる機械夫が数名いたからでもある。その水没した旧坑は十一月中旬になって排水できた。今までの荒っぽい鍛冶工が坑内現場役員となったわけであるが、それも他から見るより楽ではなかった。体の疲れはないが人を使うむずかしさ、まして小ヤマの坑夫はタチも悪かった。また一つにはヤマの設備が悪いからでもあった。私は仕事がゆっくりなればヤマの記録位かく余裕があると思っていたが、アテがはずれた。

昭和十七年五月八日夜、若い娘が落盤死した。その他の小ヤマでも負傷者や変死者は絶えなかった。

昭和二十年五月十六日、倅光戦死。光は昭和十二年高等小学校を卒業して、直方の鉄工所で旋盤工として五年の年期をつとめた。その技術を買われて入団前も佐世保海軍工廠に徴用工として一年余務め、徴兵で海軍に入り昭和十八年一月十日相の浦に入団、海二曹工作兵として軍艦羽黒の乗組員となった。ああ、昭和二十年五月十六日、マレーペナン沖のマラッカ海峡で、一隻の羽黒は数十隻の英主力艦の集中砲撃を受け、海のもずくと消えてしまった。生き残った人々の手によって、昭和四十六年五月十六日、佐世保海軍墓地に軍艦羽黒の慰霊碑が建設された。

ヤマは次から次と閉山、廃山、位登炭坑も昭和三十年一月に閉山した。私は六十三歳、一番最初にクビになった。それから資材の警戒員となり夜勤一年半、昭和三十二年二月より位登から通勤約二キロの弓削田長尾本事務所に夜警宿直員（十六時間勤務）として三十九年一月まで勤めた。その夜勤のつれづれに書いたのがヤマの記録絵で、記録文の方はそれを逆のぼる昭和二十七、八年頃、位登坑内丙方勤務のときに書いた。

『筑豊炭坑絵巻』（葦書房）の出版記念会で、山本作兵衛さんにお酒を注ぐ菊畑茂久馬氏。左は次男の山本大吾氏、昭和48年、福岡市。写真提供・菊畑茂久馬

ヤマは消えゆく、筑豊五百二十四のボタ山は残る。やがて私も余白は少ない。孫たちにヤマの生活やヤマの作業や人情を書き残しておこうと思いたった。文章で書くのが手っとり早いが、年数がたつと読みもせず掃除のときに捨てられるかも知れず、絵であれば一寸見ただけで判るので絵に描いておくことにした。只、たどたどしい記録というだけのもので、絵という程のものではないかも知れない。しかし、嘘を一寸でも描くことが嫌いだから、尚更描きにくかった。

又、生来脳味噌の少ない私のこと、初めての画題も多く考え出すのに一苦労した。しかし反面、描き始めると時間の経つのも忘れるという始末で、夜中の二時頃まで描き続ける事が多かった。

それが祟って夏頃には片耳の私が愈々《いよいよ》ツンボになった。しかし私は絵を描いたために耳を痛めたとは誰にも白状しなかった。まして妻にでも言おうものなら夫婦ゲンカになること必定で、又他人に洩らせば陰で大馬鹿者と舌を出されるのは判り切っていた。私はそれを厭うたのである。

三十四年十二月三十一日、倅の照雄が補聴器（価一万五千円）を買与えてくれた。何より嬉しい贈り物であった。かくて三十五年正月から補聴器をつけたが、補聴器をつけて体を動かすとガサ〳〵という雑音が入り、それが耳内をマッサージしたせいか自然の内に全治した。

それから一年、絵を描く事を成可《なるべ》く控え、時々気の向く時に描き添えた。それがつもりつもって十五冊、約二百二十枚余となった。別に位登炭坑の三冊、約五十枚もある。其の後時々自宅でも描き、それが五、六冊になった。

三十八年九月十七日、木曽重義氏の発意でこれらの絵がまとめられ『明治大正炭坑絵巻』として出版、四十二年十月末には『炭鉱《ヤマ》に生きる』という表題で講談社から出版された。

三十九年六月二十一日、車禍により頭部内出血を起し、田川市立病院で手術をうけた。命はとりとめたものの大分頭がボケてしまい記憶力も減少した。同年十一月五日よりフラフラ頭で横三五・五、縦二五・五センチ、二十三枚綴りのスケッチブックに子供の絵を描いて田川市立図書館に寄贈、以後四十一年末までに縦三八、横五四センチの絵を二百六十枚余寄贈した。

四十二年十一月十四日、郷土文化の振興により勲六等瑞宝章を戴いた。

四十三年の秋頃までは、夜寝ると頭の脈がドキドキ打つのが自分でも判るほどだったが、その後快癒して補聴器の方も不用、現在に至っている。

（昭和四十七年十月記）

注——「自筆年譜」での山本作兵衛氏の年齢は数え年での表記である。

その後の山本作兵衛と炭坑絵画

昭和四十五（一九七〇）年　七十八歳　四月、現代思潮社美学校の菊畑茂久馬教場で山本作兵衛炭坑画の模写が行われる（昭和四十六年三月まで、油彩壁画全九点）

昭和四十六（一九七一）年　七十九歳　山本作兵衛炭鉱画模写大壁画展開催（主催、現代思潮社美学校、五月、東京・芸術生活画廊。十一月、福岡・福岡県文化会館）。東京会場には山本作兵衛も招待される

昭和四十八（一九七三）年　八十一歳　一月、『筑豊炭坑絵巻』（B５判）が葦書房から出版される。六月「山本作兵衛展」が田川市図書館（主催）で開催される

昭和四十九（一九七四）年夏　八十二歳　夏、山本作兵衛炭鉱画模写大壁画が田川市立図書館に寄贈され

る

昭和五十（一九七五）年三月　八十三歳　三月、田川市文化功労賞受賞

昭和五十一（一九七六）年　八十四歳　一月、上野英信主催により結婚六十周年祝賀会が開かれる。

昭和五十二（一九七七）年　八十五歳　七月、ぱぴるす文庫『筑豊炭坑絵巻　上　ヤマの仕事』『筑豊炭坑絵巻　下　ヤマの暮らし』（全書判）が葦書房から刊行される

昭和五十五（一九八〇）年　八十八歳　二月「山本作兵衛　筑豊炭坑画展」（福岡・天神アートサロン）にて開催。「米寿記念　山本作兵衛画業展」

山本作兵衛夫人タツノさん。昭和55年、撮影・丸林宏昭

が飯塚井筒屋にて開催される

昭和五十六（一九八一）年　八十九歳　二月、『王国と闇　山本作兵衛炭坑画集』（A3判、解説・菊畑茂久馬）が葦書房から出版される

昭和五十九（一九八四）年　九十二歳　十二月十九日、逝去。慈光寺（田川市）にて告別式

昭和六十（一九八五）年　八月、「山本作兵衛翁遺作展」が田川市の主催で田川市石炭資料館で開催される。十一月、「山本作兵衛翁記念祭」が記念祭実行委員会の主催で嘉穂劇場で開催され、同時に同実行委員会の主催で「山本作兵衛翁炭坑絵展」が飯塚市菰田公民館で開催される。「山本作兵衛翁炭坑絵展」が川崎町吉原公民館で開催される。『オロシ底から吹いてくる風は　山本作兵衛追悼録』（B5判）が葦書房より出版される

昭和六十三（一九八八）年　五月、田川市石炭資料館に山本作兵衛常設展示コーナーが設置される。六月十九日、妻・タツノ逝去

平成二（一九九〇）年　三月　ドイツ鉱山博物館に田川市石炭資料館所蔵の作品が出品される

平成三（一九九一）年　田川市美術館開館記念展「開館記念　筑豊ゆかりの作家たち展」に出品

平成四（一九九二）年　四月　墨画二九六点が遺族より田川市石炭資料館（現・田川市石炭・歴史博物館）に寄贈される

平成八（一九九六）年　田川市石炭資料館蔵の作品五七一点が福岡県有形民俗文化財に指定される

平成十（一九九八）年　『筑豊炭坑絵物語』（A5判）が葦書房から出版される

平成十四（二〇〇二）年　四月　福岡県指定有形民俗文化財に平成八年以降の寄贈品十三点が追加指定される。福岡県立大学内の「山本作兵衛さんを〈読む〉会」にて日記の解読が開始される

平成二十（二〇〇二）年　十一月田川石炭・歴史博物館、田川市美術館にて「炭坑の語り部・山本作兵衛の世界　～584の物語～」が開催される

平成二十一（二〇〇九）年　十一月「〝文化〟資源としての〈炭鉱〉展　〈ヤマ〉の美術・写真・グラフィック・映画」が東京・目黒区美術館にて開催され、原画七十点及び「山本作兵衛炭鉱画模写大壁画」九点が出品される

平成二十三（二〇一一）年　五月、田川石炭・歴史博物館の所蔵する絵画五八五点、日記六点、雑記帳や原稿など三十六点と、福岡県立大学（田川市）が保管する絵画四点、日記五十九点、原稿など七点で、計六九七点がユネスコ世界記憶遺産に登録される。七月『炭鉱《ヤマ》に生きる　地の底の人生記録』（四六判）が講談社より新装復刻される

20代前半に下宿の漢和辞典を借りて写したノート。田川市石炭・歴史博物館蔵

あとがき

ボタ山よ　汝人生の如し
盛んなる時は肥え太り
ヤマ止んで日日痩せ細り
或いは姿を消すもあり
ああ　哀れ悲しき限りなり

最盛期には筑豊の炭坑は二百六十五あり、ボタ山は五百二十四あったと記録にある。詳しく記すと、田川百四十五、直方百七十七、飯塚二百二、ボタの容積一億八千万立方メートル（四十三年福岡鉱山局調）。このボタ山は廃山の墓標とも言えるが、その墓標も次々と削りとられて姿を消して行くから情けない。皮肉にも焼けたボタ程人気がよい。それは耐火煉瓦《シャモット》の原料となるばかりでなく、道路工事や埋立に最適であるからで、年月と共に消え行くボタ山への愛惜はつきない。

ヤマのカスと言われるピラミッド型の三角山は昭和になって各ヤマに姿を現わしたが、明治・大正時代は総て平打ちと言い低い谷を埋めたりして坑夫納屋などを建設しておるのであった。大体、三井系は三角山にせぬボタ山が多い様であった。大正になって電力がヤマに普及し始めるまで、炭坑のシンボルはスチームを作るボイラーの世界で、煙突から吐き出される黒煙は朦々《もうもう》と立昇り碧空を焦していた。当時を偲ぶだに懐かしく想い出される。大正の中期頃より中小ヤマにも坑内排水の電気ポンプを据えたが、自家発電機を持たぬ悲しさ、停電が多いので蒸気ポンプを追放する事はできなかった。

私は坑夫であったから、赤い煙突目当てに行けば米の飯とおてんとう様はついてくるという事をよく聞いた。その赤い煙突は大手ヤマの事で煉瓦で築いた煙突であって、これは数も少なかった。中小ヤマは殆んど鉄製煙突で、小ヤマになる程小型のものが二本も三本も立っていた。それは低圧ボイラーで横に広く据え並べるからであった。その煙突が台風予防のためアエンロープで四方に控えてあり、念の入った所では八方から少しずらせて控えており、これをドラ綱と称していた。広場の少ないヤマでは子供の遊びにも邪魔物であった。ヤマの煙突も昭和の初め頃から新開坑した所では不用になって姿を見せぬ様になった。

これらのヤマも日々姿を消し、両手を煩わせるまでもなく片手の指で数える位になっている。残ったヤマも三池炭鉱は別としてやがて消え去る事を想えば感慨に耐えない。廃山、閉山と雖《いえど》も取尽したヤマが多く、たまたま生き残っていたヤマも普通の生産工業と違い、掘れば掘る程坑内は深くなり遠くなり広くなり、通気や重圧におされて能率は低下、経費は嵩むから石油に叩かれて倒れるのは無理もない。

私はヤマの生活六十年余、採炭夫、仕繰夫、機械鍛冶工、修補工常一番、火夫、ポンプ運転夫、最後は十五年間、田川郡猪位金村（田川市）位登長尾炭坑で採鉱係をした坑内虫であり、握りしは鶴嘴《つるはし》の柄、金槌の柄ばかりであったが、孫たちにヤマの生活、私の生きた体験を書き残しておこうとヤマをやめた。

昭和三十三年から描き始めたヤマの体験画でありますが、其以前文章で書き残す予定でしたが、無学の私には無理があるので、少年時好きであった我流の絵で描く事に決めました。いままで書いた文章も原稿用紙には書いておりません。私は今も原稿用紙をみると身震いする程の思いがします。その理由は死んでも申しません。よって雑記帖に乱れ書きをしております。私の絵や文が本になるなど夢にも想うておらなかったからです。

今回出版される『筑豊炭坑絵巻』にはこの雑記帖の乱れ書きまで入ることになりました。今から五年前、講談社から出版された『炭鉱《ヤマ》に生きる』は絵の説明も私の書いたものはなく、別に標準語で注釈して戴きましたが、今回は私が書きとめた其のままの文句で判りにくい方言、片言《かたこと》ずくめでありますが、方言研究のつもりで読んで下さい。文章も其の通りで珍文カンであります。あまり判りにくい片言は訂正いたしました。

ここに豪華な画集として出版される事を無上の幸福と喜んでおります。又この本の出版について大努力を賜わった田川市立図書館館長の永末十四雄、「筑豊文庫」の上野英信、日本大学の田中直樹の各氏、絵を提供していただいた田川市立図書館、絵の撮影にあたられた権藤忠行・原義久の両氏、それに葦書房の皆様に厚く〳〵御礼申上げます。

昭和四十七年十一月二十八日

山本作兵衛

筑豊《ちくほう》炭坑《たんこう》絵《え》巻《まき》
新装改訂版
■
2011年10月20日　第1刷発行
2012年2月15日　第2刷発行
■
著者　山本作兵衛
発行者　西　俊明
発行所　有限会社海鳥社
〒810-0072 福岡市中央区長浜3丁目1番16号
電話092(771)0132　FAX092(771)2546
http://www.kaichosha-f.co.jp
印刷・製本　瞬報社写真印刷株式会社
ISBN978-4-87415-827-2
［定価はケースカバーに表示］

自宅玄関にて。撮影・丸林宏昭